高等学校信息工程类专业系列教材

信息通信工程造价管理

主　编　赵继勇

副主编　赵　治　徐智勇

　　　　戚艾林　闻传花

西安电子科技大学出版社

内 容 简 介

本书以工信部通信[2016] 451 文文件发布的《信息通信建设工程预算定额》、《信息通信建设工程费用定额》及《信息通信建设工程概预算编制规程》为依据，重点介绍了信息通信建设工程项目管理人员、方案设计人员及费用编审人员必备的工程造价管理知识与概(预)算编制技能。全书分为 9 章，内容主要包括建设工程项目管理、工程造价、工程投资估算与经济评价、建设工程定额与工程造价计价、信息通信建设工程制图与工程量统计、建设工程概(预)算的编制与管理、通信工程建设项目招标投标、工程结算与竣工决算以及工程概(预)算编制综合案例。

本书既可作为普通高等院校通信工程专业学生岗位任职课程的教材或教学参考书，也可作为信息通信建设工程项目费用编审人员的学习、参考以及培训教材。

图书在版编目(CIP)数据

信息通信工程造价管理 / 赵继勇主编. —西安：西安电子科技大学出版社，2022.4
ISBN 978-7-5606-6365-4

Ⅰ. ①信…　Ⅱ. ①赵…　Ⅲ. ①信息技术—通信工程—造价管理　Ⅳ. ①TN91

中国版本图书馆 CIP 数据核字(2022)第 036696 号

策划编辑　马乐惠
责任编辑　李弘扬　马乐惠
出版发行　西安电子科技大学出版社(西安市太白南路 2 号)
电　　话　(029)88202421　88201467　　　邮　　编　710071
网　　址　www.xduph.com　　　电子邮箱　xdupfxb001@163.com
经　　销　新华书店
印刷单位　陕西日报社
版　　次　2022 年 4 月第 1 版　2022 年 4 月第 1 次印刷
开　　本　787 毫米×1092 毫米　1/16　印张 16
字　　数　377 千字
印　　数　1～3000 册
定　　价　38.00 元
ISBN 978-7-5606-6365-4 / TN

XDUP 6667001-1

前　言

为更好地适应信息通信建设快速发展需要，合理和有效地控制信息通信工程建设投资，规范信息通信建设概(预)算的编制和管理工作，工业和信息化部修编了《通信建设工程概算、预算编制办法及相关定额》(工信部规[2008] 75号)，形成了《信息通信建设工程预算定额》(共五册)及《信息通信建设工程概预算编制规程》，于2016年12月30日发布，自2017年5月1日起施行。

本书依据《工业和信息化部关于印发信息通信建设工程预算定额、工程费用定额及工程概预算编制规程的通知》(工信部通信[2016] 451号)，结合编者多年从事信息通信建设工程设计以及费用编审方面的相关工作经验，在介绍《信息通信建设工程费用定额　信息通信建设工程概预算编制规程》的基础上，重点介绍了信息通信建设工程概(预)算编制的方法与流程。本书分为9个章节，内容主要包括建设工程项目管理、工程造价、工程投资估算与经济评价、建设工程定额与工程造价计价、信息通信建设工程制图与工程量统计、建设工程概(预)算的编制与管理、通信工程建设项目招标投标、工程结算与竣工决算以及工程概(预)算编制综合案例。

本书强调造价管理理论与工程建设实践的紧密联系，运用大量的简单案例以及综合案例，灵活搭配，由易到难，由单一到复合：各章节中，针对重、难点内容辅以简单案例进行分析，便于读者理解；第九章针对通信设备安装工程、通信线路工程、通信管道工程的预算编制进行综合案例专题解析，以信息通信建设工程项目管理人员、方案设计人员以及费用编审人员的视角，深入剖析了工程识图、工程量统计、机械仪表使用量统计、主材用量统计、定额套用以及预算编制等具体步骤，流程清晰、图表齐全、数据准确。本书既可作为普通高等院校通信工程专业学生岗位任职课程的教材或教学参考书，也可作为信息通信建设工程项目费用编审人员的学习、参考以及培训教材。

本书的第7、9章由赵继勇编写，第1、3章由赵治编写，第5、8章由徐智勇编写，第4、6章由戚艾林编写，第2章由闻传花编写，全书由赵继勇完成统稿。

由于信息通信建设工程的复杂性，费用定额和造价政策的动态性、时效性，加之编者专业水平的局限性，书中难免存在一些不妥和错误之处，敬请各位专家、同行和读者在阅读本书后提出宝贵意见，以指导本书的进一步修订、完善。

编　者

2022年1月

目　录

第 1 章　建设工程项目管理

1.1　建设工程管理概述

1.1.1　建设工程管理的内涵和任务

1. 建设工程管理的内涵

建设工程的全寿命周期包括决策阶段、实施阶段和使用阶段(或称运营阶段/运行阶段)。从项目建设意图的酝酿开始，调查研究、编写和报批项目建议书、编制和报批项目可行性研究等前期的组织、管理、经济和技术方面的论证都属于决策阶段的工作。项目立项(立项批准)是决策阶段任务完成的标志。决策阶段管理工作的主要任务是确定项目的定义，包括以下内容：

(1) 确定项目实施的组织；

(2) 确定和落实建设地点；

(3) 确定建设目的、任务、指导思想及原则等；

(4) 确定和落实项目建设的资金；

(5) 确定建设项目的三大主要目标，即投资、进度和质量。

“建设工程管理”(Professional Management in Construction)作为一个专业术语，其含义涉及工程项目全过程(工程项目全寿命周期)的管理，主要包括决策阶段的管理即开发管理(Development Management，DM)、实施阶段的管理即项目管理(Project Management，PM)、使用阶段的管理即设施管理(Facility Management，FM)，如表 1.1 所示。

表 1.1　DM、PM 和 FM

	决策阶段	实施阶段			使用阶段
		准备	设计	施工	
投资方	DM	PM	—	—	FM
开发方	DM	PM	—	—	—
设计方	—	—	PM	—	—
施工方	—	—	—	PM	—
供货方	—	—	—	PM	—
项目使用期的管理方	—	—	—	—	FM

国际设施管理协会(International Finance and Management Academy，IFMA)对设施管理的定义如图 1.1 所示，它包括物业资产管理和物业运行管理，我国物业管理的概念与其定义存在差异。

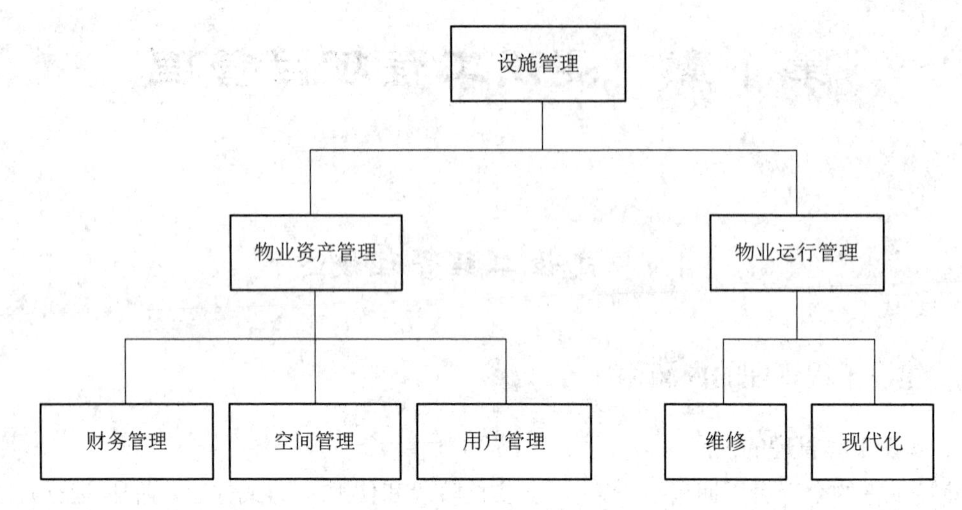

图 1.1　IFMA 对设施管理的定义

建设工程管理涉及多方利益主体参与工程项目的管理，如投资方、开发方、设计方、施工方、供货方和项目使用期的管理方，如图 1.2 所示。

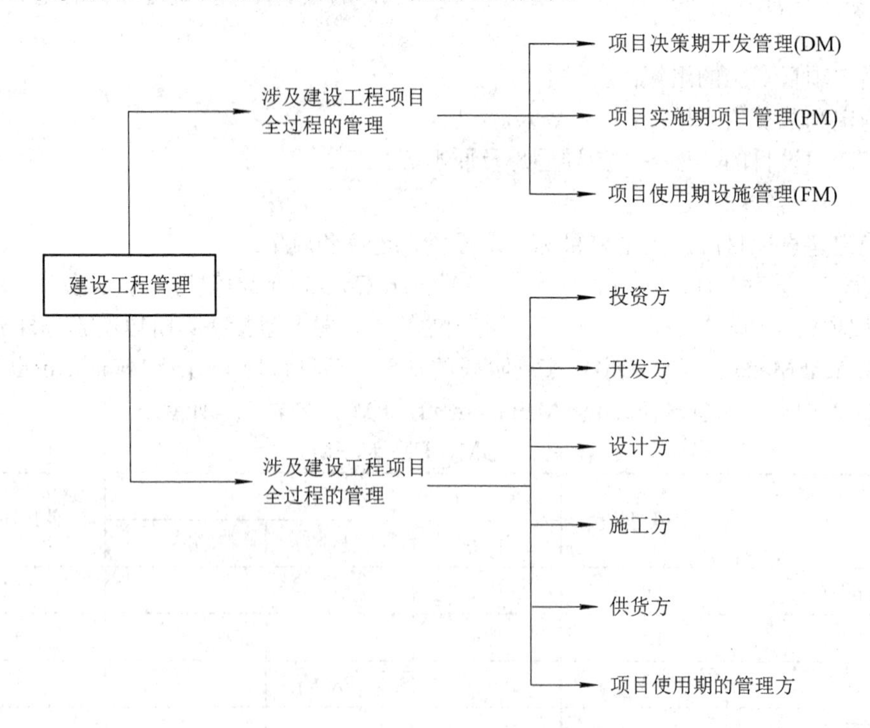

图 1.2　建设工程管理的内涵

2. 建设工程管理的任务

当前社会，建设领域中已广泛使用工程项目管理，需要强调的是，工程项目管理与工程管理既是两个完全不同的概念，又在很多方面保持联系。工程项目管理是工程管理的组成部分，工程管理涵盖了工程项目管理。从时间的角度看，工程项目管理工作仅限于项目实施阶段的管理工作，而工程管理涵盖项目全寿命周期的管理。从管理任务的角度看，工程项目管理的主要任务是项目的投资(成本)目标、进度目标和质量目标的控制，而工程管理的核心任务是为工程的建设和使用增值，如图 1.3 所示。从涉及到的项目参与方角度看，工程管理除包括了工程项目管理所包括的所有参与方外，还包括项目使用期的管理方。

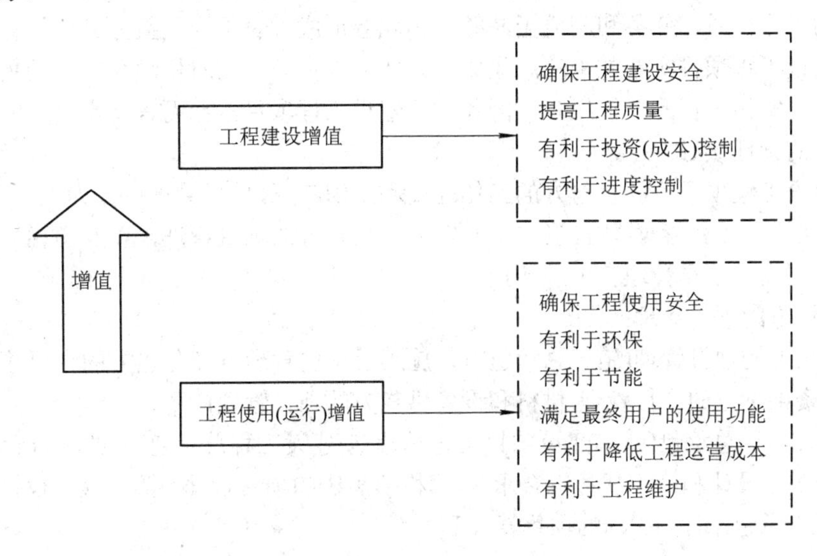

图 1.3　建设工程管理的增值

通常，在工程实施中人们更重视工程建设增值，而经常忽视工程使用(运行)增值。例如早期有些光缆线路在设计时为节约投资，减少了纤芯的配置数量，导致光传输技术大量普及时纤芯资源的快速耗尽，不得不重复投资增加新的光缆建设。

1.1.2　建设工程项目管理的内涵、背景和发展趋势

1. 建设工程项目管理的内涵

如前所述，建设工程项目管理的时间范畴仅针对建设工程项目的实施阶段。《建设工程项目管理规范》GB/T 50326—2017 对建设工程项目管理的定义是：“运用系统的理论和方法，对建设工程项目进行的计划、组织、指挥、协调和控制等专业化活动，简称为项目管理。”

建设工程项目管理的内涵是：“自项目开始至项目完成，通过项目策划(Project Planning)和项目控制(Project Control)，以使项目的费用目标、进度目标和质量目标得以实现(参考英国皇家特许建造师关于建设工程项目管理的定义，此定义也是大部分国家建造师学会或协会一致认可的)。”该定义的有关字段的含义如下：

(1) “自项目开始至项目完成”是指项目的实施阶段；

(2) “项目策划”是指目标控制前的一系列筹划和准备工作；

(3) “费用目标”对投资方而言是投资目标，对施工方而言是成本目标，对设计方而言

既是工程造价控制也是其自身的成本目标。

根据项目管理学的基本理论，没有明确目标的建设工程不是项目管理的对象，所以项目管理的核心任务就应该是项目的目标控制。在工程实施中，一个建设项目如果没有明确的费用目标、进度目标和质量目标，就无法进行定量的目标控制，也就谈不上对其进行项目管理了。

任何一个建设工程项目都会有许多参与单位承担不同的建设任务或管理任务(如勘察、设计、施工、设备安装、监理、物资供应、投资方管理、政府主管部门的管理和监督等)，各参与方的工作性质、任务和利益无法统一，就会形成代表不同利益方的项目管理。由于投资方是建设工程项目实施过程的总集成者，即人力资源、物质资源和知识的集成，也是建设工程项目实施过程的总组织者，因此对于建设工程项目本身而言，投资方的项目管理通常为项目的管理核心。

按照建设工程项目不同参与方的工作性质和组织特征，项目管理可分为以下五种类型：

(1) 投资方的项目管理(如投资方、开发方、代建方的项目管理，以及由相关方提供的代表投资方利益的项目管理咨询服务)；

(2) 设计方的项目管理；

(3) 施工方的项目管理(施工总承包方、施工总承包管理方和分包方的项目管理)；

(4) 物资供货方的项目管理(材料和设备供货方的项目管理)；

(5) 建设项目总承包(或称建设项目工程总承包/建设工程总承包)方的项目管理，共有两类。第一类：设计和施工任务综合承包(简称 D + B)的项目管理；第二类：设计、采购和施工任务综合承包(简称 EPC)的项目管理等。

2. 建设工程项目管理的背景

1) 建设工程项目管理的国内背景

20 世纪 80 年代初期，随着我国改革开放的不断推进，中国和各国际机构的交流、合作越来越多，在一些项目的推进过程中也接受了世界银行和其他国际金融机构的大量贷款，并按其要求采用项目管理的思想、组织、方法和手段对建设工程项目实施管理。建设工程项目管理在国内的发展大体经过了如下的历程。

(1) 1983 年，由原国家计划委员会提出推行我国的项目前期项目经理负责制。

(2) 1988 年，开始推行我国的建设工程监理制度。

(3) 1995 年，原建设部颁发了《建筑施工企业项目经理资质管理办法》，正式在我国推行项目经理负责制。

(4) 1997 年，全国人大审议通过《中华人民共和国建筑法》，2000 年，国务院颁布《建设工程质量管理条例》，在此基础上，原人事部、建设部决定对建设工程项目总承包及施工管理的专业技术人员实行建造师执业资格制度。

(5) 2002 年，原人事部、建设部联合颁布了《关于印发〈建造师执业资格制度暂行规定〉的通知》(人发[2002] 111 号)；2003 年，原建设部颁布了《关于建筑业企业项目经理资质管理制度向建造师执业资格制度过渡有关问题的通知》(建市[2003] 86 号)。

(6) 2003 年，原建设部在《关于培育发展工程总承包和工程项目管理企业的指导意见》(建市[2003] 30 号)中明确提出：“鼓励具有工程勘察、设计、施工、监理资质的企业，通过建立与工程项目管理业务相适应的组织机构、项目管理体系，充实项目管理专业人员，按照有关资质管理规定在其资质等级许可的工程项目范围内开展相应的工程项目管理业务”。

(7) 据相关统计，1993～2001 年，全国 22 个行业 236 家工程设计企业，完成工程项目管理 853 项，合同金额近 500 亿。根据投资建设项目管理的需要，经原人事部、国家发展和改革委员会研究决定，对投资建设项目高层专业管理人员实行职业水平认证制度。

(8) 2004 年，原人事部、国家发展和改革委员会联合颁布了《关于印发〈投资建设项目管理师职业水平认证制度暂行规定〉和〈投资建设项目管理师职业水平考试实施办法〉的通知》(国人部发[2004] 110 号)。

(9) 2006 年 6 月，《建设工程项目管理规范》GB/T 50326—2006 由建设部发布。

(10) 2017 年，为进一步深化建筑业“放管服”改革，加快产业升级，促进建筑业持续健康发展，为新型城镇化提供支撑，国务院办公厅发布了《国务院办公厅关于促进建筑业持续健康发展的意见》(国办发[2017] 19 号)。提出要培育全过程工程咨询：鼓励投资咨询、勘察、设计、监理、招标代理、造价等企业采取联合经营、并购重组等方式发展全过程工程咨询，培育一批具有国际水平的全过程工程咨询企业。制定全过程工程咨询服务技术标准和合同范本。政府投资工程应带头推行全过程工程咨询，鼓励非政府投资工程委托全过程工程咨询服务。在民用建筑项目中，充分发挥建筑师的主导作用，鼓励提供全过程工程咨询服务。我国的建设工程项目管理发展进入了全新的阶段。

2) 建设工程项目管理的国外背景

20 世纪 60 年代末期和 70 年代初期，工业发达国家开始将项目管理的理论和方法应用于建设工程领域，并于 20 世纪 70 年代中期开始在大学教育阶段引入工程管理相关专业。随后，项目管理在业主方的工程管理中首先被应用，而后承包方、设计方和供货方也逐步在工程实践中开始运用。

20 世纪 70 年代中期，国外出现了项目管理咨询公司服务于业主、承包方、设计方和供货方的方式。国际咨询工程师协会(FIDIC)于 1980 年颁布的《业主方与项目管理咨询公司的项目管理合同条件》(FIDIC IGRA 80PM)明确了代表业主方利益的项目管理方的地位、作用、任务和责任。

在许多国家，项目管理由专业人士担任。如建造师可以在业主方、承包方、设计方和供货方从事项目管理工作，也可以在教育、科研和政府等部门从事与项目管理有关的工作。建造师的业务范围并不限于在项目实施阶段的工程项目管理工作，还包括项目决策阶段的管理和项目使用阶段的设施管理(物业管理)工作。

3. 建设工程项目管理的发展趋势

随着 50 多年的不断发展，项目管理作为一门学科已经从第一代传统的项目管理(Project Management)经过第二代项目集管理(Program Management)和第三代项目组合管理(Portfolio Management)发展到了第四代变更管理(Change Management)。美国项目管理协会(PMI，Project Management Institute)的《项目管理知识体系指南(PMBOK 指南)》对有关概念的解释如下。

项目集：是指一组相互关联且被协调管理的项目。协调管理是为了获得对单个项目分别管理所无法实现的利益和控制。项目集中可能包括各单个项目范围之外的相关工作。

项目集管理：是指对项目集进行统一协调管理，以实现项目集的战略目标和利益。

项目组合：是指为有效管理、实现战略业务目标而组合在一起的项目、项目集和其他工作。项目组合中的项目或项目集不一定彼此依赖或有直接关系。

项目组合管理：是指“为了实现特定的战略业务目标，对一个或多个项目组合进行的集中管理，包括识别、排序、管理和控制项目、项目集和其他有关工作。”

最新发布的PMBOK指南对项目经理从项目管理技术、领导力、商业管理技能和战略管理技能四个方面提出了相应的要求。

项目决策阶段的开发管理、实施阶段的项目管理和使用阶段的设施管理统一起来称为项目全寿命管理。

1.2 建设工程项目的分类与划分

1.2.1 建设工程项目的分类

建设工程项目是指按照一个总体设计进行建设，经济上实行统一核算，行政上有独立的组织形式，实行统一管理，由一个或若干个具有内在联系的工程所组成的总体，建成后具有完整的系统，可以独立地形成生产能力或使用价值的建设工程。

从整体来看，基本建设通常是由多个建设项目组合而成的。我国通常把投资建设一个企业或一个独立工程项目作为一个建设工程项目。因此，由一个总体设计但分期分批建设的主体工程、水电气供应工程、配套或综合利用工程应看作一个建设工程项目，而由多个总体设计、工艺流程没有直接关系的若干个独立工程，或多个总体设计、分期建设的工程，则应作为不同的建设工程项目。

建设项目有多种不同的分类标准。

1. 按建设性质分类

(1) 新建项目。新建项目是指新开始建设的项目，或对原有建设项目重新进行总体设计，经扩大建设规模后，其新增固定资产价值超过原有固定资产价值3倍以上的建设项目。

(2) 扩建项目。扩建项目是指原有建设单位为了扩大原有系统的生产能力或效益，或增加新生产能力，在原有固定资产的基础上兴建一些主要设施或其他固定资产。

(3) 改建项目。改建项目是指原有建设单位为了提高生产效率，改进产品质量或改进产品方向，对原有设备、工艺流程进行技术改造的项目。另外，为提高综合生产能力，增加一些附属、辅助设施或非生产性工程，也属于改建项目。

(4) 恢复项目。恢复项目是指对因重大自然灾害或战争而遭受破坏的固定资产，按原来规模重新建设或在恢复的同时进行扩建的工程项目。

(5) 迁建项目。迁建项目是指原有建设单位由于各种原因迁到其他地方建设的项目，不论其是否维持原有规模，均称为迁建项目。

需要注意的是，建设项目的性质是按照整个建设项目的完成周期来划分的，一个建设项目按总体设计在全部建成之前，其性质维持不变。

2. 按过程阶段分类

(1) 筹建项目。筹建项目是指在计划年度内只做准备，还不能开工的项目。

(2) 施工项目。施工项目是指正在施工的项目。

(3) 投产项目。投产项目是指全部竣工，并已投产或交付使用的项目。

(4) 收尾项目。收尾项目是指已经竣工验收投产或交付使用，且已达到全部设计能力，但还遗留少量收尾工程的项目。

(5) 停缓建项目。停缓建项目是指经有关部门批准停止建设或近期内不再建设的项目。停缓建项目分为全部停缓建项目和部分停缓建项目。

3. 按直接用途分类

(1) 生产性建设项目。生产性建设项目是指直接用于物质生产或满足物质生产需要的建设项目。它包括工业、建筑业、农业、林业、水利、气象、运输、通信、商业或物资供应、地质资源勘探等建设项目。

(2) 非生产性建设项目。非生产性建设项目一般是指用于满足人民物质文化生活需要的建设项目。它包括住宅、文教卫生、科学实验研究、公共事业以及其他建设项目。

4. 按规模投资分类

按建设项目建设总规模和投资的多少不同可分为大型、中型和小型项目，其划分的标准各行各业并不相同。一般情况下，生产单一产品的企业，按产品的设计生产能力来划分；生产多种产品的企业，按主要产品的设计生产能力来划分；难以按生产能力划分的，按其全部投资额来划分。

5. 按资金来源分类

(1) 国家投资建设项目。国家投资建设项目又称为财政投资建设项目，是指国家预算直接安排投资的建设项目。

(2) 银行信用筹资建设项目。银行信用筹资建设项目是指通过银行信用方式供应基本建设投资的项目。其资金来源于银行自有资金、流通货币、各项存款和金融债券。

(3) 自筹资金建设项目。自筹资金建设项目是指各地区、各单位按照财政制度提留、管理和自行分配用于固定资产再生产的资金进行建设的项目。它包括地方自筹、部门自筹和企业与事业单位自筹资金进行建设的项目。

(4) 引进外资建设项目。引进外资建设项目是指利用外资进行建设的项目。外资的来源有借用国外资金和吸引外国资本直接投资。

(5) 长期资金市场筹资建设项目。长期资金市场筹资建设项目是指利用国家债券筹资和社会集资(股票、国内债券、国内合资经营、国内补偿贸易)投资的建设项目。

1.2.2 建设工程项目的划分

大型建设工程项目通常是由多个部分组成的复杂综合体，投资额巨大，建设周期长。建设工程项目因受到多种因素的影响和约束，其组织、管理是一项较为复杂的经济活动，为了使建设工程项目更好地实施，确保投资效益，应对建设项目进行科学的分析与分解。

按照合理确定工程造价和建设管理工作的需要，依据组成内容不同，建设工程项目从大到小可以划分为单项工程、单位工程、分部工程和分项工程等项目单元。

1. 单项工程

单项工程是指具有独立的设计文件、单独编制投资预算、竣工后可以独立发挥生产能力或效益的工程。一个建设项目包括的单项工程可多可少，如新建医院中的门诊楼、住院楼、办公楼和食堂均可看作一个单项工程。单项工程具有独立存在意义，通常其自身就是一个复杂的综合体。为方便项目管理，每个单项工程还可进一步分解为若干单位工程。

信息通信工程建设项目的单项工程会按不同技术专业或不同通信系统进行划分。表 1.2 列出了信息通信工程单项工程的划分方式。

表 1.2 信息通信工程单项工程项目划分

<table>
<tr><th colspan="2">专业类别</th><th>单项工程名称</th><th>备注</th></tr>
<tr><td colspan="2">电源设备安装工程</td><td>××电源设备安装工程(包括专用高压供电线路工程)</td><td></td></tr>
<tr><td rowspan="4">有线通信设备安装工程</td><td>传输设备安装工程</td><td>××数字复用设备及光、电设备安装工程</td><td></td></tr>
<tr><td>交换设备安装工程</td><td>××通信交换设备安装工程</td><td></td></tr>
<tr><td>数据通信设备安装工程</td><td>××数据通信设备安装工程</td><td></td></tr>
<tr><td>视频监控设备安装工程</td><td>××视频监控设备安装工程</td><td></td></tr>
<tr><td rowspan="6">无线通信设备安装工程</td><td>微波通信设备安装工程</td><td>××微波通信设备安装工程(包括天线、馈线)</td><td></td></tr>
<tr><td>卫星通信设备安装工程</td><td>××卫星通信设备安装工程(包括天线、馈线)</td><td></td></tr>
<tr><td rowspan="3">移动通信设备安装工程</td><td>××移动控制中心设备安装工程</td><td rowspan="3"></td></tr>
<tr><td>××基站设备安装工程(包括天线、馈线)</td></tr>
<tr><td>××分布系统设备安装工程</td></tr>
<tr><td>铁塔安装工程</td><td>××铁塔安装工程</td><td></td></tr>
<tr><td colspan="2" rowspan="5">通信线路工程</td><td>××光(电)缆线路工程</td><td rowspan="5">进局及中继光(电)缆工程可按每个城市作为一个单项工程</td></tr>
<tr><td>××水底光(电)缆工程(包括流水线房建筑及设备安装)</td></tr>
<tr><td>××用户线路工程(包括主干及配线光(电)缆、交接及配线设备、集线器、杆路等)</td></tr>
<tr><td>××综合布线系统工程</td></tr>
<tr><td>××光纤到户工程</td></tr>
<tr><td colspan="2">通信管道工程</td><td>××路(××段)、××小区通信管道工程</td><td></td></tr>
</table>

2. 单位工程

单位工程一般是指不能独立发挥生产能力或效益，但可以具有独立设计，也可以独立组织施工的工程，它是单项工程的组成部分。单项工程可以分解为建筑工程和安装工程两类，而每一类中又可按专业性质及作用不同分解为若干个单位工程。例如，一项通信光缆线路单项工程可以按不同地理区域分成若干个单位工程或按管道、直埋、架空敷设方式分成若干个单位工程。

3. 分部工程

分部工程又是单位工程的组成部分。可按照不同设备、不同材料、不同工种、不同结构或施工次序等方式，将一个单位工程分解为若干个分部工程。例如通信线路工程可划分为线路施工测量、光(电)缆敷设、光(电)缆接续与测试等分部工程。分部工程还可以进一步划分为分项工程。

4. 分项工程

按照不同的施工方法、不同的材料、不同的工作内容，可将一个分部工程分解为若干个分项工程。分项工程都是用较为简单的施工过程就能完成，采用适当的计量单位进行人工、材料和机械台班消耗数量的计算并汇总出相应的工程量，方便最终计算出分项工程的价格。分项工程是单项工程组成部分中最基本的构成要素，它没有独立存在的意义，只是用于编制建设项目概(预)算使用。

通过以上分解，可见一个建设项目是由一个或几个单项工程组成的，一个单项工程又可分解为几个单位工程，一个单位工程又可分解为若干个分部工程，一个分部工程又可以划分为若干个分项工程，这也是一个建设项目管理任务逐步分解的过程。

1.3　建设工程基本建设程序与投资

1.3.1　建设工程基本建设程序

建设项目从酝酿、规划到建成投产的整个过程中各项工作开展顺序的规定称之为基本建设程序。在建设工程中，各相关部门和参与人员都应当将这个程序作为基本法则予以遵守，同时它也反映了工程建设各个阶段之间存在的内在联系。这个基本建设程序是通过对客观存在的自然和经济规律的总结而形成的，它既是建设项目科学决策和顺利进行的重要保证，也是对建设项目管理工作经验总结的高度概括，要想取得很好的投资效益，就必须严格遵循这一工程建设管理方法。

从项目实施进程角度可将基本建设程序划分为若干个阶段和环节，各阶段和环节之间的顺序和相互关系不可任意调整。特别是部分进展阶段和环节有着非常严格的先后次序，绝对不可随意颠倒。一旦违反这个规律必将导致管理工作出现重大失误，可能带来资金的重大损失。在我国，大中型以上的建设项目从前期工作到建设、投产通常都要经过项目建议书、可行性研究、项目评估决策、初步设计、年度计划安排、施工准备、施工图设计、施工招投标、开工报告、施工、初步验收、试运行、竣工验收、交付使用、项目后评价等阶段和环节。

具体到信息通信行业基本建设项目，虽然投资管理、建设规模等与其他专业建设项目有所不同，但项目建设过程中的主要程序基本相同，具体参见图 1.4。

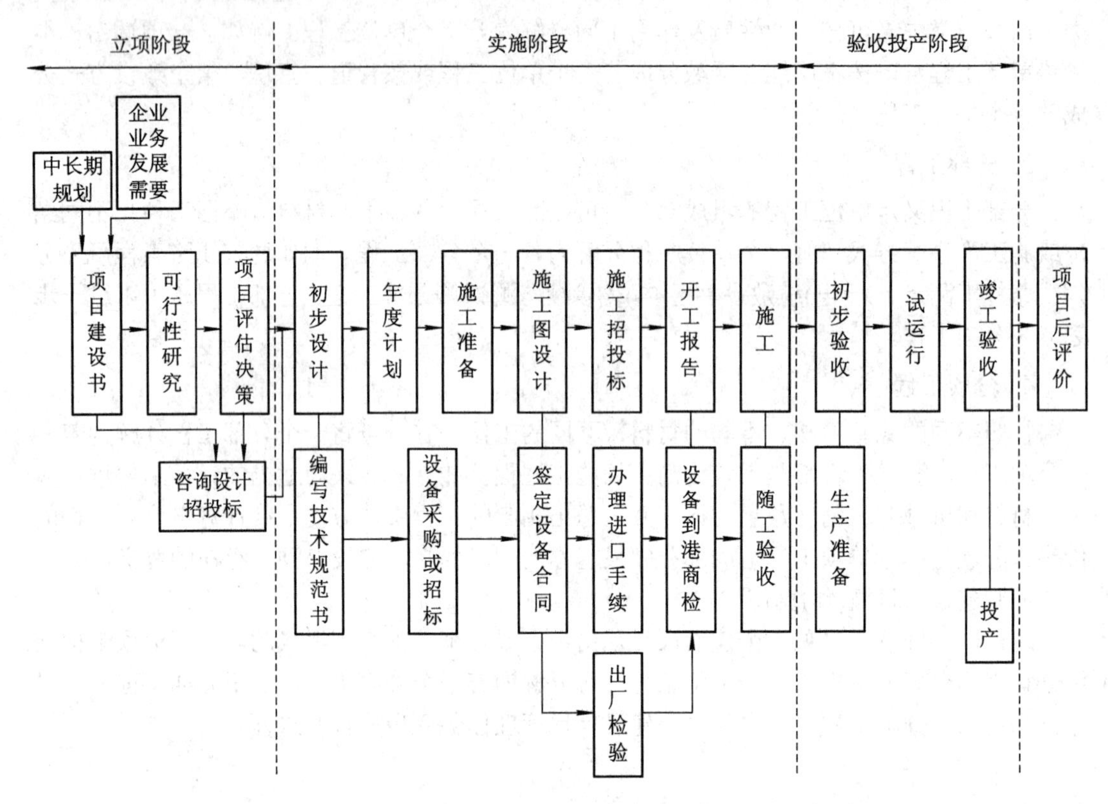

图 1.4　建设工程基本建设程序

1. 立项阶段

1) 项目建议书

依据国民经济和社会发展的长远规划、相关行业规划、本地区规划或企业自身发展的需要等要求，建设项目投资方或咨询服务方经过调研、分析、预测，汇总相关信息后编制项目建议书。项目建议书是对某一具体建设项目的定义文件。它的提出开启了项目基本建设程序中最初阶段的工作，是在投资决策前对拟建项目进行的初步规划设想。它从宏观上调研并分析了是否有建设项目的必要，所以，项目建议书应该把论证的重点集中在项目与国家宏观经济政策的匹配性、产业政策和产品结构对项目提出的要求、建设项目是否符合生产布局要求等方面，避免出现盲目投资和重复建设。论证项目建设的必要性是项目建议书的核心任务，对项目提出比较粗略的建设方案和投资估算，投资估算的误差往往会达到±30%左右。项目立项的标志即是项目建议书的批准，随后需要进行建设项目的可行性研究。

项目建议书的主要内容应该包括：项目建设的必要性和依据，项目实施的技术基础，最终产品市场资源、建设基础条件及优劣势等的初步分析，建设规模、项目实施地点及技术方案的初步设想，投资估算及资金筹措手段，对环境的保护、对资源的综合利用和节能手段，财务、经济分析及主要指标的计算等。

2) 可行性研究

依据国民经济发展规划和项目建议书，合理运用各类研究成果，在投资决策前，对项目建设、技术和生产经营方案进行的一系列建设项目技术经济论证，称之为可行性研究，最终形成的成果是可行性研究报告。技术上的先进性和适用性、经济上的盈利性和合理性、建设方案的可能性和可行性是可行性研究应该重点考察的内容。可行性研究通常是由建设项目的投资方或上级主管部门委托勘察设计、工程咨询方按相关规定要求进行的研究。可行性研究阶段的投资估算误差应当控制在±10%以内。不同行业的可行性研究所涉及的具体内容会有所差别。信息通信工程的可行性研究报告应当包括以下十项主要内容。

(1) 总论。包括项目背景、建设的必要性和投资效益、可行性研究的依据及简要结论等。

(2) 需求预测与拟建规模。包括业务流量和流向预测、通信设施现状、国家从战略和国防等需要出发对通信提出的特殊要求、拟建项目的范围及规模等。

(3) 建设与技术方案论证。包括组网方案、传输线路建设方案、局站建设方案、通路组织方案、设备选型方案、原有设施利旧和技术改造方案以及应当执行的主要建设标准等。

(4) 建设可行性条件。包括资金来源、设备采购、建设与安装条件、外部合作条件以及环境保护与节能的相关要求等。

(5) 配套及协调建设项目的建议。如通信管道、机房土建、市电引入、机房环境以及配套工程的要求等。

(6) 建设进度安排的建议。

(7) 维护组织、劳动定员与人员培训。

(8) 主要工程量与投资估算。包括主要工程量、投资估算、配套工程投资估算、单位造价指标分析等。

(9) 经济评价。包括财务评价和经济评价。财务评价应从通信行业的角度，通过财务内部收益率和静态投资回收期等主要财务评价指标的计算来考察项目在财务方面的可行性；经济评价应从国家角度通过经济内部收益率等主要经济评价指标的计算，考察项目对整个国民经济的净效益，论证建设项目在经济上的合理性。当财务评价和经济评价的结论不一致时，项目的取舍应根据项目实际情况确定，但主要取决于经济评价的结论。

(10) 需要说明的问题。

3) 项目评估决策

项目评估指在项目可行性研究的基础上，由第三方(国家、银行或有关机构)根据国家公布的政策、法规、方法、参数和条例等，从项目(或企业)、国民经济、社会角度出发，对拟建项目建设的必要性、建设条件、生产条件、产品市场需求、工程技术、经济效益和社会效益等进行评价、分析和论证，进而判断其是否可行的一个评估过程。项目评估是项目投资前期进行决策管理的重要环节，其目的是审查项目可行性研究的可靠性、真实性和客观性，为银行的贷款决策或行政主管部门的审批决策提供科学依据。

政府主管部门对某些大型信息通信工程建设项目的项目建议书也要进行评估，其程序和内容与对项目可行性研究的评估基本相同，只是重点对项目建设的必要性进行评估。

项目评估的最终成果是项目评估报告。

项目评估的依据包括如下项目。

(1) 项目建议书及其批准文件。

(2) 项目可行性研究报告。

(3) 报送单位的申请报告及主管部门的初审意见。

(4) 有关资源、配件、燃料、水、电、交通、通信、资金(包括外汇)等方面的协议文件。

(5) 必需的其他文件和资料。

2. 实施阶段

1) *初步设计*

建设项目在组织施工时主要的依据就是各类设计文件，一般由建设单位或主管部门委托有资质的设计单位进行编制。通常建设项目都是按初步设计和施工图设计两个阶段进行。但技术过于复杂或缺乏相关经验的项目，也可按初步设计、技术设计和施工图设计三个阶段进行，对于投资规模不大或有成熟实施经验的项目，也可按施工图设计一个阶段进行。

依据批准的可行性研究报告，结合有关的设计标准、规范，通过对项目实施现场进行勘察工作取得设计基础资料后可进行初步设计文件的编制。初步设计应完成的主要任务是：选定项目的建设方案、进行设备选型和编制项目设计概算。其中，主要设计方案和重大技术措施等应对多方案进行比选论证，通过技术经济分析选定最终实施方案。对于未采用方案的简要情况及采用方案的选定理由都应在设计文件中说明。初步设计和设计概算按其规模和规定的程序进行审核，经批准后方可以此为依据进行施工图设计。

对于技术复杂项目的初步设计可通过技术设计对内容进一步深化，明确所采用的工艺过程技术细节、建筑和结构的重大技术问题、设备的选型和数量，最终编制形成修正概算。

2) *年度计划安排*

初步设计和设计概算批准后，在列入年度基本建设计划前还需要经过资金、物资、设计、施工能力等综合平衡。年度计划包括基本建设拨款计划、设备和主材(采购)储备贷款计划、工期组织配合计划等，是进行工程建设拨款或筹资、资源分配和设备保障的主要依据。

3) *施工准备*

建设单位应根据建设项目或单项工程的技术特点，适时组成机构，做好施工准备的四项基本工作。

(1) 制定项目管理制度，落实项目管理人员；

(2) 汇总设备采购清单，规范主要设备和材料的技术规格；

(3) 明确各类物资的供货渠道；

(4) 准备施工现场，完成征地、拆迁、“三通一平”(水、电、路通和平整土地)等前期工作。

4) *施工图设计*

依据批准的初步设计文件和主要设备订货合同编制施工图设计文件，绘制施工图纸。施工图设计文件应包括设计说明、图纸和施工图预算，明确房屋、建筑物、设备的结构尺寸，安装设备的配置关系、布线和施工工艺，提供设备、材料明细表，逐项汇总成施工图预算。

5) 施工招投标

建设单位通过施工招标将建设工程发包，通过招投标鼓励施工企业相互竞争，从中评定出技术和管理水平高、信誉可靠且报价合理的企业签订承包合同。施工招标对于确保工程质量和工期具有重要意义，同时可以择优选择施工企业。

6) 开工报告

签订承包合同后，建设单位再依据年度计划拨付资金、进行设备和主材的采购，工程管理组织应于开工一个月前与施工单位共同向主管部门提出开工报告，由审计部门对项目的有关费用计取标准及筹资渠道进行审查后，主管部门方可批准开工报告正式开工。实行监理的建设项目应在计划开工日前七天由总监理工程师签发开工令。

7) 施工

施工单位按照施工承包合同、施工图设计文件的规定，依据批准的施工组织设计确定实施方案，将建设项目由设计图纸变成建筑物、构筑物等固定资产的过程即为施工。施工过程必须严格按照施工图纸、施工验收规范、合理的施工顺序组织施工以确保工程质量，各类施工企业和人员应当持有与所承建工程类别一致的相关资质证书。

施工过程中，隐蔽工程工序完成后应由建设单位委派工地代表或监理人员随工验收，并签署隐蔽工程验收单，验收合格后才能进行下一道工序。

3. 验收投产阶段

1) 初步验收

单项工程完工后，通常需要通过初步验收来检验单项工程各项技术指标与设计要求的相符程度。施工单位在完成承包合同工程量后，按合同条款要求向建设单位提出交工报告，申请项目完工验收，建设单位或由其委托监理公司组织设计、施工、维护、档案及质量监督等部门参加项目初步验收。

限定规模以上的新建、扩建、改建和属于基本建设性质的技术改造项目，在完成施工调测之后均应初步验收。初步验收时间应安排在原计划工期内，具体包括检查质量、审查资料、效益分析等工作，针对发现的问题提出相应的处理意见，并要求相关责任单位予以解决。

2) 试运行

初步验收通过后，由建设单位组织供货、设计、施工和维护等单位和部门参加试运行。通过试运行，对系统的性能、功能和设备各项技术指标以及工程质量等进行全面检验。试运行过程中如发现问题，应由具体责任单位负责处理。试运行通过后，建设单位或上级主管部门即可开始准备组织竣工验收工作。

3) 竣工验收

竣工验收是工程建设的最后一个环节，是对工程建设成果的全面考核，竣工验收需要检验设计和工程质量是否符合合同约定，是核查投资合理性的重要步骤。按批准的设计文件完成所规定的建设内容，通过初步验收和试运行后便可组织竣工验收。经验收合格后，施工单位与建设单位便可办理工程移交和工程结算手续，交付使用。

4. 项目后评价

项目竣工投产运营一段时间后，再回头对项目从立项决策、设计、施工、竣工投产一直到生产运营全过程进行系统性评价称之为项目后评价，它是一种技术经济活动，是固定资产投资管理的重要组成内容和最后一个环节。通过项目后评价，才能总结经验、肯定成绩、研究问题、提出建议、改进工作、不断提高后续项目的决策能力，最终达到投资目的。

1.3.2 建设工程项目管理的目标和任务

1. 业主方项目管理的目标和任务

业主方项目管理服务于业主的利益，其项目管理的目标包括项目的投资、进度和质量目标。其中投资目标是指项目总投资的控制。进度目标是指以项目动用为时间节点，即项目交付使用的时间节点，如系统投入运营、工厂建成投产、道路通车、办公楼启用、旅馆开业等的时间节点。质量目标涉及的内容较多，有施工质量、设计质量、材料质量、设备质量和运营环境质量等。质量目标以满足相应的技术规范和技术标准为最低要求，以及满足合同约定质量为标准。

项目的投资目标、进度目标和质量目标之间存在矛盾的一面，也存在统一的一面，它们之间的关系是对立统一的。比如，想要加快进度就要增加投资，需要提高质量也要增加投资，过度地压缩工期就会影响质量的保证，这都表现了以上三大目标之间矛盾的一面；但通过项目管理，就可以在不增加投资的前提下，来合理缩短工期和确保工程质量，这又反映了目标之间统一的一面。

业主方的项目管理工作会涉及项目实施阶段的全过程，即在设计前的准备阶段、设计阶段、施工阶段、动用前准备阶段和保修期分别进行如下工作，见表 1.3。

表 1.3　业主方的项目管理工作内容

	设计前的准备阶段	设计阶段	施工阶段	动用前准备阶段	保修期
安全管理					
投资控制					
进度控制					
质量控制					
合同管理					
信息管理					
组织和协调					

上表中的 7 行和 5 列，构成业主方项目管理的 35 项任务，需要强调的是安全管理是项目管理所有任务中最重要的任务，这是因为安全管理涉及人身的健康与安全，而投资控制、进度控制、质量控制和合同管理等则只涉及物质的利益。

2. 设计方项目管理的目标和任务

设计方也是项目建设的参与方，但设计方项目管理除了主要服务于项目的整体利益外，也要服务于本身的利益。项目的投资目标能否实现与设计工作有非常直接的联系，因此，设计方项目管理的目标包括设计的成本目标、设计的进度目标、设计的质量目标和项目的投资目标。

设计方的项目管理工作主要涉及设计阶段，但也可能包括设计准备阶段、施工阶段、动用前准备阶段和保修期中的一些工作。设计方项目管理的任务包括：

(1) 与设计方有关的安全管理；

(2) 设计方自身的成本控制和与设计工作有关的工程造价控制；

(3) 设计方进度控制；

(4) 设计工作质量控制；

(5) 设计方合同管理；

(6) 设计方信息管理；

(7) 与设计有关的组织和协调工作。

3. 供货方项目管理的目标和任务

供货方也是项目建设的参与方之一，其项目管理主要服务于供货方本身的利益，但也需要满足项目的整体利益，其项目管理的目标包括供货方的成本目标、供货的进度目标和供货的质量目标。

供货方的项目管理工作主要涉及施工阶段，但也可能包括设计准备阶段、设计阶段、动用前准备阶段和保修期中的一些工作。供货方项目管理的主要任务包括：

(1) 与供货有关的安全管理；

(2) 供货方的成本控制；

(3) 供货工作的进度控制；

(4) 供货产品的质量控制；

(5) 供货方合同管理；

(6) 供货方信息管理；

(7) 与供货有关的组织与协调工作。

4. 项目总承包方项目管理的目标和任务

项目总承包方(或称建设项目工程总承包方/工程总承包方)是受业主方的委托承担工程建设任务，因此，项目总承包方要有为项目建设服务的观念，为业主提供全方位的建设服务，它应该严格按合同规定完成项目总承包方的任务和义务。项目总承包方通常都是项目建设的重要参与方，其项目管理在主要服务于项目整体利益之外再考虑项目总承包方本身的利益，其项目管理的目标在合同要求的基础上主要包括：

(1) 工程建设全过程的安全管理目标；

(2) 项目的总投资目标和项目总承包方自身的成本目标(即业主方的总投资目标和项目总承包方自身的成本目标)；

(3) 项目总承包方工作的进度目标；

(4) 项目总承包方工作的质量目标。

项目总承包方项目管理工作涉及项目实施阶段的全过程，即设计准备阶段、设计阶段、施工阶段、动用前准备阶段和保修期。

《建设项目工程总承包管理规范》GB/T 50358—2017 规定，项目总承包方的管理工作涉及：

(1) 项目设计安全管理；

(2) 项目采购管理；

(3) 项目施工管理；

(4) 项目试运行管理和项目收尾等。

其中属于项目总承包方项目管理的任务包括：

(1) 项目风险管理；

(2) 项目进度管理；

(3) 项目质量管理；

(4) 项目费用管理；

(5) 项目安全、职业健康与环境管理；

(6) 项目资源管理；

(7) 项目沟通与信息管理；

(8) 项目合同管理等。

5. 施工方项目管理的目标和任务

施工方是受业主方委托承担工程建设任务，施工方应当树立服务观念，把为项目建设服务和为业主提供服务放在重要地位，严格按照合同规定完成自己的任务和义务。施工方项目管理在考虑服务于施工方本身利益的同时也必须服务于项目的整体利益。项目的整体利益和施工方本身的利益是对立统一的。

施工方项目管理的目标应符合合同的要求，它包括：

(1) 施工方的安全管理目标；

(2) 施工方自身的成本目标；

(3) 施工工程的进度目标；

(4) 施工工程的质量目标。

在采用工程施工总承包或工程施工总承包管理模式时，施工总承包方或施工总承包管理方进度目标和质量目标必须按合同约定执行。但施工总承包方或施工总承包管理方的成本目标则是由企业根据自身生产和经营状况自行确定的。同样的，分包方的进度目标和质量目标也必须按分包合同约定执行，其成本目标也是自行确定。

在国际上，如果采用指定分包，不论指定分包商是与施工总承包方、施工总承包管理方、业主方中哪一个签订合同，都必须在签约前得到施工总承包方或施工总承包管理方的认可，因此，施工总承包方或施工总承包管理方也应对合同规定的进度目标和质量目标负责。

施工方项目管理的任务包括：

(1) 施工安全管理；

(2) 施工方自身的成本控制；

(3) 施工工程进度控制；

(4) 施工工程质量控制；

(5) 施工工作合同管理；

(6) 施工工作信息管理；

(7) 与施工有关的组织与协调工作。

施工方的项目管理工作主要涉及施工阶段，但也会涉及设计阶段。动用前准备阶段和保修期也包括在施工合同责任范围内，这两个阶段需要对出现的工程安全、费用、质量、合同和信息等方面的问题进行处理，因此，施工方的项目管理也会涉及动用前准备阶段和保修期。

20 世纪 80 年代末、90 年代初，工程项目管理的咨询服务开始在我国大中型建设项目上引进并为业主方(或代表业主利益方)提供服务，这也属于业主方项目管理的范畴。而在国际上，工程项目管理咨询公司不仅为业主方服务，也会向施工方、设计方和建设物资供应方提供服务，所以，施工方的项目管理不能只认为是施工企业对项目的管理。工程项目管理咨询公司为施工企业提供的对项目管理的咨询服务也属于施工方项目管理的范畴。

1.3.3　建设工程基本建设程序与投资目标对应关系

按建设程序分阶段实施过程中，建设周期、规模、造价的特点会对投资目标产生不同的影响，因此，在不同阶段，随着影响工程造价的各种因素被逐步确定，就要适时对工程造价进行调整，以确保对投资目标控制的科学性。引入多次计价就是逐步深入、层层细化和最终趋近于实际造价的过程，建设工程多次性计价的过程如图 1.5 所示。

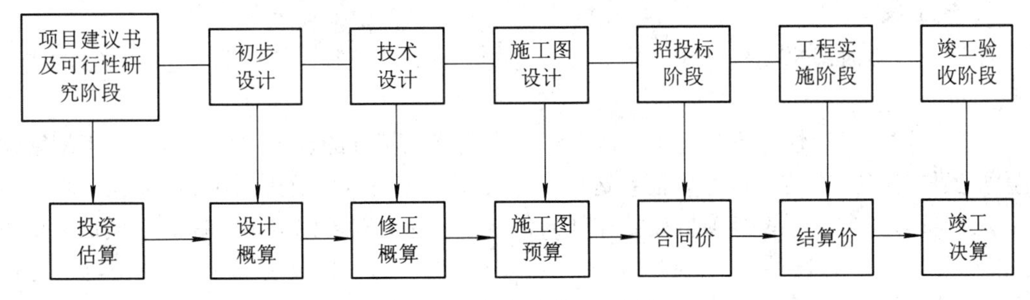

图 1.5　工程多次性计价过程

1. 投资估算

在项目建议书或可行性研究阶段需要提交投资估算，通过对拟建项目编制估算以确定建设项目总投资(估算造价)。建设项目决策、筹资和控制工程造价的主要依据就是投资估算。

2. 设计概算

在初步设计阶段需要提交设计概算，根据建设项目设计意图，通过编制建设项目设计概算，对工程造价进行预测算和限额设定。设计概算相比投资估算，在准确性方面有进一步的提高，但它会受到投资估算的限制。设计概算分为建设项目总概算、单项工程概算和单位工程概算等，其层次性十分明显。

3. 修正概算

在采用三阶段设计的技术设计阶段需要提交修正概算，根据技术设计提出的具体要求，通过编制建设项目修正概算，在设计概算的基础上进一步对工程造价预测和限定，并对设计概算进行必要的修正和调整。修正概算比设计概算更加准确，但是会受设计概算的控制。

4. 施工图预算

在施工图设计阶段需要提交施工图预算，根据施工图纸对施工内容的详细描述，通过编制施工图预算，对工程造价在修正概算的基础上细化、明确和限定。它比设计概算和修正概算更为详尽和准确，达到工序级别，但依然要受到前一阶段工程造价的控制。

5. 合同价

在工程招投标阶段所签订的承包合同、采购合同和技术咨询服务合同中的价格即为合同价。合同价是由承发包双方根据市场行情共同议定和认可的成交价格，因此，它具有市场价格的性质。但最终实际工程造价的确定还受很多其他因素的影响，所以合同价只能是合同实施的目标价，大多数建设项目中与最终工程造价并不相等。同时，按计价方式不同，建设工程合同又分为单价合同和总价合同，并再次细分为固定价和可变价，不同类型合同价的内涵就会有所不同。

6. 结算价

在合同实施阶段，进行定期或不定期工程结算时的价格即为结算价。结算价是根据合同约定的价格、调价范围和调价方法条款，以实际发生的工程量、设备和材料数量单价等进行计算后确定的价格。

7. 竣工决算

在竣工决算阶段需要提交竣工决算，通过竣工决算的编制，最终确定建设项目的实际工程造价。

综上所述，多次性计价是逐步由浅入深、由粗略到精细的复杂过程，是建设工程管理的重要工作任务，在这个过程中需要运用动态控制的方法对投资(成本)目标实施控制。同时，项目各参与方除了设有项目投资控制的目标以外还有自身的成本目标，在项目各阶段要注意区别对待，同样是费用控制目标，各参与方参照的项目投资(成本)计划值与实际值在不同的项目阶段也不尽相同。

1.3.4　建设工程项目投资目标的动态控制

虽然项目管理的理论和方法已经在很多年前引入我国并运用到施工管理中，但是，项目目标的动态控制原理依然没有普及，许多施工企业在施工过程中对施工成本、施工进度和施工质量的控制无法形成定量的报告用以指导施工管理，项目目标控制管理相当粗放，甚至根本没有管理。项目目标的动态控制原理非常有利于目标的实现并促进施工管理科学化，应该广泛采用动态控制的方法和手段。

由于建设项目的特点，在实施过程中主客观条件的变化是必然会发生的，平衡与不平衡状态也是实时变化的，因此，在项目实施过程中就需要随着条件的变化对项目目标进行动态控制。项目管理最基本的方法论就是对项目目标的动态控制。

1. 项目目标动态控制的工作程序

图 1.6 所示是项目目标动态控制的工作程序。

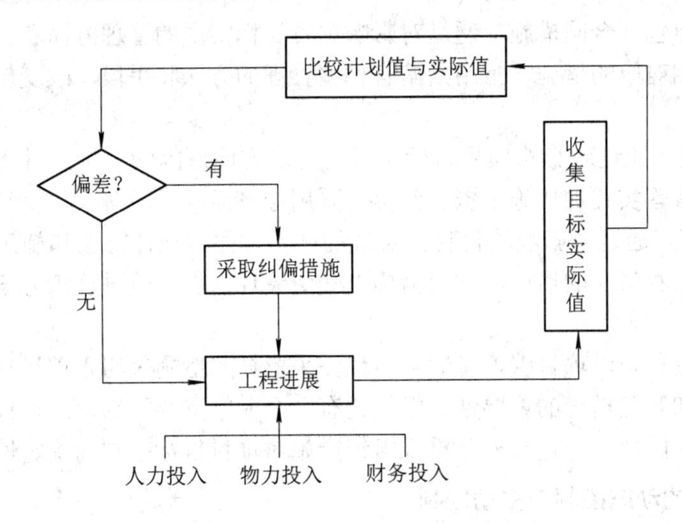

图 1.6　项目目标动态控制的工作程序

第一步：动态控制的准备工作。应将项目目标进行分解，以确定项目目标的计划值并作为控制的目标。

第二步：实施过程中项目目标的动态控制。

(1) 收集项目在实施过程中控制内容的实际值，如实际投资、实际进度等；

(2) 定期对项目目标的计划值和采集到的实际值进行比较；

(3) 比较计划值和实际值，如发现偏差，则应采取措施纠正偏差。

第三步：如确有必要，则对项目目标进行调整，目标调整后重复第一步到第三步的循环。

采用计算机辅助的手段可高效、及时和准确地对项目目标动态控制时大量的数据进行分析，生成项目目标动态控制所需要的报表，如成本比较报表、进度比较报表等，协助项目目标动态控制的实施。

2. 项目目标动态控制的纠偏措施

图 1.7 所示是项目目标动态控制的主要纠偏措施。

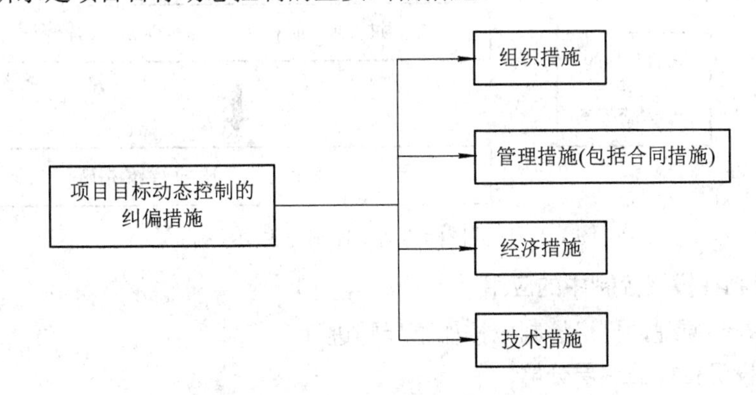

图 1.7　项目目标动态控制的纠偏措施

(1) 组织措施。通过对影响项目目标实现的组织方面原因的分析，进而采取相对应的措施，常用措施有调整项目管理班子成员、改变项目组织结构、明确任务分工和管理职能分工、优化工作流程组织等。

(2) 管理措施(包括合同措施)。通过对影响项目目标实现的管理方面和合同方面原因的分析，进而采取相对应的措施，常用措施有调整管理的方法和手段、改变施工管理和强化合同管理等。

(3) 经济措施。通过对影响项目目标实现的经济方面原因的分析，进而采取相对应的措施，常用措施有落实并加快施工资金到位、采用经济激励手段等。

(4) 技术措施。通过对影响项目目标实现的技术方面、设计方面和施工技术方面原因的分析，进而采取相对应的措施，常用措施有变更设计内容、改进施工方案和使用更先进施工机具等。

在项目实施过程中，项目管理者通常会优先采取技术措施来纠正项目目标的偏差，而忽视了组织措施和管理措施的重要性。组织论有一个非常重要的结论：目标能否实现的决定性因素是组织。因此，一定要充分重视组织措施对项目目标控制的决定性作用。

3. 项目目标的动态控制与主动控制

项目实施过程中定期进行目标计划值和实际值的比较是项目目标动态控制的核心。当出现目标偏离时应及时采取纠偏措施，动态控制是过程中控制。但是为避免目标偏离情况的发生，还需要重视过程前的主动控制，即事前对可能导致目标偏离的各种影响因素进行仔细分析，然后针对影响因素制定有效的预防措施，动态控制与主动控制的对比如图 1.8 所示。

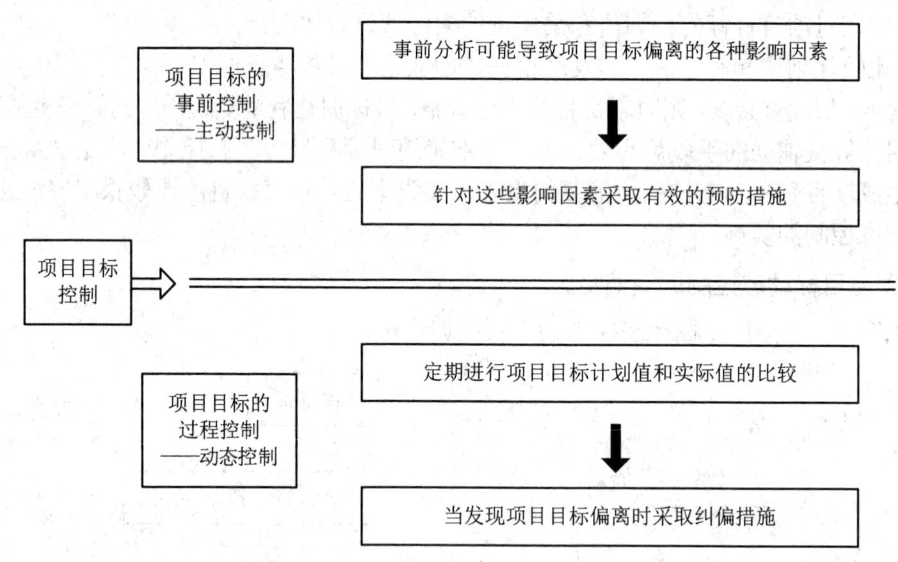

图 1.8　项目目标的动态控制与主动控制

4. 动态控制在投资控制中的应用

运用动态控制原理，投资控制应按如下步骤进行：

第一步：投资目标的逐层分解。

通过项目投资规划，分析和论证投资目标实现的可能性，在此基础上对投资目标进行分解。

第二步：实施过程中对投资目标进行动态跟踪和控制。

(1) 根据项目投资规划等相关文件的要求，收集项目实时的投资实际值。

(2) 定期对投资目标分解的计划值和收集到的实际值进行比较。

定期对比周期应根据项目的规模大小和项目特点确定，常规的项目控制周期一般为一个月。投资控制按建设项目基本程序可分为设计阶段的投资控制和施工阶段的投资控制，设计阶段的投资控制最为重要。

设计阶段投资目标的计划值和实际值的比较包括设计概算与投资估算的比较、施工图预算与设计概算的比较。而施工阶段投资目标的计划值和实际值的比较包括：

① 承包合同价与设计概算的比较；

② 承包合同价与施工图预算的比较；

③ 工程结算价与设计概算的比较；

④ 工程结算价与施工图预算的比较；

⑤ 工程结算价与承包合同价的比较；

⑥ 竣工决算与设计概算、施工图预算和承包合同价的比较。

从建设项目基本程序可以看出，以上投资的计划值和实际值只是一个相对概念，对于施工图预算来说，设计概算就是计划值；但对于承包合同价来说，则设计概算和施工图预算都变成了投资的计划值。

(3) 在投资项目计划值和实际值比较中发现偏差，就需要采取合理的纠偏措施进行纠偏，例如通过限额设计控制施工图预算、对投资控制的方法和手段进行调整、合理运用价值工程、制定相应的激励措施、变更或修改设计和施工组织等方法。

第三步：若通过对比发现原定的投资目标不合理或在现有条件下已经无法实现原定的投资目标时，则必须对投资目标进行适当的调整。

思　考　题

1. 建设工程管理的内涵和核心任务是什么？
2. 建设工程项目管理的内涵及其关键字段的含义分别是什么？
3. 建设工程项目从大到小可分解为几种项目单元？
4. 建设工程基本建设程序与投资目标有怎样的对应关系？
5. 项目目标动态控制有什么工作程序和纠偏措施？

第2章　工 程 造 价

2.1　工 程 造 价

2.1.1　概述

1. 工程造价的含义

工程造价是指建设项目最终产品的总体建造价格，它从本质上看属于价格范畴，从市场经济角度看，工程造价包括两种含义。

第一种是从项目投资者的角度来看，建设项目工程造价是指建设项目在建设过程中所支出的成本，它可能是建设项目前期的预期开支，也可能是建设项目实施过程中实际开支的全部费用。从费用构成看，工程造价包括建筑工程、安装工程、设备及相关费用。项目投资方(或业主、项目法人、建设单位)选定一个投资项目，通过对项目进行一系列的评估决策、设计招标、工程监理招标、施工招标，直至竣工验收，在这个完整的过程中所支付的与工程建造有关的各类费用，其最终目的就是为了获得预期的效益。从这个角度看工程造价就是投资于工程实施过程中的全部费用。

第二种是从市场的角度来看，工程造价是指建设项目的承包价格，是在建设过程中，预期或实际发生在土地、设备、技术劳务、承包等市场交易活动中所形成的承包合同价和建设工程总造价。针对项目承包方和发包方，以市场经济为前提，把工程承包、设备采购、技术咨询等特定行为作为交易对象，采用招标投标等交易方式，通过项目参与各方独立进行测算，最终形成的市场价格。项目参与各方交易的对象，可以是一个建设项目或其中的一个单项工程，也可以是建设项目可行性研究阶段、设计阶段等基本程序中的某一个阶段，甚至还可以是实施阶段中土地开发、安装、装饰、配套设施等工程中的一个或几个组成部分。在第二种含义中工程造价被认为是工程承发包价格，即在建设市场通过招投标，投资者和施工商均可接受的价格。

以上从不同角度表述的工程造价含义体现了对同一事物本质的认识。对于投资者，工程造价就是在市场经济条件下建设项目需要的投资，是“购买”项目所要支付的价格。对于承包商、供应商和规划、设计等机构，工程造价是他们出售商品和劳务来供给市场需求所体现出来的价格。

工程造价的两种含义有区别但也是一个统一体。其区别主要体现在需求方和供给方的经济利益是不同的。前者属于投资管理，具有管理属性；后者属于价格管理，具有经济属性。从项目管理目标看，投资方通过项目决策和项目实施，决策的正确性是放在首要位置的。决策中项目投资费用数额大小、功能和成本价格比，是进行投资决策最重要的依据。投资方关注的目标是项目功能、质量、费用、工期等。反过来，承包方的关注重点是利润的多少，追求较高工程造价的目的是获得高额利润。市场竞争机制和利益风险机制必然会造成投资方和承包方在项目投资费用上的矛盾。

2. 工程造价的特点

工程造价的特点与建设项目和施工的特点直接相关，具体有以下五个方面。

(1) 大额性。建设项目通常都是实体形态庞大，造价高昂，动辄需要投资几百万、几千万甚至上亿的资金。项目参与各方的重大经济利益与工程造价的大额性直接相关，也对社会宏观经济产生重大影响。

(2) 独立性。每个建设项目的功能、用途各不相同，都有其特殊性，因此导致每个项目在结构、造型、平面布置、设备配置和内外装饰方面都有不同的要求。工程内容和实体形态的这些差异性造成了工程造价的独立性。

(3) 动态性。建设项目从决策到竣工交付使用，往往都需要经历一个很长的建设期。在此期间，工程会有变更，材料价格、费率、利率、汇率等因素也会发生波动。这些因素的波动必然最终体现在工程造价中，直至竣工决算完成后建设项目的工程实际造价才能最终确定。建设时间长就需要体现资金的时间价值，这就是建设工程造价的动态性。

(4) 层次性。建设项目可以逐层分解为单项工程、单位工程。而有的建设项目还可以包括多个单项工程，一个单项工程又可包括多个单位工程。相应的，工程造价也需要由多个层次组成，即建设项目总造价、单项工程造价和单位工程造价。

(5) 兼容性。工程造价具有两种含义就是其兼容性的首要表现。此外，工程造价兼容性还表现在其构成因素的广泛性和复杂性。比如说与建设项目用地相关的费用、可行性研究和规划勘察设计费用、政府产业政策和税收政策相关费用都占有相当份额，而且构成计算非常复杂。最后，工程造价兼容性还表现在盈利的构成较为多样，资金成本较大。

3. 工程造价的作用

工程造价对国民经济各部门、各行业、社会再生产中的各个环节和人民群众的相关利益都具有相关性，其作用范围和影响程度都很大。工程造价的作用主要体现在以下五个方面。

(1) 工程造价是项目决策的工具。建设项目投资大、实施和使用周期长等特点决定了项目决策的重要性。工程造价决定着项目的建设期投资费用。投资方是否认为值得付出这项费用，是否有能力筹集这项费用，是项目决策必须慎重考虑的问题。财务生存能力是投资方首先要研究的问题，若建设项目的工程造价超过了投资方的支付能力，投资方就需要考虑是否采用融资方案或放弃项目的建设；若项目投产后的效益无法达到预期的目标，投资方就会放弃项目的建设。因此，项目决策阶段，工程造价就成为了项目财务分析和经济评价的重要依据。

(2) 工程造价是投资控制的有效工具。在进行投资控制前首先需要制定投资计划，投资计划是指根据建设进度和建造价格等因素，逐年、逐月或以其他期限制定的费用支出计划。投资计划制定的合理有助于建设资金的有效使用。

工程造价编制的合理对控制投资有非常显著的作用。通过前面章节的学习，我们了解到工程造价是通过多次性测算，最终由竣工决算确定下来的。每一次测算的过程就是对工程造价的控制过程，逐步递进的控制是在投资方财务能力的范围内，为取得预定的投资目标所必需的。工程造价的作用也可以通过利用定额、标准和参数对投资进行控制。在市场经济利益和风险机制的作用下，工程造价对投资控制作用成为投资的内部约束机制。

(3) 工程造价是筹集建设资金的依据。随着市场经济的建立和投资体制的改革，投资方只有具备了很强的筹资能力，才能保证建设项目有充足的资金供应。工程造价可以测算出建设项目资金的需求量，这样筹集资金就有了比较准确的依据。同时，金融机构也需要依据工程造价来确定投资方的筹资方案和数量是否在风险可控范围内。

(4) 工程造价是合理利益分配和调节产业结构的手段。工程造价与国民经济各部门和企业间的利益分配存在密切关系。在市场供求状况影响下，工程造价也会在围绕价值的波动中实现对建设规模、产业结构和利益分配的调节。通过政府的宏观调控和价格政策导向，工程造价的这一作用就会充分发挥出来。

(5) 工程造价是评价投资效果的重要指标。工程造价本身是一个多层次的体系。对单一项目来说，它可以分成建设项目总造价、单项工程造价和单位工程造价，有时还会包含对于单位生产能力的造价。这个多层次的工程造价形成了一个指标体系，通过这个体系就能够得出评价投资效果的多种指标，并总结形成新的价格指导信息，为后续类似建设项目的投资提供可靠的参考。

2.1.2 工程造价的计价特征

工程造价的计价特征与工程造价的特点直接相关。了解这些计价特征，有助于工程造价的测算与投资控制。

1. 单件性特征

每项工程都必须区分差别，单独计算工程造价。这是因为每个建设项目的独立性决定了其所处的地理位置、地形地貌、地质结构、水文、气候、建筑标准以及运输、材料供应等都有独特的形式和结构，需要各不相同的设计图纸，并采取适当的施工方法和施工组织，不能像生产线那样按品种、规格、质量等成批的定价。

2. 多次性特征

建设项目周期长、规模大、造价高，在按建设程序分阶段实施过程中，影响工程造价的各种因素被逐步确定，这样才能适时地对工程造价进行调整，以确保其对投资控制的科学性。多次性计价就是一个逐步深入、细化和接近实际造价的过程。

3. 组合性特征

由于建设项目的组合性从而导致工程造价的计算也必须组合。建设项目通常可以分解为许多独立的或不独立的子项目，如建设项目可分解为单项工程，单项工程又可分解为单位工程，单位工程的造价由分解出的分部、分项工程的造价组合而成。如果只从计价和项目管理的角度分析，分部、分项工程还可以进一步分解。因此，建设项目的组合性决定了计价过程也是一个逐步组合的过程。这一特征在计算设计概算和施工图预算时尤为明显，同时，合同价和结算价的计算也有明显的反映。

4. 多样性特征

根据计价的多次性特征和各阶段造价对精度的不同要求，计价的方法就分为了综合指标估算法、单位指标估算法、套用定额法、设备系数法、工程量表法等多种不同方法。各种方法各有优劣，适用条件也有区别，计价时要根据项目实际和所处阶段加以选择。

5. 复杂性特征

由于影响造价的因素多，导致计价依据复杂、种类繁多，主要可归纳为以下七类。

(1) 计算设备和工程量的依据包括项目建议书、可行性研究报告、设计图纸等；

(2) 计算人工、材料、机械等实物消耗量的依据包括投资估算指标、概算定额、预算定额等；

(3) 计算工程价格的依据包括人工单价、材料单价、机械和仪表台班单价等；

(4) 计算设备单价的依据包括设备原价、设备运杂费、进口设备关税等；

(5) 计算措施费、间接费和工程建设其他费的依据主要是相关的费用定额和指标；

(6) 政府规定的税、费等；

(7) 相应的物价指数和工程造价指数。

计价依据的复杂性要求计价人员必须熟悉相关内容和熟练掌握计算过程，还要正确地加以利用。

2.2 工程造价构成

2.2.1 建设项目投资构成

项目建设所支出(预期支出或实际支出)的全部费用被称之为工程造价，它一般是指建设项目按照计划进行固定资产生产和无形资产形成所支付的一次性费用的总额。只有熟练掌握了工程造价的构成及构成费用的计算方法，才能合理地确定工程造价并对工程造价进行有效地控制。

1. 建设项目总投资

投资方为获取预期中的收益，对选定的建设项目进行投资所投入的全部资金即为该建设项目的总投资。生产性建设项目总投资包括固定资产投资和流动资产投资两部分，其中后者包含铺底流动资金。非生产性建设项目总投资仅由固定资产投资构成，不含流动资产投资。

在建设项目总投资的两部分构成中，固定资产投资常常等同于工程造价，因为二者在量上是相同的。建设项目总投资中的流动资产投资形成项目运营过程中的流动资产，它是指在工业项目投产前预先垫付的，在投产后生产经营过程中需要用于购买原材料、燃料动力、备品备件、支付工资和其他费用，以及被在产品、半成品、产成品和其他存货占用的周转资金，这些并不构成建设项目工程造价。建设项目总投资的具体构成如图2.1所示。

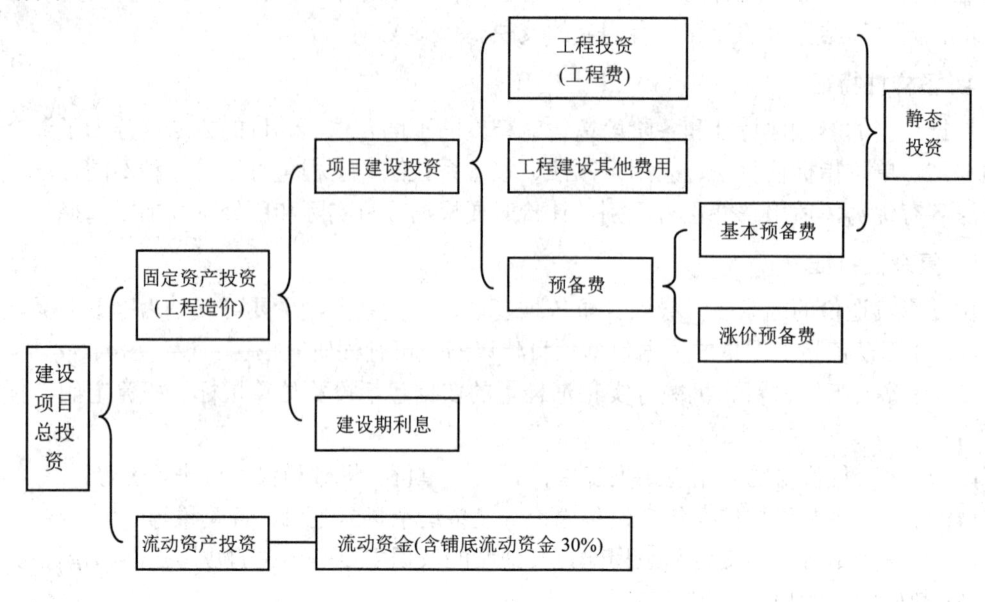

图2.1　建设项目总投资构成

2. 静态投资与动态投资

静态投资是不考虑资金的时间价值，而是以基准价格为依据计算的建设项目投资额，但它包括项目实施过程中因工程量误差而引起的工程造价的增减。静态投资包括工程费(建筑安装工程费和设备、工器具购置费)、工程建设其他费用、基本预备费。

动态投资是考虑了资金的时间价值，是指因利率、汇率、基准价格、新开征税费等变化而引起的建设项目投资额的增加或减少。动态投资由建设期利息和涨价预备费两部分构成。动态投资充分体现了市场价格运行机制的要求，使投资的计划、估算、控制更加符合经济活动规律。

静态投资和动态投资虽然构成不同，但二者有密切联系。静态投资是动态投资的计算基础，动态投资是静态投资的必要补充。建设项目的建设期越长，动态投资的重要性就越大，而短期内可完成建设的项目也可不考虑动态投资部分。

2.2.2　工程造价构成

按建设项目实施过程中各类费用的性质和途径不同，通过费用划分和汇集可将工程造价基本构成分解为：采购建设项目所需各种设备和工、器具的费用，建筑施工和安装施工所需的工程费用，委托工程勘察设计所需的费用，购置或支付与土地相关的费用，建设单位自身进行项目前期工作和项目管理所需费用等。工程造价是建设方按照建设项目预定的建设内容、建设规模、建设标准、功能和使用要求等，全部建成并验收合格、交付使用所需投入的全部资金的总和。

我国现行信息通信行业工程造价的构成主要划分为建设投资和建设期利息两部分，建设投资进一步细分为建筑安装工程费，设备、工器具购置费，工程建设其他费和预备费。具体构成内容如图 2.2 所示。

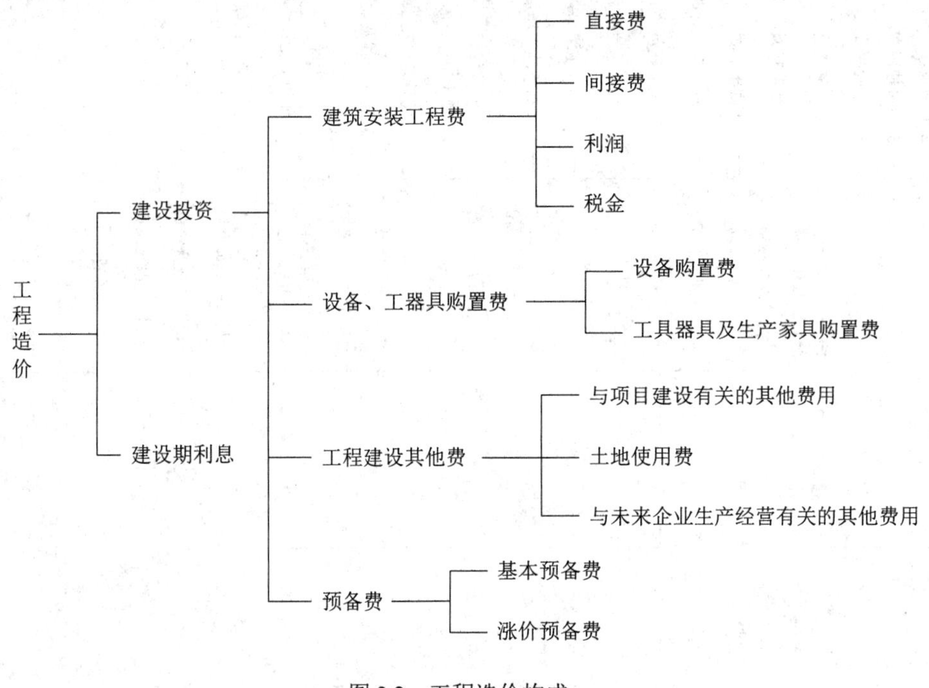

图 2.2 工程造价构成

2.2.3 建设项目总费用构成

为了适应信息通信行业建设项目的需要，工信部通信[2016] 451 号文件发布的《信息通信建设工程费用定额》对信息通信建设工程投资进行了合理有效地控制。该文件中规定了信息通信建设工程总费用由各单项工程总费用构成，各单项工程总费用由工程费、工程建设其他费、预备费、建设期利息四部分构成。如图 2.3、图 2.4 所示。

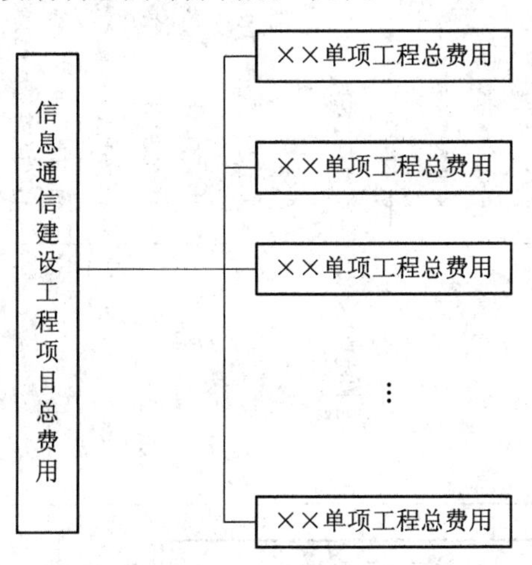

图 2.3 信息通信建设工程总费用构成

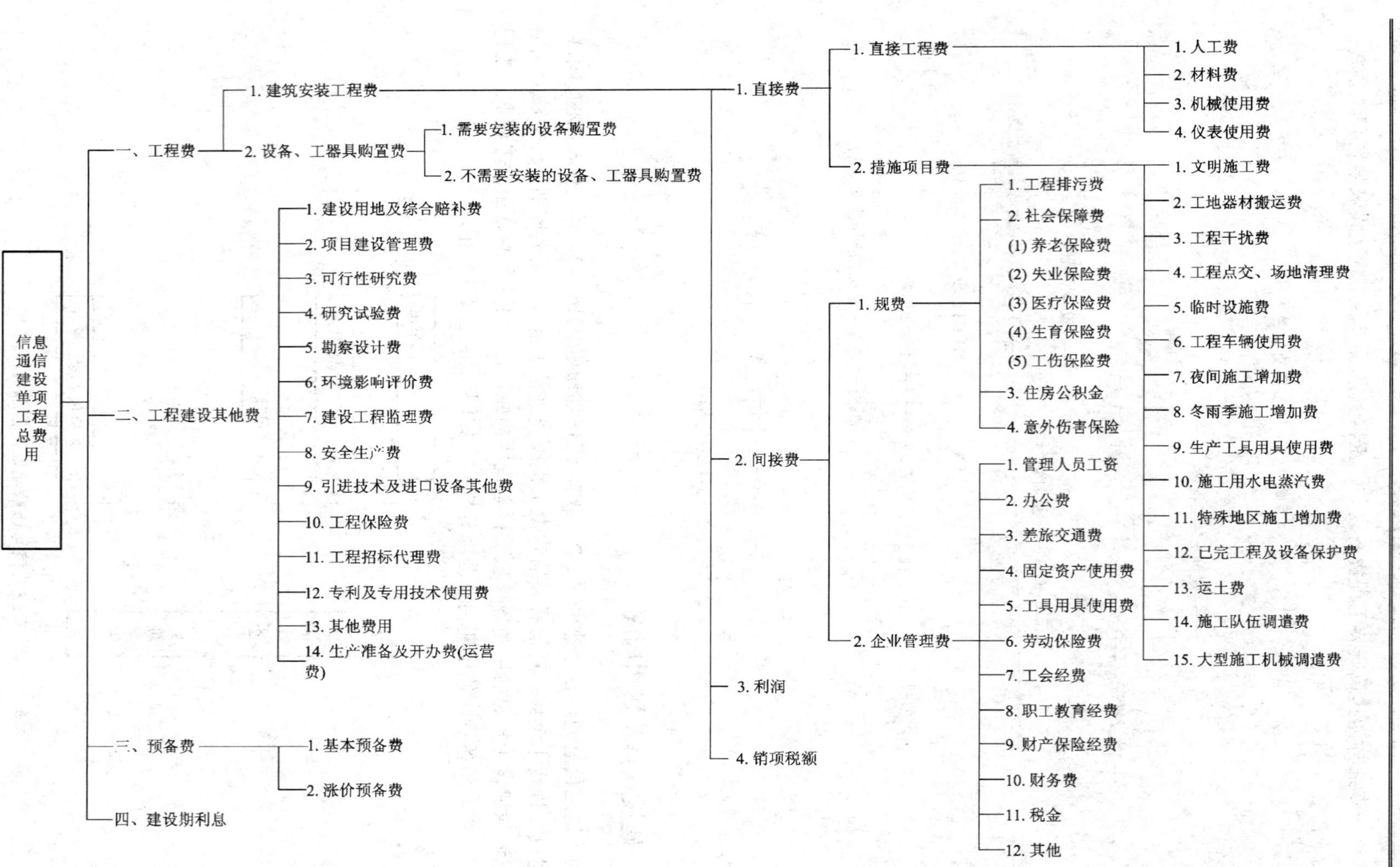

图2.4　信息通信工程建设项目单项工程总费用构成

本章以下各节将以工信部通信[2016] 451 号文件发布的《信息通信建设工程费用定额》为依据，分别介绍信息通信建设单项工程总费用的各组成部分。

2.3　设备、工器具购置费构成与计算

设备、工器具购置费包括设备购置费和工器具及家具购置费，它是工程造价(固定资产投资)的重要组成部分。目前，设备费在项目投资中所占比重在逐年增加，也从另一个角度体现了生产技术的进步和固定资产有机构成的提高。因此，正确地计算设备、工器具购置费，对于资金的合理使用和建设项目投资效果具有十分重大的意义。

2.3.1　设备、工器具购置费概念及计算规则

建设项目购置或自制的达到固定资产标准的设备、工器具及家具的费用可以列入设备、工器具购置费。现有固定资产的标准是：使用年限在一年或一个营业周期以上、单位价值在 2000 元以上的固定资产。新建和扩建项目中的新建机房、购置和自制的全部设备、工器具购置等费用均应计入设备、工器具购置费，不论其是否达到固定资产标准。

工信部通信[2016] 451 号文件发布的《信息通信建设工程费用定额》规定：信息通信工程建设项目设备、工器具购置费是指，根据设计提出的设备(包括必需的备品备件)、仪表、工器具清单，按设备原价、运杂费、采购及保管费、运输保险费和采购代理服务费计算的费用。

信息通信工程建设项目设备、工器具购置费是由需要安装设备购置费和不需要安装设备、工器具、维护用工器具仪表购置费组成。需要安装的设备是指需要将其整体或几个部位装配起来，安装在基础或建筑物支架上才能使用的设备。不需要安装的设备是指不需要固定在一定位置或支架上就可以使用的设备。

计算规则为：

设备、工器具购置费 = 设备原价 + 相关附加费

其中，相关附加费包括设备运杂费、运输保险費、采购及保管费、采购代理服务费等。

设备原价是指供应价或供货地点价，区分国产标准设备、国产非标准设备、进口设备有不同的计算方法；相关附加费是指除设备原价之外的与设备采购、运输、保险、途中包装及仓库保管等相关的支出费用。

2.3.2　设备原价的计算

1. 国产设备原价

国产设备原价具有多种表现形式，可以是生产厂商或供应商的交货价，也可以是出厂价、供应价、供货地点价或订货合同价等。国产设备原价可根据采购方询价、生产厂商或供应商的报价、最终合同价来确定，或通过计算确定。国产设备分为国产标准设备和国产非标准设备。

1) 国产标准设备原价

国产标准设备是指由国内生产厂商按照主管部门颁布的标准图纸和技术要求批量生产的、符合国家质量检验标准的设备。国产标准设备原价一般指的是生产厂商的交货价，即出厂价。若设备需要由设备成套供应商提供，就以订货合同价作为设备原价。需要注意的是，部分设备有带备件的和不带备件的两种出厂价，在计算设备原价时需要加以区分，一般按带备件的出厂价或按定货合同约定计算。

2) 国产非标准设备原价

国产非标准设备是由国内生产厂商按照订货时所提供的尚无定型标准且不能成批生产的设计图纸制造的设备。非标准设备原价通常有以下四种计算方法。

(1) 成本计算估价法。

非标准设备原价 = 制造成本 + 利润 + 增值税 + 设计费

(2) 扩大定额估价法。

非标准设备原价 = 材料费 + 加工费 + 其他费 + 设计费

(3) 类似设备估价法。

找到与定制设备类似或同系列设备，根据其邻近已有设备价格或部分构成部分的价格，进行相应的替换而计算出的价格。

(4) 概算指标估价法。

根据相同行业众多制造厂商或相关部门收集到的相同类型非标准设备的制造价或合同价资料，采用统计分析后综合平均得出每单位设备的价格，再根据该单价进行非标准设备价格估算。

2. 进口设备原价

进口设备原价是指进口设备的抵岸价，即抵达买方国家的边境港口或边境车站，且交完关税后所形成的价格。

1) 进口设备的交货方式

(1) 内陆交货方式：在出口国内陆的某个地点交货。在交货地点，卖方及时提交合同规定的货物和有关凭证，并负担交货前的费用和风险；买方按时接收货物，交付货款，负担接货后的费用和风险，并自行办理出口手续、装运出口。货物的所有权也在交货后由卖方转移给买方。

(2) 目的地交货方式：在进口国的港口或者内地交货，主要有目的港船上交货价、目的港船边交货价(FOS 价)、目的港码头交货价(关税已付)和完税后交货价(进口国指定地点)等几种交货价。它们的特点是：买卖双方承担的责任、费用和风险是以目的地约定交货点为分界线，只有当卖方在交货点将货物置于买方控制下，才算交货，才能向买方收取货款。这种交货方式对卖方来说承担的风险较大，在国际贸易中卖方一般不愿采用。

(3) 装运港交货方式：在出口国装运港交货，主要有装运港船上交货价(FOB 价，也称离岸价)、运费在内价(C&F 价)、运费和保险费在内价(CIF 价，也称到岸价)等几种交货价。它们的特点是：卖方按照约定的时间在装运港交货，只要卖方把合同规定的货物装船后提供货物运输单便完成交货任务，可凭单据收回货款。

我国进口设备采用最多的一种交货方式是装运港船上交货(FOB 价)。此时卖方的责任是：在规定的期限内，负责在合同规定的装运港口将货物装上买方指定的船只，并及时通知买方；负担货物装船前的一切费用和风险；负责办理出口手续；提供出口国政府或有关方面签发的证件；负责提供有关装运单据。买方的责任是：负责租船或订舱，支付运费，并将船期、船名通知卖方；负担货物装船后的一切费用及风险；负责办理保险及支付保险费，办理在目的港的进口和收货手续；接受卖方提供的有关装运单据，并按合同规定支付货款。

2) 进口设备原价的构成及计算

当进口设备采用 FOB 价时，其抵岸价的构成如下：

进口设备原价 = 货价(FOB) + 国际运费 + 运输保险费 + 银行财务费 +
外贸手续费 + 关税 + 消费税 + 增值税 + 海关监管手续费

(1) 货价(FOB 价)：进口设备货价分为美元货价和人民币货价。人民币货价按美元货价乘以外汇市场美元兑换人民币中间价确定。进口设备货价按相应询价、报价、订货合同价计算。

(2) 国际运费：从装运港(站)到达我国抵达港(站)的运费。我国进口设备国际运费根据采用海洋运输、铁路运输或航空运输等方式不同，其计算方法也各不相同。

(3) 运输保险费：国际运输保险是由保险人与被保险人订立保险契约，在被保险人交付议定的保险费后，保险人根据保险契约的规定，对货物在运输过程中发生的承保责任范围内的损失予以经济上的补偿，属于财产保险范畴。

以上 3 项费用合计称为设备到岸价(CIF 价)，即：

到岸价(CIF 价) = 货价(FOB) + 国际运费 + 运输保险费

(4) 银行财务费：进口国银行为办理进口商品业务计取的手续费。

(5) 外贸手续费：进口国外贸部门为办理进口商品业务计取的手续费。

(6) 关税：国家海关对引进的成套及附属设备、配件等征收的一种税费，以到岸价为基数计算。

(7) 增值税和消费税：增值税是中国政府对从事进口贸易的单位和个人，在进口商品报关进口后征收的税种。我国规定，进口应税产品均按组成计税价格依税率直接计算应纳税额，不扣除任何项目的金额或已纳税额。消费税作为增值税的辅助税种，对部分进口设备征收。

(8) 海关监管手续费：海关对进口减税、免税、保税货物实施监督、管理、提供服务的手续费。已经全额征收进口关税的货物不再计取本项费用。

2.3.3　相关附加费的计算

信息通信工程建设项目设备、工器具购置费中的相关附加费包括设备运杂费、运输保险费、采购及保管费、采购代理服务费等费用，这些费用不包括进口设备原价中已经包括的相关费用，只是产生于国内设备或进口设备国内部分的流通过程中。

1. 设备运杂费

国产设备运杂费由制造厂商仓库或交货地点运至施工工地仓库(或指定堆放地点)所发生的运费、装卸费及杂项费用构成。进口设备国内运杂费由进口设备到岸港口边境车站起到工地仓库止所发生的运输及杂项费用构成。

设备运杂费的计费标准和计算规则为:

设备运杂费 = 设备原价 × 设备运杂费费率

其中，设备运杂费费率见表 2.1。

表 2.1　设备运杂费费率

<table>
<tr><th>运输里程 L/km</th><th>取费基础</th><th>费率/%</th><th>运输里程 L/km</th><th>取费基础</th><th>费率/%</th></tr>
<tr><td>L≤100</td><td>设备原价</td><td>0.8</td><td>1000＜L≤1250</td><td>设备原价</td><td>2.0</td></tr>
<tr><td>100＜L≤200</td><td>设备原价</td><td>0.9</td><td>1250＜L≤1500</td><td>设备原价</td><td>2.2</td></tr>
<tr><td>200＜L≤300</td><td>设备原价</td><td>1.0</td><td>1500＜L≤1750</td><td>设备原价</td><td>2.4</td></tr>
<tr><td>300＜L≤400</td><td>设备原价</td><td>1.1</td><td>1750＜L≤2000</td><td>设备原价</td><td>2.6</td></tr>
<tr><td>400＜L≤500</td><td>设备原价</td><td>1.2</td><td rowspan="2">L＞2000 km 时，每增加 250 km 增加</td><td rowspan="2">设备原价</td><td rowspan="2">0.1</td></tr>
<tr><td>500＜L≤750</td><td>设备原价</td><td>1.5</td></tr>
<tr><td>750＜L≤1000</td><td>设备原价</td><td>1.7</td><td>—</td><td>—</td><td>—</td></tr>
</table>

2. 运输保险费

运输保险费由设备、工器具自来源地运至工地仓库(或指定堆放地点)所发生的各类保险费用构成。

运输保险费的计费标准和计算规则为:

运输保险费 = 设备原价 × 运输保险费费率

其中，定额规定为 0.4%。

3. 采购及保管费

采购及保管费由设备管理部门在采购、供应和保管设备过程中所需的各种费用构成，一般包括设备采购及保管人员的工资、职工福利费、办公费、差旅交通费、固定资产使用费、检验试验费等。

采购及保管费的计算公式为:

采购及保管费 = 设备原价 × 采购及保管费费率

其中，采购及保管费费率见表 2.2。

表 2.2　采购及保管费费率

<table>
<tr><th>工程专业</th><th>计算基础</th><th>费率/%</th></tr>
<tr><td>需要安装的设备</td><td rowspan="2">设备原价</td><td>0.82</td></tr>
<tr><td>不需要安装的设备(仪表、工器具)</td><td>0.41</td></tr>
</table>

4. 采购代理服务费

委托中介机构代理采购服务时，中介机构收取的费用即为采购代理服务费，这项费用通常根据建设项目实际情况按实际计列。

2.4　建筑安装工程费构成与计算

建筑安装工程费由建设项目实施过程中发生的，列入建筑安装工程施工预算内的各项费用构成。工信部通信[2016] 451 号文件发布的《信息通信建设工程费用定额》规定，我国信息通信工程建设项目现行建筑安装工程费用由直接费、间接费、利润及销项税额四大部分构成。

2.4.1　直接费

直接费即工程的直接成本，由直接工程费和措施项目费组成，各项费用在计算时均采用不包括增值税可抵扣进项税额的除税价。

1. 直接工程费

直接工程费由施工过程中耗用的构成工程实体和有助于工程实体形成的各项费用构成，具体包括人工费、材料费、机械使用费、仪表使用费。

1) 人工费

人工费是指为直接从事建筑安装工程施工的生产人员开支的各项费用，包括生产工人基本工资、工资性补贴、生产工人辅助工资、职工福利费及劳动保护费等。

(1) 基本工资：发放给生产人员的岗位工资和技能工资。

(2) 工资性补贴：按规定标准计算的物价补贴，煤、燃气补贴，交通费补贴，住房补贴及流动施工津贴等。

(3) 辅助工资：生产人员年平均有效施工天数以外非作业天数的工资，包括职工学习、培训期间的工资，调动工作、探亲、休假期间的工资，因气候影响的停工工资，女工哺乳期间的工资，病假在 6 个月以内的工资及产、婚、丧假期的工资。

(4) 职工福利费：按规定标准计提的职工福利费。

(5) 劳动保护费：按规定标准计算的劳动保护用品的购置费及修理费、徒工服装补贴、防暑降温等保健费用。

人工费的计费标准和计算规则为：

$$人工费 = 技工费 + 普工费$$

$$技工费 = 技工单价 \times 概(预)算技工总工日$$

$$普工费 = 普工单价 \times 概(预)算普工总工日$$

信息通信建设工程不分专业和地区工资类别，综合取定人工费。

2) 材料费

材料费是指为完成建筑安装工程施工过程中所耗用的构成工程实体的原材料、辅助材料、构配件、零件、半成品的费用和周转材料的摊销费用，以及采购材料所发生的费用总和。包括材料原价、运杂费、运输保险费、采购及保管费、采购代理服务费等。

材料费的计费标准和计算规则为：

材料费 = 主要材料费 + 辅助材料费

主要材料费 = 材料原价 + 运杂费 + 运输保险费 + 采购及保管费 + 采购代理服务费

(1) 材料原价：供应价或供货地点价。

(2) 运杂费：材料(或器材)自来源地运至工地仓库(或指定堆放地点)所发生的费用。

运杂费的计费标准和计算规则为：

运杂费 = 材料原价 × 器材运杂费费率

其中，器材运杂费费率见表 2.3。

表 2.3 器材运杂费费率

运距 L(km)	费率/%					
	光缆	电缆	塑料及塑料制品	木材及木制品	水泥及水泥构件	其他
$L \leqslant 100$	1.3	1.0	4.3	8.4	18.0	3.6
$100 < L \leqslant 200$	1.5	1.1	4.8	9.4	20.0	4.0
$200 < L \leqslant 300$	1.7	1.3	5.4	10.5	23.0	4.5
$300 < L \leqslant 400$	1.8	1.3	5.8	11.5	24.5	4.8
$400 < L \leqslant 500$	2.0	1.5	6.5	12.5	27.0	5.4
$500 < L \leqslant 750$	2.1	1.6	6.7	14.7	—	6.3
$750 < L \leqslant 1000$	2.2	1.7	6.9	16.8	—	7.2
$1000 < L \leqslant 1250$	2.3	1.8	7.2	18.9	—	8.1
$1250 < L \leqslant 1500$	2.4	1.9	7.5	21.0	—	9.0
$1500 < L \leqslant 1750$	2.6	2.0	—	22.4	—	9.6
$1750 < L \leqslant 2000$	2.8	2.3	—	23.8	—	10.2
$L > 2000$ km 时，每增加 250 km 增加	0.3	0.2	—	1.5	—	0.6

编制概算时，除水泥及水泥制品的运输距离按 500 km，其他类型的材料运输距离按 1500 km 计算。

编制预算时，按主要器材的实际平均运距计算(工程中所需器材品种很多，在编制预算时不可能知道所有器材实际运距，运距只能按其中占比例较大的、价值较高的器材运距计算)。

(3) 运输保险费：材料(或器材)自来源地运至工地仓库(或指定堆放地点)所发生的保险费用。

运输保险费的计费标准和计算规则为：

运输保险费＝材料原价×保险费率

其中，定额规定为0.1%。

(4) 采购及保管费：为组织材料采购及材料保管过程中所需要的各项费用。

采购及保管费的计费标准和计算规则为：

采购及保管费＝材料原价×采购及保管费费率

其中，采购及保管费费率见表2.4。

表2.4 材料采购及保管费费率

工程专业	计算基础	费率/%
通信设备安装工程	材料原价	1.0
通信线路工程		1.1
通信管道工程		3.0

(5) 采购代理服务费：委托中介机构代理采购产生的服务费用。

采购代理服务费按实际发生值计列。

(6) 辅助材料费：对施工生产起辅助作用的材料。

计费标准及计算规则为：

辅助材料费＝主要材料费×辅助材料费费率

其中，辅助材料费费率见表2.5。

表2.5 辅助材料费费率

工程专业	计算基础	费率/%
有线、无线通信设备安装工程	主要材料费	3.0
电源设备安装工程		5.0
通信线路工程		0.3
通信管道工程		0.5

3) 机械使用费

机械使用费是指在建筑安装施工过程中，使用施工机械作业所发生的机械使用费及机械安拆费。包括折旧费、大修理费、经常修理费、安拆费、人工费、燃料动力费、税费等。

(1) 折旧费：施工机械在规定的使用年限内，陆续收回其原价值及购置资金的时间价值。

(2) 大修理费：施工机械按规定的大修理间隔台班进行必要的大修理，以恢复其正常功能所需的费用。

(3) 经常修理费：施工机械除大修理以外的各级保养和临时故障排除所需的费用。包括为保障机械正常运转所需替换设备与随机配备工具和附具的摊销、维护费用，机械运转中日常保养所需润滑与擦拭的材料费用及机械停滞期间的维护和保养费用等。

(4) 安拆费：施工机械在现场进行安装与拆卸所需的人工、材料、机械和试运转费用以及机械辅助设施的折旧、搭设、拆除等费用。

(5) 人工费：机上操作人员和其他操作人员在工作台班定额内的人工费。

(6) 燃料动力费：施工机械在运转作业中所消耗的固体燃料(煤、木材)，液体燃料(汽油、柴油)及水、电等。

(7) 税费：施工机械按照国家规定应缴纳的车船使用税、保险费及年检费等。

机械使用费的计费标准和计算规则为：

$$机械使用费 = 机械台班单价 \times 概算、预算机械台班量$$

$$概算、预算机械台班量 = 机械定额台班量 \times 工程量$$

4) 仪表使用费

仪表使用费是指施工作业中所发生的属于固定资产的仪表使用费。包括折旧费、经常修理费、年检费、人工费。

(1) 折旧费：施工仪表在规定的使用年限内，陆续收回其原价值及购置资金的时间价值。

(2) 经常修理费：施工仪表在各级保养和临时故障排除所需的费用，包括为保障仪表正常使用所需备件(备品)的摊销和维护费用。

(3) 年检费：施工仪表在使用寿命期间定期标定与年检费用。

(4) 人工费：施工仪表操作人员在工作台班定额内的人工费。

仪表使用费的计费标准和计算规则为：

$$仪表使用费 = 仪表台班单价 \times 概算、预算仪表台班量$$

$$概算、预算仪表台班量 = 仪表定额台班量 \times 工程量$$

2. 措施项目费

措施项目费是指为完成工程项目施工，发生于该工程前和施工过程中非工程实体项目的费用，包括如下内容。

1) 文明施工费

文明施工费是指施工现场为达到环保及文明施工要求所需要的各项费用。

文明施工费的计费标准和计算规则为：

$$文明施工费 = 人工费 \times 文明施工费费率$$

其中，文明施工费费率见表 2.6。

表 2.6　文明施工费费率

工程专业	计算基础	费率/%
无线通信设备安装工程	人工费	1.1
通信线路工程、通信管道工程		1.5
有线通信设备安装工程、电源设备安装工程		0.8

2) 工地器材搬运费

工地器材搬运费是指由工地仓库至施工现场转运器材而发生的费用。

工地器材搬运费的计费标准和计算规则为：

工地器材搬运费 = 人工费 × 工地器材搬运费费率

其中，工地器材搬运费费率见表2.7。

表2.7 工地器材搬运费费率

工程专业	计算基础	费率/%
通信设备安装工程	人工费	1.1
通信线路工程		3.4
通信管道工程		1.2
注：因施工场地条件限制造成一次运输不能到达工地仓库时，可在此费用中按实计列两次搬运费。		

3) 工程干扰费

工程干扰费是指信息通信工程由于受市政管理、交通管制、人流密集、输配电设施等影响而降低工效的补偿费用。

工程干扰费的计费标准和计算规则为：

工程干扰费 = 人工费 × 工程干扰费费率

其中，工程干扰费费率见表2.8。

表2.8 工程干扰费费率

工程专业	计算基础	费率/%
通信线路工程(干扰地区)、通信管道工程(干扰地区)	人工费	6.0
无线通信设备安装工程(干扰地区)		4.0
注：干扰地区指城区、高速公路隔离带、铁路路基边缘等施工地带。城区的界定以当地规划部门规划文件为准。		

4) 工程点交、场地清理费

工程点交、场地清理费是指按规定编制竣工图及资料、工程点交、施工现场清理等发生的费用。

工程点交、场地清理费的计费标准和计算规则为：

工程点交、场地清理费 = 人工费 × 工程点交、场地清理费费率

其中，场地清理费费率见表2.9。

表2.9 工程点交、场地清理费费率

工程专业	计算基础	费率/%
通信设备安装工程	人工费	2.5
通信线路工程		3.3
通信管道工程		1.4

5) 临时设施费

临时设施费是指施工企业为进行工程施工所必须设置的生活和生产用的临时建筑物、构筑物和其他临时设施费用等，包括临时设施的租用或搭建、维修、拆除或摊销费。

临时设施费的计费标准和计算规则为：

临时设施费按施工现场与企业的距离划分为 35 km 以内和 35 km 以外。

$$临时设施费 = 人工费 \times 临时设施费费率$$

其中，临时设施费费率见表 2.10。

表 2.10　临时设施费费率

工程专业	计算基础	费率/%	
		距离≤35 km	距离>35 km
通信设备安装工程	人工费	3.8	7.6
通信线路工程		2.6	5.0
通信管道工程		6.1	7.6
注：如果建设单位无偿提供临时设施则不计取此项费用。			

6) 工程车辆使用费

工程车辆使用费是指工程施工中接送施工人员、生活用车(含过路、过桥)等费用，包括生活用车、接送工人用车和其他零星用车，不包括直接生产用车。直接生产用车包括在机械使用费和工地器材搬运费中。

工程车辆使用费的计费标准和计算规则为：

$$工程车辆使用费 = 人工费 \times 工程车辆使用费费率$$

其中，工程车辆使用费费率见表 2.11。

表 2.11　工程车辆使用费费率

工程专业	计算基础	费率/%
无线通信设备安装工程、通信线路工程	人工费	5.0
有线通信设备安装工程 通信电源设备安装工程、通信管道工程		2.2

7) 夜间施工增加费

夜间施工增加费是指因夜间施工所发生的夜间补助费、夜间施工降效、夜间施工照明设备摊销及照明用电等费用。此项费用不考虑施工时段均按相应费率计取。

夜间施工增加费的计费标准和计算规则为：

$$夜间施工增加费 = 人工费 \times 夜间施工增加费费率$$

其中，夜间施工增加费费率见表 2.12。

表 2.12 夜间施工增加费费率

工程专业	计算基础	费率/%
通信设备安装工程	人工费	2.1
通信线路工程(城区部分)、通信管道工程		2.5

8) 冬雨季施工增加费

冬雨季施工增加费是指在冬季、雨季施工期间，为了确保工程质量，采取的防冻、保温、防雨、防滑等安全措施及因工效降低所增加的费用。

冬雨季施工增加费的计费标准和计算规则为：

冬雨季施工增加费 = 人工费 × 冬雨季施工增加费费率

其中，冬雨季施工增加费费率见表 2.13。

表 2.13 冬雨季施工增加费费率

工程专业	计算基础	费率/%		
		Ⅰ类地区	Ⅱ类地区	Ⅲ类地区
通信设备安装工程(室外部分) 通信线路工程、通信管道工程	人工费	3.6	2.5	1.8

冬雨季施工地区分类情况见表 2.14。

表 2.14 冬雨季施工地区分类

地区分类	省、自治区、直辖市名称
Ⅰ类地区	黑龙江、青海、新疆、西藏、辽宁、内蒙古、吉林、甘肃
Ⅱ类地区	陕西、广东、广西、海南、浙江、福建、四川、宁夏、云南
Ⅲ类地区	其他地区
注：此项费用在编制预算时不用考虑施工所处季节均按相应费率计取。如工程跨越多个地区分档，按高档计取该项费用。综合布线工程不计取该项费用。	

9) 生产工具用具使用费

生产工具用具使用费是指施工所需的不属于固定资产的工具用具等的购置、摊销、维修费。

生产工具用具使用费的计费标准和计算规则为：

生产工具用具使用费 = 人工费 × 生产工具用具使用费费率

其中，生产工具用具使用费费率见表 2.15。

表 2.15 生产工具用具使用费费率

工程专业	计算基础	费率/%
通信设备安装工程	人工费	0.8
通信线路工程、通信管道工程		1.5

10) 施工用水电蒸汽费

施工用水电蒸汽费是指施工生产过程中使用水、电、蒸汽所发生的费用。

信息通信建设工程依照施工工艺要求按实计列施工用水电蒸汽费。

在编制概(预)算时，有规定的按规定计算，无规定的根据工程具体情况计算。如果建设单位无偿提供水电蒸汽的则不应计列此项费用。

11) 特殊地区施工增加费

特殊地区施工增加费是指在原始森林地区、海拔 2000 m 以上的高原地区、沙漠地区、山区无人值守站、化工区、核工业区等特殊地区施工所需增加的费用。施工地点同时存在两种及以上情况时，只能计算一次，按高档计取，不得重复计列。

特殊地区施工增加费的计费标准和计算规则为：

特殊地区施工增加费 = 特殊地区补贴金额 × 概算、预算总工日

其中，特殊地区分类及补贴见表 2.16。

表 2.16　特殊地区分类及补贴

地区分类	高海拔地区		原始森林、沙漠、化工、核工业、山区无人值守站地区
	4000 m 以下	4000 m 以上	
补贴金额(元/天)	8	25	17

12) 已完工程及设备保护费

已完工程及设备保护费是指竣工验收前，对已完工程及设备进行保护所需的费用。

已完工程及设备保护费计费标准和计算规则为：

已完工程及设备保护费 = 人工费 × 已完工程及设备保护费费率

其中，已完工程及设备保护费费率见表 2.17。

表 2.17　已完工程及设备保护费费率

工程专业	计算基础	费率/%
通信线路工程	人工费	2.0
通信管道工程		1.8
无线通信设备安装工程		1.5
有线通信设备及电源设备安装工程(室外部分)		1.8

13) 运土费

运土费是指工程施工中，需要从远离施工地点取土或向外倒运土方所发生的费用。

运土费的计费标准和计算规则为：

运土费 = 运土工程量(t · km) × 运费单价(元/t · km)

其中：运土工程量按实际发生计列，运费单价按工程所在地运价计取。

14) 施工队伍调遣费

施工队伍调遣费是指因建设工程的需要，应支付施工队伍的调遣费用，包括调遣人员的差旅费、调遣期间的工资、施工工具与用具等的运费。

施工队伍调遣费的计费标准和计算规则为：

施工队伍调遣费按调遣费定额计算，施工现场与企业的距离在 35 km 以内时，不计取

此项费用。

施工队伍调遣费＝2×单程调遣费定额(见表2.18)×调遣人数

其中，单程调遣费定额见表2.18，调遣人数见表2.19。

表2.18 施工队伍单程调遣费定额

调遣里程L/km	调遣费/元	调遣里程L/km	调遣费/元
35＜L≤100	141	1600＜L≤1800	634
100＜L≤200	174	1800＜L≤2000	675
200＜L≤400	240	2000＜L≤2400	746
400＜L≤600	295	2400＜L≤2800	918
600＜L≤800	356	2800＜L≤3200	979
800＜L≤1000	372	3200＜L≤3600	1040
1000＜L≤1200	417	3600＜L≤4000	1203
1200＜L≤1400	565	4000＜L≤4400	1271
1400＜L≤1600	598	L＞4400 km时，每增加200 km增加	48
注：调遣里程依据铁路里程计算，铁路无法到达的里程部分，依据公路、水路里程计算。			

表2.19 施工队伍调遣人数定额

通信设备安装工程			
概(预)算技工总工日	调遣人数	概(预)算技工总工日	调遣人数
500工日以下	5	4000工日以下	30
1000工日以下	10	5000工日以下	35
2000工日以下	17	5000工日以上，每增加1000工日增加调遣人数	3
3000工日以下	24		
通信线路工程、通信管道工程			
概(预)算技工总工日	调遣人数	概(预)算技工总工日	调遣人数
500工日以下	5	9000工日以下	55
1000工日以下	10	10000工日以下	60
2000工日以下	17	15000工日以下	80
3000工日以下	24	20000工日以下	95
4000工日以下	30	25000工日以下	105
5000工日以下	35	30000工日以下	120
6000工日以下	40	30000工日以上，每增加5000工日增加调遣人数	3
7000工日以下	45		
8000工日以下	50		

15) 大型施工机械调遣费

大型施工机械调遣费是指大型施工机械调遣所发生的运输费用。信息通信工程建设项目中称为大型施工机械的机械设备见表 2.20。

表 2.20　大型施工机械调遣吨位

机械名称	吨位/t	机械名称	吨位/t
混凝土搅拌机	2	水下光(电)缆沟冲挖机	6
光(电)缆拖车	5	液压顶管机	5
微管微缆气吹设备	6	微控钻孔敷管设备(25 t 以下)	8
气流敷设吹缆设备	8	微控钻孔敷管设备(25 t 以上)	12
回旋钻机	11	液压钻机	15
型钢剪断机	4.2	磨钻机	0.5

大型施工机械调遣费的计费标准和计算规则为：

大型施工机械调遣费 = 调遣用车运价 × 调遣运距 × 2

其中，调遣用车吨位及运价见表 2.21。

表 2.21　调遣用车吨位及运价

名称	吨位/t	运价/(元/km)	
		单程运距≤100 km	单程运距＞100 km
工程机械运输车	5	10.8	7.2
	8	13.7	9.1
	15	17.8	12.5

2.4.2　间接费

建筑安装企业为组织施工和进行经营管理，以及间接为建筑安装生产服务的各项费用构成间接费，它属于建设项目的间接成本。间接费由规费、企业管理费两部分构成。各项费用均为不包括增值税可抵扣进项税额的除税价。

1. 规费

规费是指政府和有关部门规定必须缴纳的费用，包括工程排污费、社会保障费、住房公积金、危险作业意外伤害保险等。

规费的计费标准和计算规则为：

规费 = 工程排污费 + 社会保障费 + 住房公积金 + 危险作业意外伤害保险费

1) 工程排污费

工程排污费是指施工现场按规定缴纳的工程排污费。

工程排污费的计算根据施工所在地政府部门相关规定。

2) 社会保障费

社会保障费是指施工企业按照规定标准为职工缴纳的养老保险费、失业保险费、医疗保险费、生育保险费、工伤保险费。

(1) 养老保险费：指企业按照国家规定标准为职工缴纳的基本养老保险费；

(2) 失业保险费：指企业按照国家规定标准为职工缴纳的失业保险费；

(3) 医疗保险费：指企业按照国家规定标准为职工缴纳的基本医疗保险费；

(4) 生育保险费：指企业按照国家规定标准为职工缴纳的生育保险费；

(5) 工伤保险费：指企业按照国家规定标准为职工缴纳的工伤保险费。

社会保障费的计费标准和计算规则为：

社会保障费 = 人工费 × 社会保障费费率

其中，定额按 28.50%取定。

3) 住房公积金

住房公积金是指施工企业按照国家规定标准为职工缴纳的住房公积金。

住房公积金的计费标准和计算规则为：

住房公积金 = 人工费 × 住房公积金费率、

其中，定额按 4.19%取定。

4) 危险作业意外伤害保险

危险作业意外伤害保险是指施工企业为从事危险作业的建筑安装施工人员支付的意外伤害保险费。

危险作业意外伤害保险费的计费标准和计算规则为：

危险作业意外伤害保险费 = 人工费 × 危险作业意外伤害保险费费率

其中，定额按 1.00%取定。

2. 企业管理费

企业管理费是指施工企业组织施工生产和经营管理所需费用，包括以下内容。

(1) 管理人员工资：管理人员的基本工资、工资性补贴、职工福利费、劳动保护费等。

(2) 办公费：企业管理办公用的文具、纸张、账表、印刷、邮电、书报、会议、水电、烧水和集体取暖(包括现场临时宿舍取暖)用煤等费用。

(3) 差旅交通费：职工因公出差、调动工作产生的差旅费和住勤补助费，市内交通费和误餐补助费，职工探亲路费，劳动力招募费，职工离退休、退职一次性路费，工伤人员就医路费，工地转移费，以及管理部门使用的交通工具的油料、燃料、养路费及牌照费等。

(4) 固定资产使用费：管理和试验部门及附属生产单位使用的属于固定资产的房屋设备仪器等的折旧、大修、维修或租赁费。

(5) 工具用具使用费：管理使用的不属于固定资产的生产工具、器具、家具、交通工具和检验、测绘、消防用具等的购置、维修和摊销费。

(6) 劳动保险费：由企业支付离退休职工的异地安家补助费、职工退休金，6 个月以上的病假人员工资、按规定支付给离退休干部的各项经费。

(7) 工会经费：企业按职工工资总额计提的工会经费。

(8) 职工教育经费：按职工工资总额的规定比例计提，企业为职工进行专业技术和职业技能培训、专业技术人员继续教育、职工职业技能鉴定、职业资格认定及根据需要对职工进行各类文化教育所发生的费用。

(9) 财产保险费：施工管理用财产、车辆保险等费用。

(10) 财务费：企业为施工生产筹集资金或提供预付款担保、履约担保、职工工资支付担保等发生的各项费用。

(11) 税金：企业按规定缴纳的城市维护建设税、教育费附加、地方教育费附加、房产税、车船使用税、土地使用税、印花税等。

(12) 其他：包括技术转让费、技术开发费、投标费、业务招待费、绿化费、广告费、公证费、法律顾问费、审计费、咨询费等。

企业管理费的计费标准和计算规则为：

企业管理费 = 人工费 × 企业管理费费率

其中，企业管理费费率见表2.22。

表2.22　企业管理费费率

工程专业	计算基础	费率//%
各类信息通信工程	人工费	27.4

2.4.3　利润、销项税额及基础单价

1. 利润

利润是指施工企业完成所承包工程获得的盈利。

利润的计费标准和计算规则为：

利润 = 人工费 × 利润率

其中，利润率见表2.23。

表2.23　利　润　表

工程专业	计算基础	费率/%
各类信息通信工程	人工费	20.0

2. 销项税额

销项税额是指按国家税法规定应计入建筑安装工程造价内的增值税销项税额。

销项税额的计算公式为：

销项税额 = (人工费 + 乙供主要材料费 + 辅助材料费 + 机械使用费 +
仪表使用费 + 措施项目费 + 规费 + 企业管理费 + 利润) ×
税率(现有税率为9%) + 甲供主要材料费 × 适用税率

甲供主要材料适用税率为材料采购中各项费用对应的税率；乙供主要材料指建筑服务方提供的材料。

3. 基础单价

基础单价(要素价格)是根据施工所在地区的具体条件、施工技术及要素来源等编制而成，并以此作为计算直接工程费的基础资料。它包括人工工日单价、材料单价、机械台班单价和仪表台班单价四项内容，分别对应于计算信息通信建设工程中人工、材料、施工机械、测试仪表四类基本要素资源消耗量的费用。基础单价计算的准确性直接关系到工程造价的编制和投资的控制。

可以按地区、行业或专业类型编制统一的基础单价，也可以为某一特定建设项目编制专用的基础单价。相应地区或行业的工程计价定额可以直接采用统一的基础单价进行计算以确定统一的工程单价。针对某一特定建设项目专用的基础单价，则只能用于该建设项目工程造价的编制。

1) 人工工日单价的确定

人工工日单价(又称日工资单价、人工单价)是指一个建筑安装生产工人完成一个工作日的工作后，应当获得的全部人工费用，这一费用基本上反映了建筑安装生产工人的工资水平和工人在一个工作日中可以得到的报酬，因此可以被用于工程计价。只有合理的确定了人工工日单价才能正确计算人工费和工程造价，因此人工工日单价是工程造价的前提和基础。将完成工程所消耗的人工工日数量与相应的人工工日单价相乘所得到的就是建筑安装工程费中的人工费。

按照我国建设行政主管部门的统一规定，人工工日单价主要由基本工资、工资性津贴、生产工人辅助工资、职工福利费、生产工人劳动保护费组成。影响人工工日单价的因素主要包括以下几方面。

(1) 社会平均工资：该因素主要取决于经济发展水平。经济增长速度越快，社会平均工资涨幅也就越大。

(2) 生活消费指数：该因素取决于物价的变动，特别是生活消费品物价的变动。生活消费指数的提高会导致人工工日单价的上涨，以维持原来的生活水平。

(3) 社会保障水平：医疗保险、失业保险、住房消费等社会保障水平都会对人工单价产生直接影响。

(4) 劳动力市场：供需关系的变化会很快体现在人工工日单价上。劳动力市场供大于求，人工工日单价就会下降，反之就会提高。

(5) 政府推行的新的社会保障和福利政策等。

综合以上几方面因素，人工工日单价就需要根据工种、技术等级和劳动力来源(企业自身员工、外聘技工、临时招聘的普工)的构成比例，以及企业现状、建设项目特点对生产工人的要求和当地劳务市场供求情况、技能水平及工资水平综合评价后，进行合理确定。

工信部通信[2016] 451 号文件发布的《信息通信建设工程费用定额》规定，信息通信建设工程采用统一单价方式，不分专业和地区工资类别，综合取定人工工日单价。

人工单价为：技工 114 元/工日，普工 61 元/工日。

2) 材料单价的确定

材料(包括构配件、零件及半成品等)单价一般可以分为材料的原价和材料的预算价格两种。材料的原价是指材料的供应价或供货地点价。材料的预算价格是指材料从其来源地(或其交货地点)到达施工工地仓库的出库价格。

工信部通信[2016] 451 号文件发布的《信息通信建设工程费用定额》规定，信息通信建设工程材料的预算价格由材料原价、材料运杂费、材料运输保险费、采购及保管费和采购代理服务费等组成。

材料单价会受以下因素的影响：

(1) 市场材料供需的变化会影响材料价格的涨落；

(2) 材料生产成本的变动会直接影响材料的价格；

(3) 流通环节的多少和材料供应体制也会影响材料价格；

(4) 运输距离和运输方法的改变会影响材料运输费用，从而也影响到材料价格；

(5) 国际市场行情会对进口材料的价格产生影响，有时也会对国内同类产品价格造成影响。

可通过两种途径取得材料供应价格：一是市场调查(询价)，二是查询市场材料价格信息。市场调查的方法一般用于大批量或高价格的材料，而工程当地的市场价格信息指导机构发布的价格一般用于小量的、低价值的材料及消耗性材料等。

供货方式和供货渠道的不同也会对材料价格产生直接的影响。具体来说，材料的供货方式和供货渠道可分为投资方自行供货(通常称为甲方供材)和承包商供货(通常称为乙方供材)两种方式。对于投资方自行供货的材料，投资方会提供所供材料的价格表。在使用投资方提供的材料价格时应注意材料的交货地及材料运输等相关费用是否已经包含在内。

3) 机械、仪表台班单价的确定

机械使用费和仪表使用费是根据施工中耗用的机械、仪表台班数量和机械、仪表台班单价确定的。一台施工机械或测试仪表，在正常工作运转条件下，一个工作班中所发生的分摊和支出的全部费用即为机械、仪表台班单价，其中一个工作班是指按 8 h 工作制计算。与人工单价的确定相同，正确制定机械和仪表台班单价，也是工程造价控制的重要方面。

依据《信息通信建设工程费用定额》规定，信息通信建设工程机械台班单价包含台班折旧费、台班大修理费、台班经常修理费、台班安拆费、台班人工费、台班燃料动力费、税费等七部分。仪表台班单价包含台班折旧费、台班经常修理费、台班年检费、台班人工费等四部分。其中折旧费、大修理费、经常修理费、安拆费、年检费等五项费用规定为第一类费用，它属于分摊性质的费用，亦称为固定费用。机上人工费、燃料动力费、税费三项费用规定为第二类费用，它属于支出性质的费用，亦称为可变费用。

影响施工机械、测试仪表台班单价变动的因素主要有以下四方面：

(1) 施工机械和测试仪表本身的价格是影响台班单价的主要因素；

(2) 机械和仪表的使用年限会影响到折旧费、经常修理费、大修理费的开支；

(3) 机械和仪表的供求关系、使用效率和管理水平直接影响到台班单价；

(4) 政府征收税费的规定等。

工信部通信[2016] 451号文件发布的《信息通信建设工程费用定额》明确给出了信息通信建设工程中常用的施工机械和测试仪表的参考台班单价。该费用定额作为信息通信行业标准，可以作为信息通信工程建设项目中计算机械使用费和仪表使用费、选择机械台班和仪表台班单价的价格来源和依据。

2.5 工程建设其他费构成与计算

工程建设其他费是指应在建设投资中开支的固定资产其他费用、无形资产费用和其他资产费用。它的时间范围从项目决策阶段起到项目实施阶段止，它的费用范围包括除建筑安装工程费用和设备、工器具购置费用以外，为保证工程建设和交付使用后能够正常发挥效用而发生的费用。

工程建设其他费包括许多独立的项目，它们的发生与否有较大的不确定性。对于不同的建设项目有些费用可能发生，而另一些项目可能就不会发生；同一项费用在不同的建设项目中发生的概率和数量也不尽相同。不同的行业、建设规模、产品方案和工艺流程都会对工程建设其他费的支出产生影响。此外，工程建设其他费的内容和数额也和国家经济管理体制以及国家在一定时期所执行的政策密切相关。因此，工程建设其他费的计算，要充分了解建设项目自身的特点和国家、投资方以及工程所在地的相关政策规定，灵活全面地进行考虑。

可以将工程建设其他费按照内容分为三类：第一类指与土地使用相关的费用；第二类指与工程建设有关的其他费用；第三类指与未来企业生产经营有关的其他费用。工信部通信[2016] 451号文件发布的《信息通信建设工程费用定额》明确规定了信息通信工程项目工程建设其他费计费项目和计算规则。

2.5.1 与土地使用相关的费用

1. 费用类别

与土地使用相关的费用主要指建设用地及综合赔补费，它是按照《中华人民共和国土地管理法》等相关规定，建设项目征用土地或租用土地应支付的费用，包括以下三类费用。

(1) 土地征用及迁移补偿费。经营性建设项目通过出让方式购置的土地使用权所支付的出让金、土地补偿费、安置补偿费、地上附着物和青苗补偿费、余物迁建补偿费、土地登记管理费等；行政事业单位或非经营性建设项目通过划拨方式取得的无限期的土地使用权而支付的相关费用；建设项目在实施过程中发生的土地复垦费、土地损失补偿费和临时占地补偿费。

(2) 耕地占用税、城镇土地使用税以及新菜地开发建设基金。耕地占用税是指征用农村耕地按规定一次性缴纳的税费；城镇土地使用税是指征用城镇土地按规定每年缴纳的税费；新菜地开发建设基金是指征用城市郊区菜地按规定缴纳的费用。

(3) 租金以及干扰补偿费。租金是指建设项目土地使用权采用租赁方式获得时所支付的租金，或者建设项目实施期间租用建筑设施、场地所支付的租金；干扰补偿费是指施工造成所在地企事业单位或居民的生产、生活受到干扰而支付的补偿费用，它也属于与土地相关的费用。

2. 计费标准和计算规则

与土地使用相关费用的计费标准和计算规则为：根据应征建设用地面积、临时用地面积，按建设项目所在省、市、自治区人民政府制定颁发的土地征用补偿费、安置补助费标准和耕地占用税、城镇土地使用税标准计算；建设用地上的建(构)筑物如需迁建，其迁建补偿费应按迁建补偿协议计列或按新建同类工程造价计算。

2.5.2 与项目建设相关的费用

1. 项目建设管理费

项目建设单位从项目决策阶段至办理竣工财务决算之日止所发生的管理性质的支出被称为项目建设管理费。具体可包括在内的费用有不在原单位发工资的工作人员工资及相关费用、办公费、办公场地租赁费、差旅交通费、劳动保护费、工具用具使用费、固定资产使用费、招募生产工人费、技术图书资料费(含软件)、业务招待费、施工现场津贴、竣工验收费和其他管理性质开支。

若采用代建单位管理的项目，代建管理费不得超过项目建设管理费标准，代建管理费和项目建设管理费不可重复计取，确有需要同时发生时，两项费用总和不得超过项目建设管理费标准限额。

项目建设管理费的计费标准和计算规则为：

建设单位根据《财政部关于印发〈基本建设项目建设成本管理规定〉的通知》(财建[2016] 504 号)结合自身实际情况制定项目建设管理费取费规则。

建设项目采用工程总承包模式时，总包管理费需要建设单位与总包单位在合同中依据总包工作范围约定并从项目建设管理费中列支。

2. 可行性研究费

在建设项目决策期工作中，编制和评估项目建议书、可行性研究报告所需的费用称之为可行性研究费。

可行性研究费的计费标准和计算规则为：

根据《国家发展改革委关于进一步放开建设项目专业服务价格的通知》(发改价格[2015] 299 号)文件要求，可行性研究服务收费实行市场调节价。

3. 研究试验费

为建设项目提供或验证设计数据、资料等所进行的必要研究试验及按设计要求在实施过程中必须进行的试验、验证所需的费用称之为研究试验费。

研究试验费的计费标准和计算规则为：

根据建设项目研究试验内容和要求进行编制。

研究试验费不能将以下项目包括在内：

(1) 科技三项费(即新产品试制费、中间试验费和重要科学研究补助费)已开支的项目；

(2) 建筑安装工程费中列支的对材料、构件进行一般鉴定、检查所发生的费用及技术革新的研究试验费；

(3) 勘察设计费或工程费已开支的项目。

4. 勘察设计费

委托勘察设计单位进行工程勘察、设计所发生的各项费用称为勘察设计费。

勘察设计费的计费标准和计算规则为：

根据《国家发展改革委关于进一步放开建设项目专业服务价格的通知》(发改价格[2015] 299 号)文件要求，工程勘察设计服务收费实行市场调节价。

5. 环境影响评价费

《中华人民共和国环境保护法》与《中华人民共和国环境影响评价法》规定：为全面、详细评价建设项目对环境可能产生的污染或造成的重大影响，需要进行环境影响评价并编制环境影响报告书(含大纲)、环境影响报告表和评估环境影响报告书(含大纲)，此工作所需的费用称为环境影响评价费。

环境影响评价费的计费标准和计算规则为：

根据《国家发展改革委关于进一步放开建设项目专业服务价格的通知》(发改价格[2015] 299 号)文件要求，环境影响评价咨询服务收费实行市场调节价。

6. 建设工程监理费

建设单位委托工程监理单位实施工程监理的费用称为建设工程监理费。

建设工程监理费的计费标准和计算规则为：

根据《国家发展改革委关于进一步放开建设项目专业服务价格的通知》(发改价格[2015] 299 号)文件要求，建设工程监理服务收费实行市场调节价，可参照相关标准作为计价基础。

7. 安全生产费

施工企业按照国家有关规定和建筑施工安全标准，购置施工防护用具、落实安全施工措施以及改善安全生产条件所支出的各项费用称为安全生产费。

安全生产费的计费标准和计算规则为：

参照《财政部 安全监管总局关于印发〈企业安全生产费用提取和使用管理办法〉的通知》(财企[2012] 16 号)、《工业和信息化部关于调整通信工程安全生产费取费标准和使用范围的通知》(工信部通函[2012] 213 号)等文件规定执行。

$$安全生产费 = 建筑安装工程费 \times 安全生产费费率$$

其中，通信与广电工程费率为 1.5%。

8. 引进技术和引进设备其他费

引进技术和引进设备其他费包括以下四类：

(1) 引进项目图纸资料翻译复制费、备品备件测绘费；

(2) 出国人员费用：买方人员出国设计联络、出国考察、联合设计、监造、培训等所发生的差旅费、生活费、制装费等；

(3) 来华人员费用：卖方来华工程技术人员的现场办公费用、往返现场交通费用、工资、食宿费用、接待费用等；

(4) 银行担保及承诺费：引进项目由国内外金融机构出面承担风险和责任担保所发生的费用，以及支付货款机构的承诺费用。

引进技术和引进设备其他费的计费标准和计算规则为：根据引进项目的具体情况计列或按引进设备到岸价的比例估列引进项目图纸资料翻译复制费；依据合同规定的出国人次、期限和费用标准计算出国人员费用，生活费及制装费按财政部、外交部规定的现行标准计算，差旅费按公布的国际航线票价计算；依据引进合同有关条款规定计算来华人员费用，引进合同价款中已包括的费用内容不得重复计算，来华人员接待费用可按每人次费用指标计算；按担保或承诺协议计取银行担保及承诺费。

9. 工程保险费

建设单位在项目实施期间根据需要对建筑工程、安装工程及机器设备进行投保而发生的保险费用称为工程保险费。具体包括建筑工程一切险、安装工程一切险、引进设备财产险和人身意外伤害险等。

工程保险费的计费标准和计算规则为：

不投保的工程不计取此项费用；可根据工程特点选择投保险种，根据投保合同计列保险费用。

10. 工程招标代理费

招标人委托代理机构编制招标文件、编制标底、审查投标人资格、组织投标人踏勘现场并答疑、组织开标、评标、定标，以及提供招标前期咨询、协调合同的签订等所支出的费用称为工程招标代理费。

工程招标代理费的计费标准和计算规则为：

根据《国家发展改革委关于进一步放开建设项目专业服务价格的通知》(发改价格[2015] 299 号)文件要求，工程招标代理服务收费实行市场调节价。

11. 专利及专用技术使用费

专利及专用技术使用费包括以下三项：

(1) 国外设计及技术资料费、引进有效专利、专有技术使用费和技术保密费；

(2) 国内有效专利、专有技术使用费等；

(3) 商标使用费、特许经营权费等。

专利及专用技术使用费的计费标准和计算规则为：

按专利使用许可协议和专有技术使用合同的规定计列；专有技术的界定应以省、部级鉴定机构的批准为依据；项目投资中只计取需要在建设期支付的专利及专有技术使用费。

12. 其他费用

必须在建设项目中列支的其他费用统一归入其他费用。

其他费用的计费标准和计算规则为：

根据工程实际计算。

2.5.3 与未来企业生产经营有关的费用

与未来企业生产经营有关的其他费专指生产准备及开办费，它是建设项目为确保正常生产(或营业、使用)而必须在工程投入使用前发生的费用，包括：

(1) 人员培训费和提前进场费：自行组织培训或委托其他单位培训的人员工资、工资性补贴、职工福利费、差旅交通费、劳动保护费、学习资料费等。

(2) 投产使用初期必备的生产生活用具费：为保证初期正常生产、生活(或营业、使用)所必需的生产办公、生活家具用具购置费。

(3) 投产使用初期必备的工器具购置费：为保证初期正常生产(或营业、使用)必需的第一套不够固定资产标准的生产工具器具、用具购置费(不包括备品备件费)。

与未来企业生产经营有关的其他费的计费标准和计算规则为：

(1) 新建项目按设计定员为基数计算，改扩建项目按新增设计定员为基数计算；

(2) 生产准备及开办费 = 设计定员 × 生产准备费指标(元/人)；

(3) 生产准备及开办费指标由投资企业自行测算。

2.6 预备费、建设期利息的计算

2.6.1 预备费

预备费可以按使用功能分为基本预备费和涨价预备费。

1. 基本预备费

初步设计时，设计概算中难以事先预料，而在建设期间可能发生的工程费用需要由基本预备费来支付。基本预备费包括以下三个方面：

(1) 技术设计、施工图设计和施工过程中，在批准的初步设计范围内所增加的工程量，设计变更、局部地基处理等增加的费用；

(2) 由一般自然灾害造成的损失和预防自然灾害所采取的预防措施费用；

(3) 竣工验收时，竣工验收组织为鉴定工程质量，必须开挖和修复隐蔽工程的费用。

2. 涨价预备费

由于建设项目的建设期可能比较长，难免在建设期间价格等因素会发生变化，从而引起工程造价随之变化，这部分造价增加的费用由涨价预备费支付。具体可能包括人工、设备、材料、施工机械的价差费，建筑安装工程费及工程建设其他费用调整，利率、汇率调整等增加的费用。

依据工信部通信[2016] 451 号文件发布的《信息通信建设工程费用定额》规定，预备费计费标准和计算规则为：

$$预备费 = (工程费 + 工程建设其他费) \times 预备费费率$$

其中，预备费费率见表 2.24。

表 2.24 预备费费率

工程专业	计算基础	费率/%
通信设备安装工程	工程费 + 工程建设其他费	3.0
通信线路工程		4.0
通信管道工程		5.0

2.6.2 建设期利息

建设项目投资的资金若来源于贷款，则建设期间应付银行的贷款利息和相关财务费用，按规定应列入建设项目投资之内，并单独以建设期利息项目来体现。

建设期贷款利息包括向国内银行和其他非银行金融机构贷款、出口信贷、外国政府贷款、国际商业银行贷款以及在境内外发行的债券等在建设期内应偿还的借款利息。建设期贷款利息实行复利计算。

计费标准和计算规则为：

按银行当期贷款利率计算。

2.7 工程造价管理

2.7.1 工程造价管理概述

1. 工程造价管理的含义

对应工程造价的双重含义，工程造价管理也有两种含义：一是建设项目投资费用的管理，二是工程价格的管理。

项目投资费用管理属于投资管理范畴，其最终目的是为了实现预期目标，在批准的规划、设计方案的框架内，预测、计算、确定、监督和控制工程造价及其波动的活动。它由一系列合理确定和有效控制工程造价的工作构成。如何来合理确定工程造价？在基本建设程序的每个阶段，采用经科学论证并切合项目实际的计价依据，合理测定和核算投资估算、设计概算、施工图预算、承包合同价、结算价和竣工决算价。如何有效控制工程造价？在项目决策阶段、设计阶段、发承包阶段和实施阶段，用批准的造价限额来控制工程的实际造价，随时纠正出现的偏差，以此确保项目投资目标的实现。

工程价格管理属于价格管理范畴。价格管理可以从微观和宏观两个层次进行。微观是指在掌握市场价格信息的基础上，企业为实现管理目标而进行的成本控制、计价、定价和竞价的一系统活动。宏观是指根据经济发展的需要，政府利用法律、经济、市场和行政等手段对价格进行管理，规范各类主体价格行为的一系统活动。

2. 全面造价管理

工程造价管理不能只从某个方面进行，而应该实行全面造价管理，即全过程造价管理、全要素造价管理和全方位造价管理。

(1) 全过程造价管理。建设项目全过程是指从项目前期决策、设计、招投标、施工、竣工验收等各个阶段。全过程造价管理覆盖建设项目前期决策及实施的各个阶段，包括：前期决策阶段的项目策划、投资估算、项目经济评价、项目融资方案分析；设计阶段的限额设计、方案比选、概(预)算编制；招投标阶段的标段划分、承发包模式及合同形式的选择、标底编制；施工阶段的工程计量与结算、工程变更控制、索赔管理；竣工验收阶段的竣工结算与决算等。

(2) 全要素造价管理。建设项目全要素是指除造价本身以外的工期、质量、安全和环境等因素。造价管理不能仅就造价本身谈管理，工期、质量、安全及环境等因素都会对工程造价产生影响。因此，控制建设项目工程造价不仅要从控制工程本身成本入手，还应同时考虑工期成本、质量成本、安全与环境成本的控制，从而把工程造价、工期、质量、安全、环境集成为一个整体进行管理。

(3) 全方位造价管理。建设项目造价管理不只是建设方或承包方的任务，政府建设行政主管部门、行业协会、设计方、承包方以及有关咨询机构应当把实现项目造价管理作为共同目标，处理好各方在地位、利益、角度等方面的不同，求大同存小异。只有建立完善的协同工作机制，才能实现建设工程造价的有效控制。

3. 工程造价管理的内容

工程造价管理的基本内容就是合理确定建设项目的工程造价和有效控制工程造价，又称为工程造价的计价与控制，两者相互依存、相互制约。工程造价的计价是工程造价控制的基础和载体，没有造价的计价就无从谈起造价的控制；造价的控制贯穿于造价计价的全过程，造价的计价过程与造价的控制过程全程并行，通过逐项控制、层层控制最终合理地确定实际造价，确定造价和控制造价的最终目标是一致的，两者相辅相成。

4. 工程造价的有效控制

如前所述，工程造价的有效控制是工程造价管理的重要组成部分。在项目决策阶段、设计阶段、发承包阶段和实施阶段，以批准的造价限额来控制工程造价，随时纠正出现的偏差，以确保项目投资管理目标的实现，使投入的人力、物力、财力能取得较好的投资效益和社会效益。为有效地控制工程造价，需要重点关注以下四个方面。

1) 设置合理的工程造价控制目标

控制是为了更好地确保目标实现。若没有目标，就无从谈控制，若没有合理的目标，也无法进行控制。目标的设置应该是经过论证的、有科学依据的。

建设项目往往是一个周期长、数量大的各类资源消耗过程，对于建设方而言经验却往往是有限的。由于科学条件和技术条件的限制，同时也受到建设项目客观条件及其成熟程度的限制，所以在工程项目决策阶段，不可能设置一个完全符合科学、自始至终一成不变的造价控制目标，而只能设置一个预测的造价控制目标和范围，这就是投资估算。随着建设项目实施过程不断深入，通过实践、认识、再实践、再认识，投资控制目标就会逐步清晰、准确，这就是初步设计概算、施工图预算、承包合同价和工程结算价等。通过以上环节可以看出，建设项目工程造价控制目标的设置也应随着工程实施阶段的推进而分阶段确定。具体来讲，设计方案选择和初步设计的工程造价控制目标应以投资估算为依据；技术设计和施工图设计的工程造价控制目标应以初步设计概算为依据；施工阶段控制工程造价的目标则应以施工图预算或施工承包合同价为依据。多层次的造价控制目标是有机联系的整体，各阶段目标相互制约、相互补充，前者对后者进行控制，后者对前者进行补充和细化，共同构成工程造价控制的目标体系。

2) 建设全过程造价控制应以设计阶段为重点

前面已经强调过建设项目要进行全过程工程造价控制，但也必须突出重点阶段。工程造价控制的关键在于施工前的投资决策和设计阶段，特别是在项目做出投资决策后，控制工程造价的重中之重就在于设计阶段了。

忽视建设项目前期工作阶段的造价控制，而把控制工程造价的主要精力放在施工阶段的施工图预算审核和建安工程款结算上，这种重“算细账”而轻“设计”的思路是长期存在的错误方法。只能起到“亡羊补牢”、事倍功半的效果，而无法从根本上对造价实行真正有效地控制。要有效地控制工程造价，就一定要把控制重点由施工阶段转移到决策和设计阶段上来，尤其是抓住设计这个关键阶段，这样就可以取得“未雨绸缪”、事半功倍的效果。

3) 采取主动控制措施

如果只是把工程造价控制理解为目标值与实际值的比较，以及在实际值与目标值偏离时，分析产生偏离的原因并确定下一步的策略，那就大错特错了。立足于结果反馈，对比分析，建立在纠偏措施基础上的偏离、纠偏、再偏离、再纠偏的控制方法，可以发现偏离，进行调整，但不能预防偏离的发生，它只是工程造价的动态控制。工程造价控制还需要将控制立足于事前主动地采取措施，避免目标值与实际值偏离的发生，这就是主动控制。工程造价控制不仅需要进行过程中的动态控制，也需要有事前的主动控制，两种手段组合使用才会使工程造价控制更精准。

4) 控制工程造价要多种手段相结合

有效地控制工程造价，可以从组织、技术、经济、合同与信息管理等多方面采取措施。组织措施包括明确项目组织结构，明确造价控制者及其任务以使造价控制有专人负责，明确管理职能上的分工；技术措施包括重视设计多方案选择，严格审查监督初步设计、技术设计、施工图设计、施工组织设计，深入技术领域研究节约投资的可能；经济措施包括动态地比较造价的计划值和实际值，严格审核各项费用支出，采取对节约投资有利的奖励措施等；管理措施包括加强工程造价编制、核算、分析、考核等。

5. 信息通信建设工程造价编制人员能力要求

信息通信建设工程造价编制人员要求具备一定的能力并通过相关的能力考核，此外，还需要在中国通信企业协会进行登记，才能够从事信息通信建设工程项目造价管理活动，是信息通信建设行业特需专业人员之一。

工程造价编制人员在工程造价管理中起着非常重要的作用。工程造价编制人员需要全程参与每个建设项目从前期决策到开工、竣工的各个阶段。在信息通信工程建设中，工程造价编制人员需要参与建设前期的概(预)算编制审核、施工中的工程进度款核算，以及项目验收后的竣工结算编制等工程造价管理工作。因此，在信息通信工程建设中，无论投资方和承包方，或者从事与工程造价有关的咨询方都应当具有相应数量的达到相关服务能力的工程造价编制人员。

工程造价工作涉及技术、经济、法规及管理等很多相关方面知识，要求工程造价编制人员有过硬的业务能力，同时还要有很强的敬业精神。因此，加强对信息通信工程造价编制人员的管理，健全工程造价编制人员的能力培养和考核认定，规范工程造价编制人员的从业行为和提高其业务水平，也是信息通信行业工程造价管理的重要组成部分。中国通信企业协会对信息通信工程造价编制人员的从业经历和业务能力有如下要求：

(1) 具有初级以上职称或者同等专业水平，有 2 年以上从事信息通信工程建设的工作经历；

(2) 近 2 年内参与过 2 项以上(含 2 项)信息通信建设工程项目；

(3) 能够熟悉并掌握国家的法律法规及有关工程造价的管理规定，精通本专业理论知识，熟悉工程图纸，掌握工程预算定额及有关政策规定，能正确编制或审核工程概(预)算；

(4) 具备审查施工图纸，参加图纸会审和技术交底，依据其记录进行预算调整的能力；

(5) 具备工程项目的立项申报，组织招投标，开工前的报批及竣工后的验收工作能力；

(6) 具备工程竣工验收后，负责竣工工程结算的工作能力；

(7) 具备参与采购工程材料和设备，负责工程材料分析，复核材料价差，收集和掌握技术变更、材料代换记录，并随时做好造价测算，为科学决策提供依据的能力；

(8) 具备全面掌握施工合同条款，深入现场了解施工情况的能力；

(9) 具备工程结算后，配合审计部门进行工程审计的能力；

(10) 具备完成工程造价的经济分析，及时完成工程决算资料归档的能力；

(11) 具备协助编制基本建设计划和调整计划，了解基建计划执行情况的能力。

2.7.2 工程造价管理中的税务问题

涉税事务已经成为建设项目各个阶段和各参与方在进行项目管理的过程中不可避免需要处理的事项。各类税金的计算及筹划，关系到项目投资目标的管控，更涉及到项目参与方的切身利益，它也构成了工程造价管理的重要组成部分。工程造价编制人员应当掌握计税、纳税的相关知识和政策法规，在依法合规的基础上进行工程造价计价和控制工作。

1. 我国的税收种类

我国现行税收制度是经过多次改革，逐步发展成形的，特别是经过 1994 年税制改革后具备了较完善的税收体系。按征税对象分类我国税收大致可以分为以下五大类。

(1) 商品(货物)和劳务税类。包括增值税、消费税和关税，主要在生产、流通或者服务业中发挥调节作用。

(2) 所得税类。包括企业所得税、个人所得税，主要是在国民收入形成后，对生产经营者的利润和个人的纯收入发挥调节作用。

(3) 财产和行为税类。包括房产税、车船税、印花税、契税，主要是对某些财产和行为发挥调节作用。

(4) 资源税类。包括资源税、土地增值税和城镇土地使用税，主要是对因开发和利用自然资源差异而形成的级差收入发挥调节作用。

(5) 特定目的税类。包括城市维护建设税、教育附加税、车辆购置税、耕地占用税、船舶吨税和烟叶税等，主要是为了达到特定目的，对特定对象和特定行为发挥调节作用。

上述五大类税种中除关税和船舶吨税由海关负责征收管理外，其他税种均由税务机关负责征收管理。除企业所得税、个人所得税、车船税是以国家法律的形式发布实施外，现行税种中的其他税种都是以暂行条例的形式发布实施。这些法律法规共同组成了我国的税收实体法律体系。

工程造价管理的各个阶段可能会涉及到以上税种的大部分，但增值税在工程造价计价过程中是最为重要的，工程造价过程中需要特别关注。

2. 增值税

1) 增值税的概念

将商品(含劳务)在流转过程中产生的增值额作为计税依据而征收的一种流转税称之为增值税。从税务理论来讲，商品生产、流通、劳务服务等多个流转环节中的新增价值或商品的附加值就是增值税的征收基础。增值税是一种价外税，它是由消费者(购买者)来承担交税义务的。简单来说就是有增值就征税，无增值不征税。

增值税的关键在于增值额。而增值额是纳税人在经济活动中新创造出来的价值，其计算有两种方式：增加和扣除。增加的意思是指增值额相当于利润加上工资；扣除的意思是指增值额相当于产出扣除投入。其计算公式如下：

$$\text{增值额}=\text{工资}+\text{利润}=\text{产出}-\text{投入} \tag{2.1}$$

从宏观层面来看，价值增加值是各生产单位从总产出价值扣除其中所包含的货物劳务消耗价值之后的余额，代表该生产单位汇集各种生产要素在生产过程中新创造的价值。从微观层面来看，增值额可以看做是某一个生产经营个人或单位的购销差价，即因提供货物或劳务而取得的收入(不包括该货物或劳务的购买者付出的增值税)与该货物或劳务外购成本(不包括为购进该货物或劳务付出的增值税)之间的差额。增值税以增值额为计税依据，实际上就是以购销的差额为税基来征收的，这个差额大体上相当于该生产经营单位在经济活动中创造的价值额。

2) 增值税的类型

由于外购固定资产所含税额扣除方式的不同，增值税可以分为以下三种类型。

(1) 生产型增值税。

生产型增值税是指在征收增值税时，只能扣除属于非固定资产项目的那部分生产资料的税款，不允许扣除固定资产价值中所含有的税款。

(2) 收入型增值税。

收入型增值税是指在征收增值税时，只允许扣除固定资产折旧部分所含的税款，未提折旧部分不得计入扣除项目金额。

(3) 消费型增值税。

消费型增值税是指在征收增值税时，允许将固定资产价值中所含的税款全部一次性扣除。这样，就整个社会而言，生产资料都排除在征税范围之外。该类型增值税的征税对象仅相当于社会消费资料的价值，因此称为消费型增值税。

我国实施的就是消费型增值税。采用消费型增值税的好处是可以将用于生产、经营的外购原材料、燃料、购置固定资产等物质和非物质资料价值所含增值税税款全部一次性扣除。

3) 增值税的特点

增值税以其税收中性、设计科学、计算简明而被称为“良税”。从世界各国的增值税实践来看，增值税主要具备以下特点。

(1) 税收中性。

税收不影响纳税人按市场取向做出的投资和消费决策，不产生税收之外的额外负担，体现了税收中性的特点，目的在于使税收超额负担最小化。

增值税避免了许多形式的销售税多阶段征税的特点，即消除了在流转的中间环节和最终消费环节对同样的投入重复征税。增值税不仅使企业在税负方面更为平等，而且可以促进企业提高经营和管理效率，同时更能促进经济的增长和保持国际收支的稳定。增值税的内在优势，与税收中性所要求的效率原则和普遍原则是不谋而合的。

(2) 差额征税，避免重复征缴。

增值税只就货物或劳务销售额中的增值部分征税，避免了征收的重复性。这是增值税最本质的特征，也是增值税区别于其他流转税的一个最显著的特征。这说明了增值税的征收，对任何缴纳增值税的人来说，只就本纳税人在生产经营过程中新创造的价值征税。但随着增值税征税范围和允许抵扣范围的扩大，征税的重复性就越来越小，或完全消除。

(3) 税源广泛，连续征收。

增值税具有征收的广泛性和连续性。这一特征具有流转税的基本特征，和其他流转税相类似，凡是纳入增值税征收范围的，只要流转过程产生了增值额就应征收，实行普遍征收的原则。从征收面来看，增值税具有征收范围广、纳税人数多、征收普遍的特征。从连续性来看，货物或劳务的生产、流通和消费是一个连续过程，增值税能对这一连续过程中的每一环节实行征税，使每一环节的增值部分紧密地联系在一起，形成完整的抵扣链条。

(4) 征缴一致性、公平性。

增值税的征收不因生产或流转环节的变化而影响税收负担，同一货物或劳务只要最后销售的价格相同，不受生产经营环节多少的影响，税收负担始终保持一致。增值税的这种特征，被称为“同一货物或劳务税负的一致性”。

4) 增值税纳税人

增值税纳税人分为一般纳税人和小规模纳税人。

从事货物生产或者提供应税劳务的纳税人，以及以从事货物生产或者提供应税劳务为主，并兼营货物批发或者零售的纳税人，年应征增值税销售额(简称“应税销售额”)超过财政部和国家税务总局规定的小规模纳税人标准的企业和企业性单位，为一般纳税人，不超过的则为小规模纳税人。非企业性单位、不经常发生应税行为的企业可选择按小规模纳税人纳税。所称的以从事货物生产或者提供应税劳务为主，是指纳税人的年货物生产或者提供应税劳务的销售额应占年应税销售额的比重在50%以上。

一般纳税人和小规模纳税人在对企业会计核算的要求、增值税发票的获取和开具、税额的抵扣等方面都有着不同的规定，区别很多。简单来说，一般纳税人按照11%或9%(服务业6%)的税率计算增值税，小规模纳税人按照3%的征收率计算增值税；一般纳税人可以抵扣进项税额，小规模纳税人不能抵扣进项税额；一般纳税人可以开具增值税专用发票，小规模纳税人只能开具增值税普通发票(可以到税务机关代开专用发票)等。

5) 税率与征收率

增值税征收通常包括生产、流通或消费过程中的各个环节。理论上按行业划分，包括农业各个产业领域(种植业、林业和畜牧业)、采矿业、制造业、建筑业、交通和商业服务业等行业。按流通环节则可以划分为原材料采购、生产制造、批发、零售与消费等各个环节。对于所有的货物和服务，增值税体系采用多种而非单一的增值税率。

(1) 基本税率。

我国自2016年5月1日起，全面实施增值税。根据《财政部 税务总局 海关总署关于深化增值税改革有关政策的公告》(财政部税务总局海关总署公告2019年第39号)，现行各行业增值税基本税率见表2.25。

表2.25 所有行业增值税税率

适用行业	税率
货物销售、货物进口、货物租赁	11%
建筑业、交通运输业、基础电信服务、房地产业、农产品	9%
现代服务业、物流业、增值电信服务、金融服务业、生活服务业	6%

(2) 零税率。

纳税人出口货物，税率为零，国务院另有规定的除外。

(3) 简易计税方法征收率。

适用简易计税方法，征收率为3%。

6) *应纳税额的计算*

对于增值税的征收，在实际纳税实践中，商品新增价值或附加值在生产和流通过程中是很难准确计算的。因此，中国也采用国际上的普遍采用的税款抵扣的办法。即根据销售商品或劳务的销售额，按规定的税率计算出销售税额，然后扣除取得该商品或劳务时所支付的增值税款，也就是进项税额，其差额就是增值部分应缴纳的税额，这种计算方法体现了按增值因素计税的原则。

增值税的计税方法，包括一般计税方法和简易计税方法。

一般纳税人发生应税行为适用一般计税方法。一般纳税人发生财政部和国家税务总局规定的特定应税行为，可以选择适用简易计税方法，但一经选择，36 个月内不得变更。小规模纳税人发生应税行为适用简易计税方法。

(1) 一般计税方法。

使用一般计税方法时，增值税应纳税额的计算公式如下：

$$\text{应纳税额} = \text{当期销项税额} - \text{当期进项税额} \tag{2.2}$$

$$\text{销项税额} = \text{销售额} \times \text{税率} \tag{2.3}$$

$$\text{销售额} = \frac{\text{含税销售额}}{1 + \text{税率}} \tag{2.4}$$

销项税额是指纳税人销售货物或提供应税服务按照销售额和增值税税率计算的增值税额。

进项税额：是指纳税人购进货物或应税服务，支付或者负担的增值税税额。

当期销项税额小于当期进项税额不足抵扣时，其不足部分可以结转下期继续抵扣。

示例：

A 公司 8 月份购买甲产品，支付货款除税价 100 000 元，增值税进项税额 11 000 元，并取得增值税专用发票，销售甲产品含税销售额为 222 000 元。则：

$$\text{进项税额} = 11\,000(\text{元})$$

$$\text{销售额} = \frac{222\,000}{1 + 11\%} = 200\,000\ (\text{元})$$

$$\text{销项税额} = 20\,000 \times 11\% = 22\,000(\text{元})$$

$$\text{应纳税额} = 22\,000 - 11\,000 = 11\,000(\text{元})$$

(2) 简易计税方法。

纳税人销售货物或者提供应税劳务和应税服务适用简易计税方法的，按照销售额和征收率计算应纳税额，并不得抵扣进项税额。

使用简易计税方法时，增值税应纳税额的计算公式如下：

$$\text{应纳税额} = \text{销售额} \times \text{征收率} \tag{2.5}$$

$$\text{销售额} = \frac{\text{含税销售额}}{1 + \text{征收率}} \tag{2.6}$$

示例：

A 公司(小规模纳税人)3 月份取得含税的零售收入 18.54 万元，购进货物 7.85 万元。则：

$$\text{销售额} = \frac{18.54}{1+3\%} = 18\ (\text{万元})$$

$$\text{应纳税额} = 18 \times 3\% = 0.54(\text{万元})$$

(3) 进口货物。

进口货物增值税应纳税额的计算公式如下：

$$\text{应纳税额} = (\text{进口货物到岸价} + \text{关税} + \text{消费税}) \times \text{税率} \tag{2.7}$$

思　考　题

1. 工程造价的计价特征有哪些？
2. 工程造价的构成中静态投资包括什么？
3. 通信管道工程中可计取的措施项目费有哪些？
4. 全面造价管理应包括哪几个方面？
5. 信息通信工程造价编制人员在从业经历和业务能力方面应满足哪些要求？

第 3 章　工程投资估算与经济评价

3.1　可行性研究与工程投资估算

3.1.1　可行性研究的作用

通常，建设单位向建设主管部门申请立项需要以可行性研究报告为依据。因此，信息通信工程在建设前期进行可行性研究就是一项必要任务。

根据信息通信工程基本建设程序阶段划分，批准项目建议书后就可以着手编制可行性研究报告，通过对信息通信工程建设项目的规模、地点、重大技术方案、投资、经济效益、建设的可能性进行科学的分析、论证，并做出“可行”或“不可行”的评价，以便为项目决策提供可靠的依据。

信息通信工程建设项目的可行性研究，主要是从建设方案和经济上论证其可行性。

建设方案可行性需要对采用技术是否先进、适当，方案选取是否最佳，工程规模大小是否符合实际需求，工程进度计划是否满足立项的要求等方面进行评价。

经济可行性需要通过投资估算和经济评价进行论证。经济评价由财务评价和国民经济评价组成，财务评价是从企业或行业的角度考察建设项目的可行性；国民经济评价是从国家的角度考察建设项目对整个国民经济的净效益，论证建设项目的合理性。当从企业利益的角度和从国家利益的角度看项目的结论不一致时，则应以国家利益为主要出发点。

一个建设项目能否立项，其可行性研究报告的结论往往起到关键作用。

3.1.2　可行性研究与工程投资估算的关系

1. 可行性研究报告基本内容

可行性研究报告的主要内容应包括三个方面：建设方案、投资估算和经济评价。

可行性研究报告主要解决如下问题：建设项目是否具有必要性，建设项目已经具备的条件(可行性)，建设项目拟采用什么建设方案，建设项目的规模和进度如何安排，投资估算和资金筹措，经济评价。

以××城市传输接入网建设工程的可行性研究报告的章节目录为例，通过目录我们可以看到可行性研究报告的基本结构和内容。

第一章 项目概述

1.1 编制依据

1.2 项目背景

1.3 项目建设的必要性、可行性

1.3.1 项目建设的必要性

1.3.2 项目建设的可行性

1.4 报告范围与文件组成

1.4.1 可行性研究报告的范围

1.4.2 可行性研究报告文件组成

1.5 可行性研究的简要结论

第二章 业务预测

2.1 ××市的自然与经济现状

2.2 市场分析和业务定位

2.3 用户需求分析

2.4 业务预测

第三章 通信资源现状分析

3.1 传输接入网现状

3.2 本系统网络可用资源

3.2.1 省内长途传输网

3.2.2 本地传输网

3.3 社会其他可用资源

第四章 建设方案

4.1 总体建设指导思想及原则

4.1.1 建设指导思想

4.1.2 建设原则

4.2 总体网络结构

4.3 交换系统方案及规模

4.3.1 网络分层结构

4.3.2 交换系统网络结构

4.3.3 交换系统网络组织方案

4.4 传输系统方案及规模

4.5 光缆线路及规模

4.6 管道方案及规模

4.7 接入用户方案

4.7.1 接入集团用户方案

4.7.2 接入用户方案

4.8 网管系统方案

4.9 计费方案

4.10 同步方案

4.11 机房要求

4.12 电源系统方案

第五章　工程规模汇总
第六章　工程进度安排
第七章　工程其他需说明的问题
第八章　投资估算及资金筹措
8.1　投资估算说明
8.2　投资估算表
8.2.1　投资估算总表
8.2.2　基础传输部分投资估算表
8.2.3　本地接入部分投资估算表
8.3　资金来源
第九章　工程项目经济评价
9.1　概述
9.2　经济评价基础数据的测算
9.2.1　计算期的取定
9.2.2　总投资
9.2.3　流动资金和余值估算
9.2.4　年经营成本测算
9.3　财务评价
9.3.1　财务评价基本数据表
9.3.2　财务评价指标的计算结果
9.3.3　现金流量曲线图
9.3.4　财务评价指标分析
9.4　国民经济评价
9.5　敏感性分析
9.5.1　敏感性分析指标的计算
9.5.2　敏感性分析图
9.6　结论

2. 可行性研究报告与工程投资估算的关系

从以上可行性研究报告的组成可以看出，工程投资估算是可行性研究的组成部分之一，它是在对拟建项目背景、业务预测、现状分析和建设方案进行筹划的基础上定量地分析该项目建设需要的总体投资情况及相关费用构成。同时，工程投资估算也是进行项目经济评价的基础。

3.2　工程投资估算

为与国民经济的发展和信息通信工程的需要相适应，在工程可行性研究阶段，需要编制建设项目的投资估算，以供相关主管部门对信息通信建设项目进行投资控制和项目决策使用。规划设计方案投资估算是整个项目概(预)算的基础，其合理性和准确性对整个建设项目的投资管控将起到非常重要的作用。

3.2.1 工程投资估算的原则

由于技术方案规划在项目可行性研究编制之前进行，其规划较为宏观，不涉及具体技术细节。因此，在进行投资估算时项目的设备、材料以及人工等费用都无法落地，既要合理又要准确地估算将会面临很多必须要解决的困难。

(1) 投资估算的内容不是十分明确，尤其是建设项目各参与方均不确定。在进行投资估算时，只能依据已有工程经验初步确定估算内容，而仅根据经验进行判断的估算方法其准确性与合理性就会降低，从而影响投资估算的整体结论。

(2) 投资估算的单价不确定，对于大型投资项目，估算中单价的细微偏差都会由于工程量基数的巨大而导致估算结果发生较大偏差。

(3) 不确定因素对投资估算带来较大风险。

需要针对以上困难，做好规划方案投资估算的控制，抓大放小，从大处入手，宜粗不宜细；但也要粗中有细，采用模块化方式对工程投资进行分解，例如：可以将投资先按专业纵向分解为核心网、承载网、网管系统、无线、电源、线路、土建等，再根据投资类别横向分解为设备、材料、施工、监理、设计、其他等，最终形成表 3.1，从而保证投资估算的全面性。

表 3.1 投资的模块化分解

项目	设备	材料	施工	监理	设计	其他	小计
核心网							
承载网							
网管系统							
无线							
电源							
光缆							
土建							
合计							

对投资总额影响较大的因素应仔细分析、把握准确；充分运用现有技术和经济知识，以达到更高的准确性；投资估算编制的重点是分析与测算，这需要收集大量翔实、准确的基础数据做支撑，主要包括以下内容：

(1) 工程的基本情况，如熟悉规划方案、了解规划思路；

(2) 工程所包含的单项工程和单位工程及主要参数；

(3) 主要设备、材料的用量及价格，必要时进行厂家询价；

(4) 各单位工程中的主要分项工程量；

(5) 日常积累的工程造价资料，特别是与本项目有可比性的、已成立的工程造价及主要参数。

3.2.2　工程投资估算的编制依据

工程投资估算的编制是以可行性研究和建设项目相关信息为基础进行的，在编制过程中应当依据以下内容来确保估算结果的准确性。

(1) 国家或行业发布的相关建设工程投资估算指标；

(2) 建设项目可行性研究报告所明确的项目定义和项目目标；

(3) 建设项目可行性研究报告所明确的整体规划情况和建设规模；

(4) 建设项目需求分析与现状调查结果；

(5) 建设项目规划方案的论证情况；

(6) 建设项目提出的各项性能指标；

(7) 相关设备厂家提供的技术资料及报价；

(8) 调研收集的相关资料；

(9) 类似项目的相关资料。

3.2.3　工程投资估算的编制方法

在编制建设项目建议书和可行性研究报告时，必须编制工程投资估算。投资估算的编制可以采用单位指标估算法、主要设备投资估算法、近似工程量估算法等方法。估算指标作为编制工程项目建设可行性研究阶段经济评价的主要工具和投资估算的指导性文件，是正确贯彻党和国家的技术、经济政策的主要依据。

结合各专业的不同特点可将投资估算划分为建设项目、单项工程、单位工程的投资估算，要能体现党和国家的有关建设方针政策，符合近期的技术发展方向，反映正常建设条件下的造价水平。

建设项目的投资估算，包括国家规定应列入建设项目总投资的，从筹建至竣工验收所需要的全部建筑安装工程费、设备和工器具购置费及工程建设其他费用。

在各类投资估算中应说明所列建设项目的特点、主要工程内容的组成、主要设备及材料的名称、规格、数量、单价等。

除使用投资估算指标编制建设项目外，还有综合造价指标估算法，单项(或单位)造价指标估算法及实算与单项指标百分比换算相结合的估算法。综合起来说就是，设计单位按照以往的工程概算、预算或决算资料为基础，经过整理分析的综合指标。或者根据已经掌握的工程资料，以设备、材料价格为基础，按一定的百分比取定其他相关的费用计算投资额等。

无论采用上述何种方法编制出的工程项目投资估算指标，均应考虑物价随时间的变动指数及对工程造价影响的其他因素等。

投资估算费用项目的划分见表 3.2。

表 3.2　投资估算费用项目的划分表

序号	单项费用内容	估算方法	
		光缆线路工程	局(站)所设备安装工程
1	建筑工程费	按建筑的实际工程量计算	按建筑的实际工程量计算
2	需要安装的设备费	按光缆线路所需的配套设备数量计算	按各站实配设备数量计算
3	安装工程费	估算指标法或沿用其他定额方法	按估算指标或用定额方法
4	不需要安装的设备及工(器)具费	按规定标准计算	按规定标准或占设备费的百分比计算
5	工程建设其他费用	按有关规定	按有关规定

3.2.4　工程投资估算各项费用的取定

根据工程投资估算所用方法的不同，各项费用的取定也有所不同。本节以“××市 G 网 14.3 期基站接入传输设备单项工程”为例，采用主要设备投资估算法进行各项费用的取定。其他估算方法的取定过程略有不同，但总体思路一致。

本案例的基本情况如下：

(1) ××市移动传输网现状。××市经过前期的建设及优化，已经初步具备了完善的移动传输网，本期工程项目主要考虑 G 网 14.3 期工程新建基站引接。

(2) 建设规模。本期工程××市地区共需新增 155 Mb/s SDH 设备 9 端、PTN 910 设备 7 端、OptiX OSN 3500 设备 1 端、扩容 622 Mb/s 光板 2 块、155 Mb/s 光板 6 块。

(3) 建设方案。本期工程主要解决 G 网 14.3 期基站的传输接入，同时，结合新增传输节点的建设对接入层作适当调整、优化。本期工程核心汇聚层网络容量能够满足本期基站电路接入需求，无须扩容。

本期工程共计新建 16 个基站，根据网络现状及光缆建设情况，新增基站传输接入方案详见表 3.3。

表 3.3　G 网 14.3 期新建基站传输接入情况表

序号	区县名	站点	新增设备	对端站		
				站点	设备类型	扩容板件
1	泾川县	太平二	M1000	太平	Metro 1000V3	
2	灵台县	灵台宾馆	PTN910	灵台 1	PTN3900	
3	庄浪县	县政府统办楼	PTN910	庄浪 3	PTN3900	
4	庄浪县	南舒园	PTN910	庄浪 2	PTN950	
5	崆峒区	新湖小区	PTN910	四中巷	PTN3900	
6	泾川县	法院	M1000	泾川 2	Metro 1000V3	OI2D
7	灵台县	水利局	M1000	灵台 1	Metro 3000	SD1
8	华亭县	梅苑宾馆	M1000	上亭	Metro 3000	SD1

续表

序号	区县名	站 点	新增设备	对 端 站		
				站点	设备类型	扩容板件
9	崇信县	百贯沟煤矿	M1000	黄花 2	Metro 1000V3	OI2D
10	崆峒区	工商局	M1000	移动大楼	Metro 3000	SD1
11	崆峒区	福利院	M1000	三天门	Metro 1000V3	OI2D
12	崆峒区	肉联厂搬迁	OSN 3500	移动大楼		
13	崇信县	铜城电厂厂区	M1000	铜城电厂	Metro 1000V3	
14	庄浪县	紫金宾馆	PTN910	再就业广场	PTN950	
15	崆峒区	西景园	PTN910	三天门	PTN950	
16	崆峒区	广成 D 区	PTN910	钢材市场	PTN3900	OI2D

(4) 电路需求。本期工程新建与扩容基站的电路需求详见表 3.4。

表 3.4 电路需求表

序号	站点名称	电路需求(2M)	备 注	序号	站点名称	电路需求(2M)	备 注
1	太平二	1	新建站	15	华亭三	1	扩容站
2	灵台宾馆	1	新建站	16	华亭四	1	扩容站
3	县政府统办楼	1	新建站	17	县公司	1	扩容站
4	南舒园	1	新建站	18	静宁五	1	扩容站
5	新湖小区	1	新建站	19	兴盛家园	1	扩容站
6	法院	1	新建站	20	疾控	1	扩容站
7	水利局	1	新建站	21	市建司	1	扩容站
8	梅苑宾馆	1	新建站	22	肉联厂搬迁		搬迁站
9	百贯沟煤矿	1	新建站	23	泾川	1	扩容站
10	工商局	1	新建站	24	铜城电厂厂区	1	新建站
11	福利院	1	新建站	25	紫金宾馆	1	新建站
12	武警支队	1	扩容站	26	西景园	1	新建站
13	庄浪三	1	扩容站	27	广成 D 区	1	新建站
14	华亭	1	扩容站				

根据以上基本情况，以本项目工程量、建筑安装工程费、材料和设备费、工程建设其他费和预备费的取定为例进行分析。

1. 主要工程量的取定

本案例中建设项目专业可归为信息通信工程中的有线设备安装工程，通过对该项目建设方案和建设规模的汇总，结合该专业项目后期概(预)算定额和建设单位前期类似项目资料，确定以设备数量作为后续各项费用计算的基本参考基础。因此，将本项目主要工程量按计划安装设备数量来取定，如表 3.5 所示。

表 3.5　案例项目主要工程量表

序 号	项 目 名 称	单 位	数 量
1	大容量 STM-16 设备(S385/OSN3500)	套	1
2	紧凑型 STM-1 设备(短距)	套	10
3	小容量 GE 型 PTN 设备	套	7
4	STM-1 光板	块	6
5	综合机柜	个	8
6	PTN3900 2M 支路板	块	4
7	光收发一体模块(3900、950 扩容)	个	14
8	壁挂综合机柜	个	7

2. 材料、设备费用的取定

本案例中主要工程量以计划安装设备数量来取定，意味着工程量一旦取定，则需要采购的设备和相关材料数量也随之确定，而材料、设备费用的取定只需再取得相关的单价即可确定，而相关材料、设备的单价可结合建设单位前期类似项目资料确定。此处有两点需要注意：

(1) 进行投资估算的单价不能直接取前期类似项目材料、设备的合同单价，而应该在合同单价的基础上考虑其他相关人工、材料、机械等资源的消耗而取定一个综合单价。

(2) 进行投资估算的单价要合理考虑供货商折扣等其他影响材料、设备单价的因素，不能按市场折扣率直接取用。

本案例中的材料、设备费用按以上工程量和综合单价取定，如表 3.6 所示。

表 3.6　材料、设备费用表

序号	项目名称	单位	综合单价/万元	数量	投资估算/万元
1	大容量 STM-16 设备(S385/OSN3500)	套	15.00	1	15.00
2	紧凑型 STM-1 设备(短距)	套	1.40	10	14.00
3	小容量 GE 型 PTN 设备	套	1.00	7	7.00
4	STM-1 光板	块	0.80	6	4.80
5	综合机柜	个	0.60	8	4.80
6	PTN3900 2M 支路板	块	0.50	4	2.00
7	光收发一体模块(3900、950 扩容)	个	0.095	14	1.33
8	壁挂综合机柜	个	0.50	7	3.50
9	设备费合计				52.43

3. 建筑安装工程费的取定

本案例中的建筑安装工程费主要是设备安装期间所发生的人工、材料、机械仪表的使用费，以及与建设项目直接相关的措施项目费，根据建设单位前期类似项目资料，此处采用单位指标估算法来确定建筑安装工程费，其取费基数取经估算后的设备费，而估算指标

以类似项目汇总后的综合费率取定。因此，本案例中建筑安装工程费即为设备费与估算指标之积，即

$$建筑安装工程费 = 设备费 \times 估算指标 = 52.43 \times 12\% = 6.29(万元)$$

4. 工程建设其他费的取定

本案例中的工程建设其他费，主要是项目实施期间的与土地使用相关和与项目建设有关的费用，以及可能发生的与未来生产经营有关的费用，根据建设单位前期类似项目资料和生产经营需求，结合相关费用收费标准，此处采用单位指标估算法来确定工程建设其他费，其取费基数取经估算后的设备费与建筑安装工程费之和，而估算指标以类似项目汇总后的综合费率取定。因此，本案例中工程建设其他费为设备费与建筑安装工程费之和乘以估算指标，即

$$\begin{aligned}工程建设其他费 &= (设备费 + 建筑安装工程费) \times 估算指标\\ &= (52.43 + 6.29) \times 10\% = 5.87(万元)\end{aligned}$$

5. 预备费等其他费用的取定

建设工程预备费分为基本预备费和涨价预备费，对于信息通信工程来讲，建设周期一般都较短，通常只计取基本预备费。同时，关于预备费的估算指标，相关文件都有明确规定，此案例中只需要将前面已经计算出的设备费、建筑安装工程费和工程建设其他费的总金额乘以预备费率即可，即

$$\begin{aligned}预备费 &= (设备费 + 建筑安装工程费 + 工程建设其他费) \times 估算指标\\ &= (52.43 + 6.29 + 5.87) \times 3\% = 1.94(万元)\end{aligned}$$

通过以上几项费用的取定，本案例中投资估算的全部费用均已明确，只需要将以上费用汇总到投资估算表中，即可在后续建设项目经济评价中使用。本案例的投资估算表如表 3.7 所示。

表 3.7　投资估算表

序号	项 目 名 称		单位	综合单价/万元	数量	投资估算/万元
1	大容量 STM-16 设备(S385/OSN3500)		套	15.00	1	15.00
2	紧凑型 STM-1 设备(短距)		套	1.40	10	14.00
3	小容量 GE 型 PTN 设备		套	1.00	7	7.00
4	STM-1 光板		块	0.80	6	4.80
5	综合机柜		个	0.60	8	4.80
6	PTN3900 2M 支路板		块	0.50	4	2.00
7	光收发一体模块(3900、950 扩容)		个	0.095	14	1.33
8	壁挂综合机柜		个	0.50	7	3.50
9	设备费合计					52.43
10	建筑安装工程费	设备费 × 12%				6.29
11	工程建设其他费	(设备费 + 建筑安装工程费) × 10%				5.87
12	预备费	(设备费 + 建筑安装工程费 + 工程建设其他费) × 3%				1.94
13	合计					66.74

3.3　建设项目经济评价

在可行性研究报告的三个基本组成内容之中，建设方案可以与实际工程的要求和现状相结合，采用分专业论述的方法；投资估算可以根据工程规模、设备价格及有关取费标准进行计算；而经济评价则必须参照《建设项目经济评价方法与参数(第三版)》(包括《关于建设项目经济评价工作的若干规定》、《建设项目经济评价方法》和《建设项目经济评价参数》三部分)进行。

经济评价涉及的内容多，专业性强，本节将以 2006 年 7 月 3 日颁布的《国家发展改革委、建设部关于印发建设项目经济评价方法与参数的通知》(发改投资[2006] 1325 号)和《建设项目经济评价方法与参数(第三版)》为基础介绍经济评价中一些最基本的概念。国家相关行业和部门为适应建设项目规范化的发展，还会陆续颁发新的经济评价方法与参数，在进行经济评价时要及时采用新的经济评价方法与参数。

3.3.1　概述

1. 经济评价的作用

建设项目经济评价是建设项目前期工作的重要内容，应在国民经济与社会发展及行业和地区发展规划要求的基础之上，对项目初步方案基本确定后，采用科学、规范的分析方法，对拟建项目的财务可行性和经济合理性进行多方面的分析论证，做出全面评价，为项目的决策提供经济方面的科学依据。

(1) 建设项目前期研究是在建设项目投资决策前，对项目建设的必要性和项目备选方案的工艺技术、运行条件、环境与社会等方面，进行全面的分析论证和评价工作，经济评价是项目前期研究诸多内容中的重要内容和有机组成部分。

(2) 项目活动是整个社会经济活动的一个组成部分，而且要与整个社会的经济活动相融，符合行业和地区发展规划要求。因此，经济评价一般都要对项目与行业发展规划进行阐述。

(3) 在完成项目方案的基础上，采用科学的分析方法，对拟建项目的财务可行性(可接受性)和合理性进行科学的分析与论证，做出全面、正确的经济评价结论，为投资者提供科学的决策依据。

(4) 项目前期研究阶段要做技术的、经济的、环境的、社会的、生态影响的分析与论证，每一类分析都可能影响投资决策。经济评价只是项目评价的一项重要内容，不能指望由其解决所有问题。同理，对于经济评价，决策者也不能只通过一种指标就判断项目在财务上或经济上是否可行，而应同时考虑多种影响因素和多个目标的选择，并把这些影响和目标相互协调起来，才能实现项目系统优化进行，从而完成最终决策。

信息通信建设项目可行性研究的经济评价，是在通信网络规划、业务需求预测和项目工艺技术研究的基础上，通过多方案比较，使用规定的经济评价方法，为信息通信建设项目在经济上是否可行提供可靠的决策依据。

2. 经济评价的两个层次

建设项目经济评价包括财务评价和国民经济评价两个层次。

财务评价是在国家现行财税制度和价格体系的前提下，从项目的角度出发，计算项目范围内的财务效益和费用，分析项目的盈利能力和清偿能力，评价项目在财务上的可行性。

国民经济评价是在合理配置社会资源的前提下，从国家经济整体利益的角度出发，计算项目对国民经济的贡献，分析项目的经济效率、效果和对社会的影响，评价项目在宏观经济上的合理性。

对于财务评价结论和国民经济评价结论都可行的建设项目，可予以通过，反之则应予以否定。对于国民经济评价结论不可行的项目，一般应予以否定。对于关系公共利益、国家安全和市场不能有效配置资源的经济和社会发展项目，如果国民经济评价结论可行，但财务评价结论不可行，应重新考虑方案，必要时可提出经济优惠措施的建议，使项目具有财务生存能力。

3. 经济评价内容与方法的选择及侧重点

建设项目经济评价的内容及侧重点，应根据项目性质、项目目标、项目投资者、项目财务主体及项目对经济与社会的影响程度等具体情况选择确定，详见表 3.8。

表 3.8　建设项目经济评价的内容

项目类型/分析内容			财务分析			经济费用效益分析	费用效果分析	不确定性分析	风险分析	区域经济与宏观经济影响分析
			生存能力分析	偿债能力分析	盈利能力分析					
政府投资	直接投资	经营	☆	☆	☆	☆	△	☆	△	△
		非经营	☆	△		☆	☆	△	△	△
	资本金	经营	☆	☆	☆	☆	△	☆	△	△
		非经营	☆	△		☆	☆	△	△	△
	转贷	经营	☆	☆	☆	☆	△	☆	△	△
		非经营	☆	☆		☆	☆	△	△	△
	补助	经营	☆	☆	☆	☆	△	☆	△	△
		非经营	☆	☆		☆	☆	△	△	△
	贴息	经营	☆	☆	☆	☆	△	☆	△	△
		非经营								
企业投资(核准制)		经营	☆	☆	☆			☆	△	△
企业投资(备案制)		经营	☆	☆	☆			☆	△	△

注：①表中☆代表要做；△代表根据项目的特点，有要求时做，无要求时可以不做。具体使用的指标见相关分析条文。② 企业投资项目的经济评价内容可根据规定要求进行，一般按经营性项目选用，非经营项目可参照政府投资项目选取评价内容。

(1) 项目类型、项目性质、项目目标和行业特点都会影响评价方法、评价内容、评价参数的选择。具体项目选择什么评价方法、评价内容和评价参数不能一概而论，项目投资者、设计和评估人员应视具体问题具体分析，独立地做出选择。

(2) 对于一般项目，财务分析结果将对其决策、实施和运营产生重大影响，因此，财务分析必不可少。由于这类项目产出物的市场价格基本上能够反映其真实价值，当财务分析的结果能够满足决策需要时，可以不进行经济费用效益分析。

(3) 对于那些关系国家安全、国土开发、市场不能有效配置资源等具有较明显外部效果的项目(一般为政府审批或核准项目)，需要从国家经济整体利益的角度来考察项目，并以能反映资源真实价值的影子价格来计算项目的经济效益和费用，通过经济评价指标的计算和分析，得出项目是否对整个社会经济有益的结论。

(4) 对于特别重大的建设项目，除进行财务分析与经济费用效益分析外，还应专门进行项目对区域经济或宏观经济影响的研究与分析。

4. 经济评价的内容深度要求

建设项目经济评价的深度，应根据项目决策工作不同阶段的要求确定。建设项目可行性研究阶段的经济评价，应系统分析、计算项目的效益和费用，通过多方案经济比选来推荐最佳方案，对项目建设的必要性、财务可行性、经济合理性、投资风险等进行全面的评价。项目规划、机会研究、项目建议书阶段的经济评价可适当简化。

(1) 项目前期研究各个阶段是对项目的内部、外部条件由浅入深、由粗到细的逐步细化过程，一般分为规划、机会研究、项目建议书和可行性研究四个阶段。由于不同研究阶段的研究目的、内容深度和要求等不相同，因此，经济评价的内容深度和侧重点也随着项目决策不同阶段的要求而有所不同。

(2) 规划和机会研究是将项目意向变成简要项目建议的过程，研究人员对项目赖以存在的客观(内外部)条件的认识还不深刻，或者说不确定性比较大，在此阶段，可以用一些综合性的信息资料和计算简便的指标进行分析。

(3) 项目建议书阶段的经济评价，重点是围绕项目立项建设的必要性和可行性，分析论证项目的经济条件及经济状况。这个阶段采用的基础数据可适当粗略，采用的评价指标可根据资料和认识的深度适度简化。

(4) 可行性研究阶段的经济评价，应按照《建设项目经济评价方法与参数》和国家电信行业主管部门颁发的经济评价方法与参数的内容要求，对建设项目的财务可接受性和经济合理性进行详细、全面的分析论证。

5. 经济评价应遵循的基本原则

建设项目经济评价必须保证评价的客观性、科学性、公正性，通过"有无对比"，坚持定量分析与定性分析相结合、动态分析与静态分析相结合、以动态分析为主的原则。

(1) "有无对比"原则。"有无对比"是指"有项目"相对于"无项目"的对比分析。"无项目"状态是指不对该项目进行投资时，在计算期内，与项目有关的资产、费用与收益的预计发展情况；"有项目"状态是指对该项目进行投资后，在计算期内，资产、费用与收益的预计情况。"有无对比"算出项目的增量效益，排除了项目实施以前各种条件的影响，突出了项目活动的效果。“有项目”与“无项目”两种情况下，效益和费用的计算范围、计算期应保持一致，以便具有可比性。

(2) 效益与费用计算口径对应一致的原则。将效益与费用限定在同一个范围内，才有可能进行比较，计算的净效益才是项目投入的真实回报。

(3) 收益与风险权衡的原则。投资人关心的是效益指标，但是，对于可能给项目带来风险的因素考虑得不全面，对风险可能造成的损失估计不足，结果往往有可能致使项目失败。收益与风险权衡的原则提示投资者，在进行投资决策时，不仅要看到效益，也要关注风险，权衡得失利弊后再行决策。

(4) 定量分析与定性分析相结合，以定量分析为主的原则。经济评价的本质就是要对拟建项目在整个计算期的经济活动，通过效益与费用的计算，对项目经济效益进行分析和比较。一般来说，项目经济评价要求尽量采用定量指标，但对一些不能量化的经济因素，不能直接进行数量分析，对此要求进行定性分析，并与定量分析结合起来进行评价。

(5) 动态分析与静态分析相结合，以动态分析为主的原则。动态分析是指利用资金时间价值的原理对现金流量进行折现分析。静态分析是指不对现金流量进行折现分析。项目经济评价的核心是折现，所以分析评价要以折现(动态)指标为主。非折现(静态)指标与一般的财务和经济指标内涵基本相同，比较直观，但是只能作为辅助指标。

6. 项目计算期

项目计算期是指经济评价中为进行动态分析所设定的期限，包括建设期和运营期。建设期是指从项目资金正式投入开始到项目建成投产为止所需要的时间，可按合理工期或预计的建设进度确定。运营期分为投产期和达产期两个阶段，投产期是指项目投入生产，但生产能力尚未完全达到设计能力时的过渡阶段；达产期是指生产运营达到设计预期水平后的时间。运营期一般应按项目主要设备的经济寿命期确定。

项目计算期应根据多种因素综合确定，包括行业特点、主要装置(或设备)的经济寿命等。行业有规定时，应遵从其规定。

7. 价格体系

财务分析应采用以市场价格体系为基础的预测价格。

(1) 项目投入物和产出物的价格，是影响方案比选和经济评价结果最重要、最敏感的因素之一。项目评价都是对未来活动的估计，投入和产出都在未来一段时间发生，所以要采用预测价格对费用效益进行估算。

(2) 财务分析应采用以市场价格体系为基础的预测价格。影响市场价格变动的因素很多，也很复杂，但归纳起来，不外乎两类：一是由于供需量的变化、价格政策的变化、劳动生产率的变化等而引起商品间比价的改变，产生相对价格变化；二是由于通货膨胀或通货紧缩而引起商品价格总水平的变化，产生绝对价格变动。

(3) 在市场经济条件下，货物的价格因地而异，因时而变，要准确预测货物在项目计算期中的价格是很困难的。在不影响评价结论的前提下，可采取简化办法。

① 对建设期的投入物，由于需要预测的年限较短，可既考虑相对价格变化，又考虑价

格总水平变动；考虑到建设期投入物品种繁多，分别预测难度大，还可能增加不确定性，因此，在实践中一般以涨价预备费(价差预备费)的形式综合计算。

② 对运营期的投入物和产出物价格，由于运营期比较长，在前期研究阶段对将来的物价上涨水平较难预测，预测结果的可靠性也难以保证，因此，一般只预测到经营期初价格。运营期各年采用统一的不变价格。

(4) 考虑到项目可能有多种投入或产出，在不影响评价结论的前提下，只需对在生产成本中影响特别大的货物和主要产出物的价格进行预测。一般情况下，根据市场预测的结果和销售策略确定主要产出物价格。在对未来市场价格信息有充分且可靠判断的情况下，本着客观、谨慎的原则，也可以用相对变动的价格，甚至考虑通货膨胀因素。在这种情况下，财务分析采用的财务基准收益率也应考虑通货膨胀因素。

(5) 在经济费用效益分析中，采用以影子价格体系为基础的预测价格，影子价格体系不考虑通货膨胀因素的影响。

3.3.2 财务效益与费用估算

1. 财务效益与费用

项目的财务效益是指项目实施后所获得的营业收入。对于适用增值税的经营性项目，除营业收入外，其可得到的增值税返还也应作为补贴收入计入财务效益；对于非经营性项目，财务效益应包括可能获得的各种补贴收入。

项目所支出的费用主要包括投资、成本费用和税金等。

财务效益与费用是财务分析的重要基础，其估算的准确性与可靠程度直接影响财务分析结论。

财务效益与费用估算的原则包括以下四个方面：

(1) 财务效益与费用的估算应注意遵守现行财务、会计及税收制度的规定。

(2) 财务效益和费用估算应遵循“有无对比”的原则，正确识别和估算“有项目”和“无项目”状态的财务效益与费用。须注意只有“有无对比”的差额部分才是项目建设所增加的效益和费用。采用“有无对比”的方法，是为了识别那些真正应该算做项目效益的部分，即增量效益，排除那些由于其他原因产生的效益；同时也要找出与增量效益相对应的增量费用，只有这样才能真正体现项目投资的净效益。

(3) 财务效益与费用的估算范围应体现效益和费用对应一致的原则。

(4) 财务效益与费用估算应反映行业特点，符合依据明确、价格合理、方法适宜和表格清晰的要求。

项目的财务效益与项目目标有直接的关系，项目目标不同，财务效益包含的内容也不同。市场化运作的经营性项目，项目目标是通过销售产品或提供服务实现盈利的，其财务效益主要是指所获取的营业收入，对于某些国家鼓励发展的经营性项目，可以获得增值税的优惠。按照有关会计及税收制度先征后返的增值税应记为补贴收入，作为财务效益进行核算。

2. 财务效益和费用的估算步骤

为与财务分析一般先进行融资前分析的做法相协调，在财务效益与费用估算中，通常可首先估算营业收入或建设投资，然后估算经营成本和流动资金。当需要继续进行融资后分析时，可在初步融资方案的基础上再进行建设期利息估算，最后完成总成本费用的估算。

3. 财务效益和费用估算的主要内容

财务效益和费用的估算主要包括：营业收入、补贴收入、建设投资估算、经营成本、流动资金、建设期利息、总投资形成的资产、总成本费用、税费、维持运营投资和非经营性项目费用等内容。

1) 营业收入

营业收入是指销售产品或者提供服务所获得的收入，是现金流量表中现金流入的主体，也是利润表的主要科目。营业收入是财务分析的重要数据，其估算的准确性极大地影响着项目财务效益的估计。

2) 补贴收入

某些项目还应按有关规定估算企业可能得到的补贴收入，包括先征后返的增值税、按销量或工作量等依据国家规定的补助定额计算并按期给予的定额补贴，以及属于财政扶持而给予的其他形式的补贴收入。同营业收入一样，补贴收入也应列入利润与利润分配表、财务计划现金流量表、项目投资现金流量表及项目资本金现金流量表。

3) 建设投资估算

建设投资估算应在给定的建设规模、产品方案和工程技术方案的基础上，估算项目建设所需的费用。建设投资由工程费(建筑安装工程费、设备购置费)、工程建设其他费和预备费(基本预备费和涨价预备费)组成。按照费用归集形式，建设投资可按概算法或形成资产法分类。根据项目前期可行性研究阶段对投资估算精度的要求、行业特点和相关规定，可选用相应的投资估算方法。对于土地使用权的特殊处理如下：按照有关规定，在尚未开发或建造自用项目前，土地使用权作为无形资产核算，房地产开发企业开发商品房时，将其账面价值转入开发成本；企业建造自用项目时将其账面价值转入在建工程成本。因此，为了与以后的折旧和摊销计算相协调，在建设投资估算表中通常可将土地使用权直接列入固定资产其他费用中。

4) 经营成本

经营成本是项目经济评价中所使用的特定概念，作为项目运营期的主要现金流出，其构成和估算可采用下式表达：

$$经营成本 = 外购原材料、燃料和动力费 + 工资及福利费 + 修理费 + 其他费用 \tag{3.1}$$

式中，其他费用是指从制造费用、管理费用和营业费用中扣除了折旧费、摊销费、修理费、工资及福利费以后的其余部分。

5) 流动资金

流动资金是指运营期内长期占用并周转使用的营运资金，不包括运营中需要的临时营运资金。流动资金等于流动资产与流动负债的差额。流动资产的构成要素一般包括存货、库存现金、应收账款和预付账款；流动负债的构成要素一般只考虑应付账款和预收账款。

6) 建设期利息

建设期利息是指筹措债务资金时，在建设期内发生并按规定允许在投产后计入固定资产原值的利息，即资本化利息。在建设投资分年计划的基础上可设定初步融资方案，对采用债务融资的项目应估算建设期利息。建设期利息包括银行借款和其他债务资金的利息，以及其他融资费用。其他融资费用是指某些债务融资中发生的手续费、承诺费、管理费、信贷保险费等融资费用，一般情况下应将其单独计算并计入建设期利息；在项目前期研究的初期阶段，也可做粗略估算并计入建设投资；对于不涉及国外贷款的项目，在可行性研究阶段，也可做粗略估算并计入建设投资。

7) 总投资形成的资产

总投资形成的资产是指建设投资、建设期利息和流动资金之和。建设项目经济评价中的建设投资分为固定资产原值、无形资产原值和其他资产原值。形成的固定资产原值可用于计算折旧费，形成的无形资产和其他资产原值可用于计算摊销费。建设期利息应计入固定资产原值。

8) 总成本费用

总成本费用是指在运营期内生产产品或提供服务所发生的全部费用，等于经营成本与折旧费、摊销费和财务费用之和。总成本费用可分解为固定成本和可变成本。固定成本一般包括折旧费、摊销费、修理费、工资及福利费(计件工资除外)和其他费用等，通常把运营期发生的全部利息也作为固定成本。可变成本主要包括外购原材料、燃料及动力费和计件工资等。有些成本费用属于半固定、半可变成本，必要时可进一步分解为固定成本和可变成本。项目评价中可根据行业特点进行简化处理。

9) 税费

建设项目经济评价涉及的税费主要包括关税、增值税、消费税、所得税、资源税、城市维护建设税和教育费附加等，有些行业还包括土地增值税。税种和税率的选择，应根据相关税法和项目的具体情况确定。如有减免税优惠，应说明依据及减免方式并按相关规定估算。

10) 维持运营投资

某些项目在运营期需要一定的固定资产投资才能维持正常运营，例如设备更新费用、油田的开发费用、矿山的井巷开拓延伸费用等。不同类型、不同行业的项目投资内容可能不同，在发生维持运营投资时，应将其列入现金流量表作为现金流出，参与内部收益率等指标的计算。同时，也应反映在财务计划现金流量表中，参与财务生存能力分析。

11) 非经营性项目费用

对于非经营性项目，无论是否有营业收入，都需要估算费用。费用估算按照上述的要求和具体方法进行，并编制费用估算的相关报表。对于没有营业收入的项目，费用估算更显重要，它不仅可以用于计算单位功能费用指标，进行方案比选，还可以用来进行财务生存能力分析等。

进行财务效益和费用估算，需要编制下列财务分析辅助报表：建设投资估算表、建设期利息估算表、流动资金估算表、项目总投资使用计划与资金筹措表、营业收入、营业税金及附加、增值税估算表和总成本费用估算表。

对于采用生产要素法编制的总成本费用估算表，应编制下列基础报表：外购原材料费估算表、外购燃料和动力费估算表、固定资产折旧费估算表、无形资产和其他资产摊销估算表、工资及福利费估算表。

对于采用生产成本加期间费用估算法编制的总成本费用估算表，应根据国家现行的企业财务会计制度的相应要求，另行编制配套的基础报表。

财务效益和费用估算表应反映行业和项目特点，表中科目可适当进行调整。以上报表按不含增值税价格设定，若采用含增值税价格，应调整相关科目。

3.3.3　资金来源与融资方案

在投资估算的基础上，资金来源与融资方案应分析建设投资和流动资金的来源渠道及筹措方式，并在明确项目融资主体的基础上，设定初步融资方案。通过对初步融资方案的资金结构、融资成本和融资风险的分析，结合融资后财务分析，比选、确定融资方案，为财务分析提供必需的基础数据。

资金来源与融资方案的内容主要由两部分组成：一是融资主体和资金来源，重点研究如何确定项目的融资主体及项目资本金(即项目权益资金，下同)、项目债务资金的来源渠道和方式；二是融资方案，从资金来源的可靠性、资金结构、融资成本及融资风险等各个侧面对初步融资方案进行分析，结合融资后财务分析，比选、确定拟建项目的融资方案。

设定融资方案，应先确定项目融资主体。确定融资主体应考虑项目投资的规模和行业特点，项目与既有法人资产、经营活动的联系，既有法人财务状况、项目自身的盈利能力等因素。

按照融资主体不同，融资方式分为既有法人融资和新设法人融资两种。既有法人融资方式是指建设项目所需资金来源于既有法人内部融资、新增资本金和新增债务资金。新设法人融资方式是指建设项目所需资金来源于项目公司股东投入的资本金和项目公司承担的债务资金。

项目资本金的来源渠道和筹措方式，应根据项目融资主体的特点按下列要求进行选择：既有法人融资项目的新增资本金可通过原有股东增资扩股、吸收新股东投资、发行股票、政府投资等渠道和方式筹措；新设法人融资项目的资本金可通过股东直接投资、发行股票、政府投资等渠道和方式筹措。

项目债务资金可通过商业银行贷款、政策性银行贷款、外国政府贷款、国际金融组织贷款、出口信贷、银团贷款、企业债券、国际债券、融资租赁等渠道和方式筹措。

融资方案与投资估算、财务分析密切相关。一方面，融资方案必须满足投资估算确定的投资额及其使用计划对投资数额、时间和币种的要求；另一方面，不同方案的融资后财务分析结论，也是比选、确定融资方案的依据，而融资方案确定的项目资本金和项目债务资金的数额及相关融资条件，又为进行资本金盈利能力分析、项目偿债能力分析、项目财务生存能力分析等财务分析提供了必需的基础数据。

3.3.4 财务分析

1. 概述

财务分析是在财务效益与费用的估算及编制财务辅助报表的基础上，编制财务报表，计算财务分析指标，考察和分析项目的盈利能力、偿债能力和财务生存能力，判断项目的财务可行性，明确项目对财务主体的价值及对投资者的贡献，为投资决策、融资决策及银行审贷提供依据。

项目类型的不同会影响财务分析内容的选择。对于经营性项目，应按上述内容进行全面的财务分析。对于非经营性项目，财务分析主要分析项目的财务生存能力。

项目决策可分为投资决策和融资决策两个层次。投资决策重在考察项目净现金流的价值是否大于其投资成本，融资决策重在考察资金筹措方案能否满足要求。严格地区分，投资决策在先，融资决策在后。根据不同决策的需要，财务分析可分为融资前分析和融资后分析。

财务分析一般宜先进行融资前分析，融资前分析是指在考虑融资方案前就可以开始进行的财务分析，即不考虑债务融资条件下进行的财务分析。在融资前分析结论满足要求的情况下，初步设定融资方案，再进行融资后分析，融资后分析是指以设定的融资方案为基础进行的财务分析。

融资前分析只进行盈利能力分析，并以项目投资折现现金流量分析为主，计算项目投资内部收益率和净现值指标，也可计算投资回收期指标(静态)。在项目的初期研究阶段，也可只进行融资前分析。融资后分析主要是针对项目资本金折现现金流量和投资各方折现现金流量进行分析，既包括盈利能力分析，又包括偿债能力分析和财务生存能力分析等内容。

融资前分析应以动态分析(折现现金流量分析)为主，静态分析(非折现现金流量分析)为辅。融资前动态分析应以营业收入、建设投资、经营成本和流动资金的估算为基础，考察整个计算期内现金流入和现金流出，编制项目投资现金流量表，利用资金时间价值的原理进行折现，计算项目投资内部收益率和净现值等指标。融资前分析排除了融资方案变化的影响，从项目投资总获利能力的角度，考察项目方案设计的合理性。融资前分析计算的相关指标，应作为初步投资决策与融资方案研究的依据和基础。根据分析角度的不同，融资前分析可选择计算所得税前指标和(或)所得税后指标。融资前分析也可计算静态投资回收期(P_t)指标，用以反映收回项目投资所需要的时间。

融资后分析应以融资前分析和初步的融资方案为基础，考察项目在拟定融资条件下的盈利能力、偿债能力和财务生存能力，判断项目方案在融资条件下的可行性。融资后分析用于比选融资方案，帮助投资者做出融资决策。

融资后的盈利能力分析应包括动态分析和静态分析两种。

(1) 动态分析包括下列两个层次：

① 项目资本金现金流量分析，应在拟定的融资方案下，从项目资本金出资者整体的角度，确定其现金流入和现金流出，编制项目资本金现金流量表，利用资金时间价值的原理进行折现，计算项目资本金财务内部收益率指标，考察项目资本金可获得的收益水平。

② 投资各方现金流量分析，应从投资各方实际收入和支出的角度，确定其现金流入和现金流出，分别编制投资各方现金流量表，计算投资各方的财务内部收益率指标，考察投资各方可能获得的收益水平。当投资各方不按股本比例进行分配或有其他不对等的收益时，可选择进行投资各方现金流量分析。

(2) 静态分析是指不采取折现方式处理数据，依据利润与利润分配表计算项目资本金净利润率(ROE)和总投资收益率(ROI)指标。

静态盈利能力分析可根据项目的具体情况选做。

2. 盈利能力分析的主要指标

盈利能力分析的主要指标包括项目投资财务内部收益率、财务净现值、投资回收期、总投资收益率和项目资本金净利润率等，可根据项目的特点及财务分析的目的、要求等选用。

1) 财务内部收益率

财务内部收益率(FIRR)是指能使项目计算期内净现金流量现值累计等于零时的折现率，即 FIRR 作为折现率应满足如下表达式：

$$\sum_{t=1}^{n}(\mathrm{CI}-\mathrm{CO})_t(1+\mathrm{FIRR})^{-t}=0 \tag{3.2}$$

式中，CI 为现金流入量，CO 为现金流出量，$(\mathrm{CI}\text{-}\mathrm{CO})_t$ 为第 t 期的净现金流量，n 为项目计算期。项目投资财务内部收益率、项目资本金财务内部收益率和投资各方财务内部收益率都依据式(3.2)计算，但所用的现金流入和现金流出不同。

当财务内部收益率大于或等于所设定的判别基准 i_c(通常称为基准收益率)时，项目方案在财务上可考虑接受。项目投资财务内部收益率、项目资本金财务内部收益率和投资各方财务内部收益率可有不同的判别基准。

2) 财务净现值

财务净现值(FNPV)是指按设定的折现率(一般采用基准收益率)计算的项目计算期内净现金流量的现值之和，可按下列表达式计算：

$$\mathrm{FNPV}=\sum_{t=1}^{n}(\mathrm{CI}-\mathrm{CO})_t(1+i_c)^{-t} \tag{3.3}$$

式中，i_c 为设定的折现率(同基准收益率)。

一般情况下，财务盈利能力分析只计算项目投资财务净现值，可根据需要选择计算所得税前净现值或所得税后净现值。

按照设定的折现率计算的财务净现值大于或等于零时，项目方案在财务上可考虑接受。

3) 项目投资回收期

项目投资回收期(P_t)是指以项目的净收益回收项目投资所需要的时间，一般以年为单位。项目投资回收期宜从项目建设开始年算起，若从项目投产开始年计算，应予以特别注明。项目投资回收期可采用下列表达式计算：

$$\sum_{t=1}^{P_t}(\mathrm{CI}-\mathrm{CO})_t=0 \tag{3.4}$$

项目投资回收期可借助项目投资现金流量表计算。项目投资现金流量表中累计净现金流量由负值变为零的时间，即为项目的投资回收期。投资回收期应按下列表达式计算：

$$p_t = T - 1 + \frac{\left|\sum_{i=1}^{T-1}(\mathrm{CI}-\mathrm{CO})_i\right|}{(\mathrm{CI}-\mathrm{CO})_T} \tag{3.5}$$

式中，T 为各年累计净现金流量首次为正值或零时的年数。

投资回收期短，表明项目投资回收快，抗风险能力强。

4) 总投资收益率

总投资收益率(ROI)表示总投资的盈利水平，是指项目达到设计能力后正常年份的年息税前利润或运营期内年平均息税前利润(EBIT)与项目总投资(TI)的比率。总投资收益率应按下列表达式计算：

$$\mathrm{ROI} = \frac{\mathrm{EBIT}}{\mathrm{TI}} \times 100\% \tag{3.6}$$

总投资收益率高于同行业的收益率参考值，表明用总投资收益率表示的盈利能力满足要求。

5) 项目资本金净利润率

项目资本金净利润率(ROE)表示项目资本金的盈利水平，是指项目达到设计能力后正常年份的年净利润或运营期内年平均净利润(NP)与项目资本金(EC)的比率。项目资本金净利润率应按下列表达式计算：

$$\mathrm{ROE} = \frac{\mathrm{NP}}{\mathrm{EC}} \times 100\% \tag{3.7}$$

项目资本金净利润率高于同行业的净利润率参考值，表明用项目资本金净利润率表示的盈利能力满足要求。

3. 偿债能力分析主要指标

偿债能力分析应通过计算利息备付率(ICR)、偿债备付率(DSCR)和资产负债率(LOAR)等指标，分析判断财务主体的偿债能力。

1) 利息备付率

利息备付率(ICR)是指在借款偿还期内的息税前利润(EBIT)与应付利息(PI)的比值，它从付息资金来源的充裕性角度反映项目偿付债务利息的保障程度，应按下列表达式计算：

$$\mathrm{ICR} = \frac{\mathrm{EBIT}}{\mathrm{PI}} \tag{3.8}$$

利息备付率应分年计算。利息备付率高，表明利息偿付的保障程度高。利息备付率应大于 1，并结合债权人的要求确定。

2) 偿债备付率

偿债备付率(DSCR)是指在借款偿还期内，用于计算还本付息的资金(EBITAD−TAX)与应还本付息金额(PD)的比值，它表示可用于还本付息的资金偿还借款本息的保障程度，应按下列表达式计算：

$$DSCR = \frac{EBITAD - TAX}{PD} \tag{3.9}$$

式中，EBITAD 为息税前利润加折旧和摊销；TAX 为企业所得税；PD 为应还本付息金额，包括还本金额和计入总成本费用的全部利息。融资租赁费用可视同借款偿还。运营期内的短期借款本息也应纳入计算。

如果项目在运行期内有维持运营的投资，可用于还本付息的资金应扣除维持运营的投资。

偿债备付率应分年计算，偿债备付率高，表明可用于还本付息的资金保障程度高。偿债备付率应大于 1，并结合债权人的要求确定。

3) 资产负债率

资产负债率(LOAR)是指各期末负债总额(TL)与资产总额(TA)的比率，应按下列表达式计算：

$$LOAR = \frac{TL}{TA} \times 100\% \tag{3.10}$$

适度的资产负债率，表明企业经营安全、稳健，具有较强的筹资能力，也表明企业和债权人的风险较小。对该指标的分析，应结合国家宏观经济状况、行业发展趋势、企业所处竞争环境等具体条件判定。项目财务分析中，在长期债务还清后，可不再计算资产负债率。

4. 财务生存能力分析

财务生存能力分析，应在财务分析辅助表和利润与利润分配表的基础上编制财务计划现金流量表，通过考察项目计算期内的投资、融资和经营活动所产生的各项现金流入和流出，计算净现金流量和累计盈余资金，分析项目是否有足够的净现金流量维持正常运营，以实现财务可持续性。

财务可持续性应首先体现在有足够大的经营活动净现金流量，其次各年累计盈余资金不应出现负值。若出现负值，应进行短期借款，同时分析该短期借款的年份长短和数额大小，进一步判断项目的财务生存能力。短期借款应体现在财务计划现金流量表中，其利息应计入财务费用。为维持项目正常运营，还应分析短期借款的可靠性。

通过以下相辅相成的两个方面可具体判断项目的财务生存能力。

(1) 拥有足够的经营净现金流量是财务可持续的基本条件，特别是在运营初期。一个项目具有较大的经营净现金流量，说明项目方案比较合理，实现自身资金平衡的可能性大，不会过分依赖短期融资来维持运营；反之，一个项目不能产生足够的经营净现金流量，或经营净现金流量为负值，说明维持项目正常运行会遇到财务上的困难，项目方案缺乏合理性，实现自身资金平衡的可能性小，有可能要靠短期融资来维持运营；或者是非经营项目本身无能力实现自身资金平衡，提示要靠政府补贴。

(2) 各年累计盈余资金不出现负值是财务生存的必要条件。在整个运营期间，允许个别年份的净现金流量出现负值，但不能容许任一年份的累计盈余资金出现负值。一旦出现负值时，应适时进行短期融资，该短期融资应体现在财务计划现金流量表中，同时短期融资的利息也应纳入成本费用和其后的计算。较大的或较频繁的短期融资，有可能导致以后的累计盈余资金无法实现正值，致使项目难以持续运营。

财务计划现金流量表是项目财务生存能力分析的基本报表，其编制基础是财务分析辅助报表和利润与利润分配表。

5. 非经营性项目的财务分析

对于非经营性项目，财务分析可按下列要求进行。

(1) 对没有营业收入的项目，不进行盈利能力分析，主要考察项目财务生存能力。此类项目通常需要政府长期补贴才能维持运营，应合理估算项目运营期各年所需的政府补贴数额，并分析政府补贴的可能性与支付能力。对有债务资金的项目，还应结合借款偿还要求进行财务生存能力分析。

(2) 对有营业收入的项目，财务分析应根据收入抵补支出的程度，区别对待。收入补偿费用的顺序应为：补偿人工、材料等生产经营耗费、缴纳税款、偿还借款利息、计提折旧和偿还借款本金，有营业收入的非经营性项目可分为下列两类：

① 营业收入在补偿生产经营耗费、缴纳税款、偿还借款利息、计提折旧和偿还借款本金后尚有盈余，表明项目在财务上具有盈利能力和生存能力，其财务分析方法与一般项目基本相同。

② 对一定时期内收入不足以补偿全部成本费用，但通过在运行期内逐步提高价格(收费)水平，可实现其设定的补偿生产经营耗费、缴纳税款、偿还借款利息、计提折旧、偿还借款本金的目标，并预期在中、长期产生盈余的项目，可只进行偿债能力分析和财务生存能力分析。由于项目运营前期需要政府在一定时期内给予补贴，以维持运营，因此应估算各年所需的政府补贴数额，并分析政府在一定时期内可能提供财政补贴的能力。

6. 财务分析报表

财务分析报表包括下列各类现金流量表、利润与利润分配表、财务计划现金流量表、资产负债表和借款还本付息估算表。

(1) 现金流量表。现金流量表应正确反映计算期内的现金流入和流出，具体可分为下列三种类型：项目投资现金流量表，用于计算项目投资内部收益率及净现值等财务分析指标；项目资本金现金流量表，用于计算项目资本金财务内部收益率；投资各方现金流量表，用于计算投资各方内部收益率。

(2) 利润与利润分配表。利润与利润分配表反映项目计算期内各年营业收入、总成本费用、利润总额等情况，以及所得税后利润的分配，用于计算总投资收益率、项目资本金净利润率等指标。

(3) 财务计划现金流量表。财务计划现金流量表反映项目计算期内各年的投资、融资及经营活动的现金流入和流出，用于计算累计盈余资金，分析项目的财务生存能力。

(4) 资产负债表。资产负债表用于综合反映项目计算期内各年年末资产、负债和所有者权益的增减变化及对应关系，计算资产负债率。

(5) 借款还本付息计划表。借款还本付息计划表反映项目计算期内各年借款本金偿还和利息支付情况，用于计算偿债备付率和利息备付率指标。

按以上内容完成财务分析后，还应对各项财务指标进行汇总，并结合不确定性分析的结果，做出项目财务分析的结论。

财务分析的内容和步骤以及与财务效益与费用估算的关系，如图 3.1 所示。

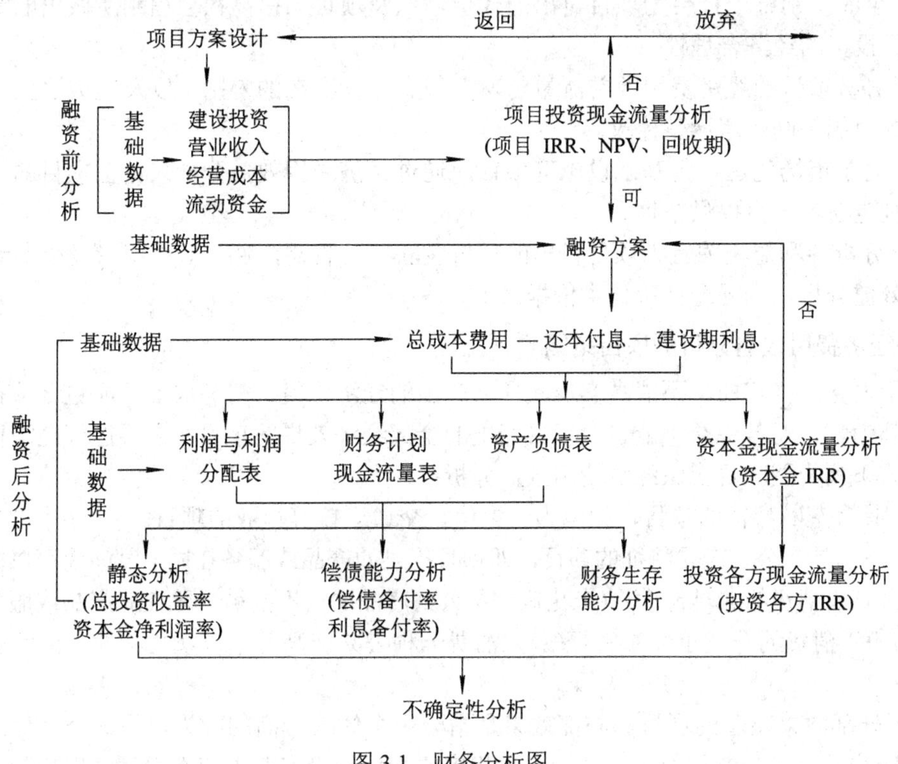

图 3.1　财务分析图

3.3.5　经济费用效益分析

在加强和完善宏观调控，建立社会主义市场经济体制的过程中，应重视建设项目的经济费用效益分析，主要理由如下：

(1) 经济费用效益分析是项目评价方法体系的重要组成部分，市场分析、技术方案分析、财务分析、环境影响分析、组织机构分析和社会评价都不能代替经济费用效益分析的功能和作用。

(2) 经济费用效益分析是市场经济体制下政府对公共项目进行分析评价的重要方法，是市场经济国家政府部门干预投资活动的重要手段。

(3) 在新的投资体制下，国家对项目的审批和核准重点放在项目的外部效果、公共性方面，经济费用效益分析强调从资源配置经济效率的角度分析项目的外部效果，通过经济费用效益分析及费用效果分析的方法判断建设项目的经济合理性，是政府审批或核准项目的重要依据。

1. 经济费用效益分析的目的

经济费用效益分析应从资源合理配置的角度，分析项目投资的经济效益和对社会福利所做出的贡献，评价项目的经济合理性。对于财务现金流量不能全面、真实地反映其经济价值，需要进行经济费用效益分析的项目，应将经济费用效益分析的结论作为项目决策的主要依据之一。

经济费用效益分析的主要目的包括如下四个方面：

(1) 全面识别整个社会为项目付出的代价，以及项目为提高社会福利所做出的贡献，评价项目投资的经济合理性。

(2) 分析项目的经济费用效益流量与财务现金流量存在的差别，以及造成这些差别的原因，提出相关的政策调整建议。

(3) 对于市场化运作的基础设施等项目，通过经济费用效益分析来论证项目的经济价值，为制定财务方案提供依据。

(4) 分析各利益相关者为项目付出的代价及获得的收益，通过对受损者及受益者的经济费用效益分析，为社会评价提供依据。

2. 经济费用效益分析的项目范围

对于财务价格扭曲，不能真实反映项目产出的经济价值，财务成本不能包含项目对资源的全部消耗，财务效益不能包含项目产出的全部经济效果的项目，需要进行经济费用效益分析。下列类型项目应做经济费用效益分析：

(1) 具有垄断特征的项目，如电力、电信、交通运输等行业的项目。

(2) 产出具有公共产品特征的项目，即项目提供的产品或服务在同一时间内可以被共同消费，具有“消费的非排他性”(未花钱购买公共产品的人不能被排除在此产品或服务的消费之外)和“消费的非竞争性”特征(一人消费一种公共产品并不以牺牲其他人的消费为代价)。

(3) 外部效果显著的项目。外部效果是指一个个体或厂商的行为对另一个个体或厂商产生了影响而该影响的行为主体又没有负相应的责任或没有获得应有报酬的现象。产生外部效果的行为主体由于不受预算约束，因此常常不考虑外部效果结果承受者的损益情况。这样，这类行为主体在其行为过程中常常会低效率甚至无效率地使用资源，造成消费者与生产者的损失及市场失灵。

(4) 涉及国家经济安全的项目。对于涉及国家控制的战略性资源开发及涉及国家经济安全的项目往往具有公共性、外部效果等综合特征，不能完全依靠市场配置资源。

(5) 受过度行政干预的项目。政府对经济活动的干预，如果干扰了正常的经济活动效率，也是导致市场失灵的重要因素。

项目经济效益和费用的识别应符合下列要求：

(1) 遵循“有无对比”的原则；

(2) 对项目所涉及的所有成员及群体的费用和效益做全面分析；

(3) 正确识别正面和负面外部效果，防止误算、漏算或重复计算；

(4) 合理确定效益和费用的空间范围与时间跨度；

(5) 正确识别和调整转移支付，根据不同情况区别对待。

3. 经济效益和经济费用采用影子价格计算

经济费用效益分析中投入物或产出物使用的计算价格称为影子价格。影子价格应是能够真实反映项目投入物和产出物真实经济价值的计算价格。

影子价格的测算在建设项目的经济费用效益分析中占有重要地位。考虑到我国仍然是发展中国家，整个经济体系还没有完成工业化过程，国际市场和国内市场的完全融合仍然需要一定时间等具体情况，将投入物和产出物区分为外贸货物和非外贸货物，并采用不同的思路确定其影子价格。

(1) 对于具有市场价格的投入和产出，影子价格的计算应符合下列要求。

① 外贸货物的投入或产出的影子价格应根据口岸价格，按下列表达式计算：

出口产出的影子价格(出厂价) = 离岸价(FOB) × 影子汇率 − 出口费用　(3.11)

进口投入的影子价格(到厂价) = 到岸价(CIF) × 影子汇率 + 进口费用　(3.12)

② 对于非外贸货物，其投入或产出的影子价格应根据下列要求计算：

a. 如果项目处于竞争性市场环境中，应采用市场价格作为计算项目投入或产出的影子价格的依据。

b. 如果项目的投入或产出的规模很大，项目的实施将足以影响其市场价格，导致“有项目”和“无项目”两种情况下市场价格不一致，在项目评价中，取二者的平均值作为测算影子价格的依据。

③ 影子价格中流转税(如消费税、增值税等)宜根据产品在整个市场中发挥的作用，分别计入或不计入影子价格。

(2) 如果项目的产出效果不具有市场价格，应遵循消费者支付意愿和(或)接受补偿意愿的原则，按下列方法测算其影子价格：

① 采用“显示偏好”的方法，通过其他相关市场价格信号，间接估算产出效果的影子价格。

② 利用“陈述偏好”的意愿调查方法，分析调查对象的支付意愿或接受补偿的意愿，推断出项目影响效果的影子价格。

(3) 特殊投入物的影子价格应按下列方法计算：

① 项目因使用劳动力所付的工资，是项目实施所付出的代价。劳动力的影子工资等于劳动力机会成本与因劳动力转移而引起的新增资源消耗之和。

② 土地是一种重要的资源，项目占用的土地无论是否支付费用，均应计算其影子价格。项目所占用的农业、林业、牧业、渔业及其他生产性用地，其影子价格应按照其未来对社会可提供的消费产品的支付意愿及因改变土地用途而发生的新增资源消耗进行计算；项目所占用的住宅、休闲用地等非生产性用地，市场完善的，应根据市场交易价格估算其影子价格，无市场交易价格或市场机制不完善的，应根据支付意愿价格估算其影子价格。

③ 项目投入的自然资源，无论在财务上是否付费，在经济费用效益分析中都必须测算其经济费用。不可再生自然资源的影子价格应按资源的机会成本计算，可再生自然资源的影子价格应按资源再生费用计算。

4. 环境外部效果的定量计算

环境及生态影响的外部效果是经济费用效益分析必须加以考虑的一种特殊形式的外部效果，应尽可能对项目所带来的环境影响效益和费用(损失)进行量化和货币化，将其列入经济现金流。

环境及生态影响的效益和费用，应根据项目的时间范围和空间范围、具体特点、评价的深度要求及资料占有情况，采用适当的评估方法与技术对环境影响的外部效果进行识别、量化和货币化。

5. 经济费用效益分析指标

1) 经济净现值

经济净现值(ENPV)是指项目按照社会折现率将计算期内各年的经济净效益流量折现到建设期初的现值之和，是经济费用效益分析的主要评价指标。计算公式如下：

$$\mathrm{ENPV}=\sum_{t=1}^{n}(B-C)_t(1+i_s)^{-t} \tag{3.13}$$

式中，B 为经济效益流量，C 为经济费用流量，$(B-C)_t$ 为第 t 期的经济净效益流量，i_s 为社会折现率，n 为项目计算期。

在经济费用效益分析中，如果经济净现值等于或大于零，表明项目可以达到符合社会折现率的效率水平，认为该项目从经济资源配置的角度可以被接受。

2) 经济内部收益率

经济内部收益率(EIRR)是指项目在计算期内经济净效益流量的现值累计等于零时的折现率，应按下式计算：

$$\sum_{t=1}^{n}(B-C)_t(1+\mathrm{EIRR})^{-t}=0 \tag{3.14}$$

如果经济内部收益率等于或者大于社会折现率，表明项目资源配置的经济效率达到了可以被接受的水平。

3) 经济效益费用比

经济效益费用比(R_{BC})是指项目在计算期内效益流量的现值与费用流量的现值之比，应按下式计算：

$$R_{\mathrm{BC}}=\frac{\sum_{t=1}^{n}B_t(1+i_s)^{-t}}{\sum_{t=1}^{n}C_t(1+i_s)^{-t}} \tag{3.15}$$

式中，B_t 为第 t 期的经济效益，C_t 为第 t 期的经济费用。

如果经济效益费用比大于1，表明项目资源配置的经济效率达到了可以被接受的水平。

在完成经济费用效益分析之后，应进一步分析和对比经济费用效益与财务现金流量之间的差异，并根据需要对财务分析与经济费用效益分析结论之间的差异进行分析，找出受益或受损群体，分析项目对不同利益相关者在经济上的影响程度，并提出改进资源配置效率及财务生存能力的政策建议。

经济费用效益分析应编制下列分析报表及辅助报表：项目投资经济费用效益流量表、经济费用效益分析投资费用估算调整表、经济费用效益分析经营费用估算调整表、项目直接效益估算调整表、项目间接费用估算表以及项目间接效益估算表。

3.3.6　费用效果分析

费用效果分析是指通过比较项目预期的效果与所支付的费用，来判断项目的费用有效性或经济合理性。效果难以或不能货币化，或货币化的效果不是项目目标的主体时，在经济评价中应采用费用效果分析法，其结论作为项目投资决策的依据之一。

广义的费用效果分析泛指通过比较所达到的效果与所付出的耗费，用以分析判断所付出的代价是否值得。它是项目经济评价的基本原理，广义费用效果分析并不刻意强调采用何种计量方式。狭义的费用效果分析专指耗费采用货币计量、效果采用非货币计量的分析方法，而效果和耗费均用货币计量的称为费用效益分析。项目评价中一般采用狭义的概念。

根据社会和经济发展的客观需要直接进行费用效果分析的项目，一般情况下，在充分论证项目必要性的前提下，重点是制定实现项目目标的途径和方案，并根据以尽可能少的费用获得尽可能大的效果的原则，通过多方案比选，提供优选方案或进行方案优先排序，以供决策。正常情况下，进入方案比选阶段，不再对项目的可行性提出质疑，不可能得出无可行方案的结论。费用效果分析只能比较不同方案的优劣，不能像费用效益分析那样保证所选方案的效果大于费用。因此，更加强调充分挖掘方案的重要性。

费用效益分析和费用效果分析各有自身的优缺点和使用领域。

费用效益分析的优点是简洁明了，结果透明，易于被人们接受。在市场经济中，货币是最为统一和被认可的参照物，在不同产出物(效果)的叠加计算中，各种产出物的价格往往是市场认可的公平权重。总收入、净现金流量等是效果的货币化表达。财务盈利能力、偿债能力分析必须采用费用效益分析方法。在项目经济分析中，当项目效果或其中的主要部分易于货币化时，也采用费用效益分析方法。

费用效果分析回避了效果定价的难题，直接用非货币化的效果指标与费用进行比较，方法相对简单，最适用于效果难以货币化的领域。在项目经济费用效益分析中，当涉及代内公平(发达程度不同的地区、不同收入阶层等)和代际公平(当代人福利和未来人福利)等问题时，对效益的价值判断将十分复杂和困难。环境的价值、生态的价值、生命和健康的价值、人类自然和文化遗产的价值、通过义务教育促进人的全面发展的价值等往往很难定价，而且不同的测算方法可能有数十倍的差距。勉强定价，往往会引起争议，降低评价的可信度。另外，在可行性研究的不同技术经济环节，如场址选择、工艺比较、设备选型、总图设计、环境保护、安全措施等，无论是进行财务分析，还是进行经济费用效益分析，都很难直接与项目最终的货币效益直接挂钩测算。这些情况下，均宜采用费用效果分析。

费用效果分析既可以用于财务现金流量，也可以用于经济费用效益流量。对于前者，主要用于项目各个环节的方案比选，项目总体方案的初步筛选；对于后者，除了可以用于上述方案比选、筛选外，对于项目主体效益难以货币化的，则取代费用效益分析，并作为经济分析的最终结论。

3.3.7　不确定性分析与风险分析

项目经济评价所采用的数据大部分来自预测和估算，具有一定程度的不确定性，为分析不确定性因素变化对评价指标的影响，估计项目可能承担的风险，应进行不确定性分析与经济风险分析，提出项目风险的预警、预报和相应的对策，为投资决策服务。

不确定性分析主要包括盈亏平衡分析和敏感性分析。经济风险分析应采用定性与定量相结合的方法，分析风险因素发生的可能性及给项目带来经济损失的程度，其分析过程包括风险识别、风险估计、风险评价与风险应对。

项目经济评价所采用的基本变量都是对未来的预测和假设，因而具有不确定性。通过对拟建项目具有较大影响的不确定性因素进行分析，计算基本变量的增减变化引起项目财务或经济效益指标的变化，找出最敏感的因素及其临界点，预测项目可能承担的风险，使项目的投资决策建立在较为稳妥的基础上。

风险是指未来发生不利事件的概率或可能性。投资建设项目经济风险是指由于不确定性的存在导致项目实施后偏离预期财务和经济效益目标的可能性。经济风险分析是通过对风险因素的识别，采用定性或定量分析的方法估计各风险因素发生的可能性及对项目的影响程度，揭示影响项目成败的关键风险因素，提出项目风险的预警、预报和相应的对策，为投资决策服务。经济风险分析的另一重要功能还在于它有助于在可行性研究的过程中，通过信息反馈，改进或优化项目设计方案，直接起到降低项目风险的作用。

不确定性分析与风险分析既有联系，又有区别。由于人们对未来事物认识的局限性、可获信息的有限性及未来事物本身的不确定性，使得投资建设项目的实施结果可能偏离预期目标，这就形成了投资建设项目预期目标的不确定性，从而使项目可能得到高于或低于预期的效益，甚至遭受一定的损失，导致投资建设项目“有风险”。通过不确定性分析可以找出影响项目效益的敏感因素，确定敏感程度，但不知这种不确定性因素发生的可能性及影响程度。借助于风险分析可以得知不确定性因素发生的可能性及给项目带来经济损失的程度。不确定性分析找出的敏感因素又可以作为风险因素识别和风险估计的依据。

1. 盈亏平衡分析

1) 盈亏平衡分析的概念

盈亏平衡分析是指项目达到设计生产能力的条件下，通过盈亏平衡点(Break Even Point，BEP)分析项目成本与收益的平衡关系。盈亏平衡点是项目盈利与亏损的转折点，即在这一点上，销售(营业、服务)收入等于总成本费用，正好盈亏平衡，用以考察项目对产出品变化的适应能力和抗风险能力。盈亏平衡点越低，表明项目适应产出品变化的能力越大，抗风险能力越强。

盈亏平衡点通过正常年份的产量或销售量、可变成本、固定成本、产品价格和销售税金及附加等数据计算。可变成本主要包括原材料、燃料、动力消耗、包装费和计件工资等。固定成本主要包括工资(计件工资除外)、折旧费、无形资产及其他资产推销费、修理费和其他费用等。为简化计算，财务费用一般也将其作为固定成本。正常年份应选择还款期间的第一个达产年和还款后的年份分别计算，以便分别给出最高和最低的盈亏平衡点区间范围。

盈亏平衡分析分为线性盈亏平衡分析和非线性盈亏平衡分析，项目评价中仅进行线性盈亏平衡分析。线性盈亏平衡分析有以下四个假定条件：

(1) 产量等于销售量，即当年生产的产品(服务，下同)当年销售出去；

(2) 产量变化，单位可变成本不变，从而总成本费用是产量的线性函数；

(3) 产量变化，产品售价不变，从而销售收入是销售量的线性函数；

(4) 按单一产品计算，当生产多种产品时，应换算为单一产品，不同产品的生产负荷率的变化应保持一致。

2) 盈亏平衡点的计算

盈亏平衡点的表达形式有多种，项目评价中最常用的是以产量和生产能力利用率表示的盈亏平衡点。盈亏平衡点一般采用公式计算，也可利用盈亏平衡图求取。

(1) 公式计算法：

$$\mathrm{BEP}_{生产能力利用率}=\frac{年固定成本}{年营业收入-年可变成本-年营业税金及附加}\times 100\% \tag{3.16}$$

$$\mathrm{BEP}_{产量}=\frac{年固定总成本}{单位产品价格-单位产品可变成本-单位产品营业税金及附加} \tag{3.17}$$

当采用含增值税价格时，式中分母还应扣除增值税。

(2) 图解法：

盈亏平衡点采用图解法求得，具体参见图 3.2。

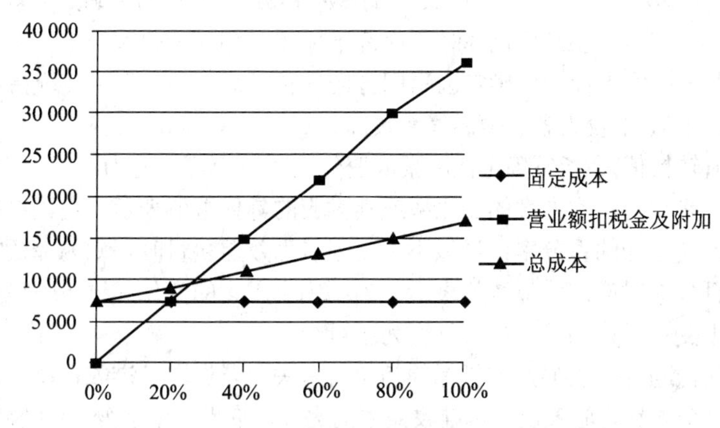

图 3.2　盈亏平衡分析图(生产能力利用率)

图 3.2 中销售收入线(如果销售收入和成本费用都是按含税价格计算的，还应减去增值税)与总成本费用线的交点即为盈亏平衡点，这一点所对应的产量即为 $\mathrm{BEP}_{产量}$，也可换算为 $\mathrm{BEP}_{生产能力利用率}$。

2. 敏感性分析

1) 敏感性分析的概念

敏感性分析是指通过分析各种不确定因素发生的增减变化对财务或经济评价指标的影响，并计算敏感度系数和临界点，找出敏感因素，估计项目效益对它们的敏感程度，粗略预测项目可能承担的风险，为进一步的风险分析打下基础。敏感性分析是投资建设项目评价中应用十分广泛的一种技术。

敏感性分析包括单因素敏感性分析和多因素敏感性分析。单因素敏感性分析是指每次只改变一个因素的数值来进行分析，估算单个因素的变化对项目效益产生的影响；多因素分析则是同时改变两个或两个以上的因素进行分析，估算多因素同时发生变化的影响。为了找出关键的敏感性因素，通常进行单因素敏感性分析。

2) 敏感性分析的方法

(1) 根据项目特点，结合经验判断选择对项目效益影响较大且重要的不确定因素进行分析。经验表明，主要对产出物价格、建设投资、主要投入物价格或可变成本、生产负荷、建设工期及汇率等不确定因素进行敏感性分析。

(2) 敏感性分析一般选择不确定因素变化的百分率为±5%、±10%、±15%、±20%等；对于不便用百分数表示的因素，例如建设工期，可采用延长一段时间表示，如延长一年。

(3) 建设项目经济评价有一整套指标体系，敏感性分析可选定其中一个或几个主要指标进行分析，最基本的分析指标是财务内部收益率，根据项目的实际情况也可选择净现值或投资回收期评价指标，必要时可同时针对两个或两个以上的指标进行敏感性分析。

(4) 敏感度系数是指项目评价指标变化的百分率与不确定因素变化的百分率之比。敏感度系数高，表示项目效益对该不确定因素敏感程度高。计算公式如下：

$$S_{AF}=\frac{\Delta A/A}{\Delta F/F} \tag{3.18}$$

式中，S_{AF}为评价指标 A 对于不确定因素 F 的敏感系数；$\Delta F/F$ 为不确定因素 F 的变化率；$\Delta A/A$ 为不确定因素 F 发生ΔF 变化率时，评价指标 A 的相应变化率。

$S_{AF}>0$，表示评价指标与不确定因素同方向变化；$S_{AF}<0$，表示评价指标与不确定因素反方向变化。$|S_{AF}|$ 较大者，敏感度系数高。

(5) 临界点(转换值)是指不确定性因素的变化使项目由可行变为不可行的临界数值，可采用不确定性因素相对基本方案的变化率或其对应的具体数值表示。当该不确定因素为费用科目时，即为其增加的百分率；当该不确定因素为效益科目时，则为降低的百分率。临界点也可用该百分率对应的具体数值表示。当不确定因素的变化超过了临界点所表示的不确定因素的极限变化时，项目将由可行变为不可行。

临界点的高低与计算临界点的指标的初始值有关。若选取基准收益率为计算临界点的指标，对于同一个项目，随着设定基准收益率的提高，临界点就会变低(即临界点表示的不确定因素的极限变化变小)；而在一定的基准收益率下，临界点越低，说明该因素对项目评价指标影响越大，项目对该因素就越敏感。

从根本上说，临界点计算使用试插法。当然，也可用计算机软件的函数或图解法求得。由于项目评价指标的变化与不确定因素变化之间不是直线关系，当通过敏感性分析图求得临界点的近似值时，有时有一定误差。

(6) 敏感性分析结果在项目决策分析中的应用。将敏感性分析的结果进行汇总，编制敏感性分析表(见表 3.9)、敏感度系数与临界点分析表(见表 3.10)，绘制敏感性分析图(见图 3.3)，并对分析结果进行文字说明，将不确定因素变化后计算的经济评价指标与基本方案评价指标进行对比分析，结合敏感度系数及临界点的计算结果，按不确定性因素的敏感程度进行排序，找出最敏感的因素，分析敏感因素可能造成的风险，并提出应对措施。当不确定因素的敏感度很高时，应进一步通过风险分析，判断其发生的可能性及对项目的影响程度。

表 3.9　敏感性分析表

变化因素/变化率	−30%	−20%	−10%	10%	20%	30%
基准折现率 i_c						
建设投资						
原材料成本						
汇率						
……						

表 3.10 敏感度系数与临界点分析表

序号	不确定因素	变化率/(%)	财务内部收益率	敏感度系数	临界点/(%)	临界值
1	基本方案					
2	产品产量 (生产负荷)					
3	产品价格					
4	主要原材料价格					
5	建设投资					
6	汇率					
……	……					

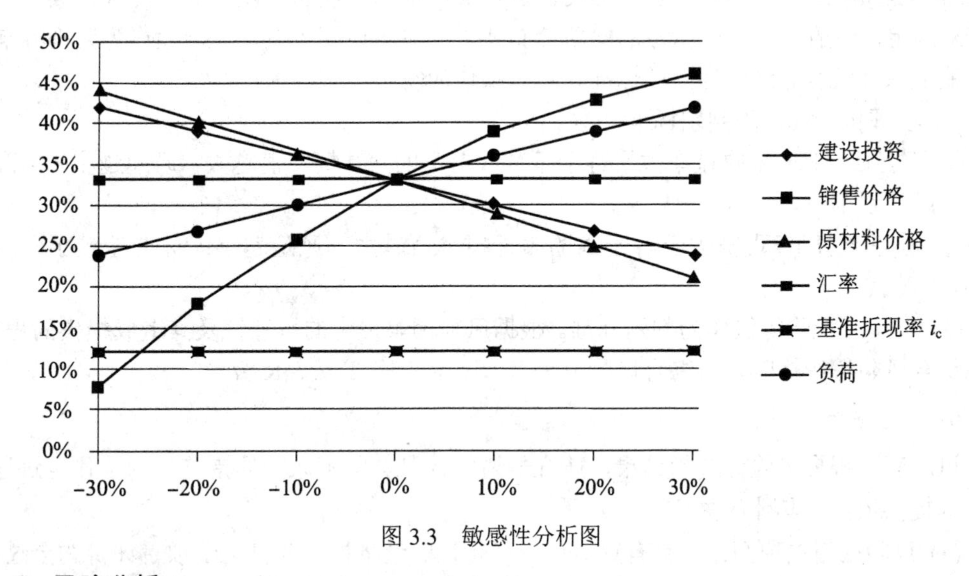

图 3.3 敏感性分析图

3. 风险分析

1) 经济风险

影响项目实现预期经济目标的风险因素来源于法律法规及政策、市场供需、资源开发与利用、技术的可靠性、工程方案、融资方案、组织管理、环境与社会、外部配套条件等因素中的一个方面或几个方面。影响项目效益的风险因素可归纳为下列内容：

(1) 项目收益风险：产出物的数量(服务量)与预测(财务与经济)价格。

(2) 建设风险：建筑安装工程量、设备选型与数量、土地征用和拆迁安置费、人工和材料价格、机械使用费及取费标准等。

(3) 融资风险：资金来源、供应量与供应时间等。

(4) 建设工期风险：工期延长。

(5) 运营成本费用风险：投入的各种原料、材料、燃料及动力的需求量与预测价格、劳动力工资、各种管理费取费标准等。

(6) 政策风险：税率、利率、汇率及通货膨胀率等。

2) 风险识别

风险识别应采用系统论的观点对项目进行全面考察并综合分析，找出潜在的各种风险因素，并对各种风险进行比较、分类，确定各因素间的相关性与独立性，判断其发生的可能性及对项目的影响程度，按其重要性进行排队或赋予权重。敏感性分析是初步识别风险因素的重要手段。

3) 风险估计

风险估计应采用主观概率和客观概率的统计方法，确定风险因素的概率分布，运用数理统计分析方法，计算项目评价指标相应的概率分布或累计概率、期望值、标准差。

4) 风险评价

风险评价应根据风险识别和风险估计的结果，依据项目风险判别标准，找出影响项目成败的关键风险因素。项目风险大小的评价标准应根据风险因素发生的可能性及其造成的损失来确定，一般采用评价指标的概率分布或累计概率、期望值、标准差作为判别标准，也可采用综合风险等级作为判别标准。具体操作应符合下列要求。

(1) 以评价指标作为判别标准。

① 财务(经济)内部收益率大于等于基准收益率的累计概率值越大，风险越小；标准差越小，风险越小。

② 财务(经济)净现值大于等于零的累计概率值越大，风险越小；标准差越小，风险越小。

(2) 以综合风险等级作为判别标准。根据风险因素发生的可能性及其造成损失的程度，建立综合风险等级矩阵，将综合风险分为K级、M级、T级、R级、I级。

5) 风险应对

风险应对根据风险评价的结果，研究规避、控制与防范风险的措施，为项目全过程风险管理提供依据。具体应关注下列方面。

(1) 风险应对的原则：应具有针对性、可行性、经济性，并贯穿于项目评价的全过程。

(2) 决策阶段风险应对的主要措施：强调多方案比选；对潜在风险因素提出必要研究与试验课题；对投资估算与财务(经济)分析，应留有充分的余地；对建设或生产经营期的潜在风险可采取回避、转移、分担和自担措施。

(3) 结合综合风险因素等级的分析结果，应提出下列应对方案：

① K级：风险很强，出现这类风险就要放弃项目。

② M级：风险强，修正拟议中的方案，通过改变设计或采取补偿措施等。

③ T级：风险较强，设定某些指标的临界值，指标一旦达到临界值，就要变更设计或

对负面影响采取补偿措施。

④ R 级：风险适度(较小)，适当采取措施后不影响项目。

⑤ I 级：风险弱，可忽略。

6) 风险分析方法

常用的风险分析方法包括专家调查法、层次分析法、概率树、CM 模型及蒙特卡罗模拟等分析方法，应根据项目具体情况，选用一种方法或几种方法组合使用。

根据项目特点及评价要求，风险分析可区别下列情况进行：

(1) 财务风险和经济风险分析可直接在敏感性分析的基础上，采用概率树分析和蒙特卡罗模拟分析法，确定各变量(如收益、投资、工期、产量等)的变化区间及概率分布，计算财务内部收益率、净现值等评价指标的概率分布、期望值及标准差，并根据计算结果进行风险评估。

(2) 建设项目需要进行专题风险分析时，风险分析应按风险识别、风险估计、风险评价和风险应对的步骤进行。

(3) 在定量分析有困难时，可对风险采用定性的分析。

3.3.8　方案经济比选

1. 方案经济比选的目的与用途

方案经济比选是项目评价的重要内容。建设项目的投资决策及项目可行性研究的过程是方案比选和择优的过程，在可行性研究和投资决策过程中，对涉及的各决策要素和研究方面，都应从技术和经济相结合的角度进行多方案分析论证，比选优化，如产品或服务的数量、技术和设备选择、原材料供应、运输方式、厂(场)址选择、资金筹措等方面，根据比较的结果，结合其他因素进行决策。

建设项目经济评价中宜对互斥方案和可转化为互斥型的方案进行比选。

备选方案应满足下列条件：

(1) 备选方案的整体功能应达到目标要求。

(2) 备选方案的经济效益应达到可以被接受的水平。

(3) 备选方案包含的范围和时间应一致，效益和费用计算口径应一致。

2. 方案经济比选定量分析方法的选择

方案经济比选可采用效益比选法、费用比选法和最低价格法。

1) 效益比选法

在项目无资金约束的条件下，一般采用效益比选法。效益比选法包括净现值比较法、净年值比较法、差额投资财务内部收益率比较法。

(1) 净现值比较法。比较备选方案的财务净现值或经济净现值，以净现值大的方案为优。比较净现值时应采用相同的折现率。

(2) 净年值比较法。比较备选方案的净年值，以净年值大的方案为优。比较净年值时应采用相同的折现率。

(3) 差额投资财务内部收益率法。使用备选方案差额现金流，应按下式计算：

$$\sum_{t=1}^{n}[(\mathrm{CI}-\mathrm{CO})_{大}-(\mathrm{CI}-\mathrm{CO})_{小}](1+\Delta\mathrm{FIRR})^{-t}=0 \tag{3.19}$$

式中，$(\mathrm{CI}-\mathrm{CO})_{大}$为投资大的方案的财务净现金流量，$(\mathrm{CI}-\mathrm{CO})_{小}$为投资小的方案的财务净现金流量，ΔFIRR 为差额投资财务内部收益率。

计算差额投资财务内部收益率(ΔFIRR)，与设定的基准收益率(i_c)进行对比。当差额投资财务内部收益率大于等于设定的基准收益率时，以投资大的方案为优；反之，以投资小的方案为优。在进行多方案比较时，应先按投资大小，由小到大排序，再依次两两比较相邻方案，从中选出最优方案。

2) 费用比选法

方案效益相同或基本相同时。可采用费用比选法。费用比选法包括费用现值比较法和费用年值比较法。

(1) 费用现值比较法。计算备选方案的总费用现值并进行对比，以费用现值较低的方案为优；

(2) 费用年值比较法。计算备选方案的费用年值并进行对比，以费用年值较低的方案为优。

3) 最低价格法

在相同产品方案比选中，以净现值为零推算备选方案的产品最低价格($P_{\min}$)，应以最低产品价格较低的方案为优。

在多方案比较中，应分析不确定性因素和风险因素对方案比选的影响，判断其对比较结果的影响程度。必要时，应进行不确定性分析或风险分析，以保证比选结果的有效性。在比选时，应遵循效益与风险权衡的原则。

不确定性因素下的方案比选可采用下列方法：

(1) 折现率调整法。调高折现率使备选方案净现值变为零，折现率变动幅度小的方案风险大，折现率变动幅度大的方案风险小。

(2) 标准差法。对备选方案进行概率分析，计算出评价指标的期望值和标准差，在期望值满足要求的前提下，比较其标准差，标准差较高者，风险相对较大。

(3) 累计概率法。计算备选方案净现值大于或等于零的累计概率，估计方案承受风险的程度，方案的净现值大于等于零的累计概率值越接近于 1，说明方案的风险越小；反之，方案的风险大。

3.3.9 信息通信行业项目经济评价的特点

交通、电信、农业、教育、卫生、水利、林业、市政、房地产等行业的建设项目应遵循《建设项目经济评价方法》的原则和基本方法，同时，可根据行业特点，在评价方法、费用效益识别和估算方面另行规定。本节仅列举信息通信行业的项目特点、项目经济评价的特点，以及主要的效益和费用。

信息通信行业建设项目包括固定通信、移动通信、数据通信、传输网等项目。建设项目一般具有下述特点：

(1) 信息通信项目具有普遍服务性、全程全网、外部效果显著等特点。

(2) 全局性的信息通信项目一般应进行财务分析和经济费用效益分析，涉及局部的信息通信项目可只进行财务分析。

(3) 信息通信项目的经济效益包括改善通信条件、提高服务质量、优化网络结构、增加服务内容、提高社会生活质量、提高社会生产效率、降低社会生产成本等。

(4) 信息通信项目的财务效益为出售电信产品和提供电信服务的收入，以及降低电信成本的效益。

(5) 信息通信项目费用包括网络建设费用、网络运行维护费用，以及其他费用。

思 考 题

1. 可行性研究报告的组成包括哪些部分？其中投资估算起什么作用？
2. 工程投资估算的常用编制方法有哪些？
3. 建设项目经济评价包括哪两个层次？评价内容有哪些？
4. 盈利能力分析指标包括哪些？其中动态指标有哪些？
5. 信息通信行业项目经济评价特点是什么？

第 4 章　建设工程定额与工程造价计价

4.1　建设工程定额概述

4.1.1　定额的概念

在正常的施工条件下，完成单位合格产品所需的人工、材料、施工机械设备及仪表的数量汇总所形成的标准，称之为定额。由于不同的产品对质量的要求有所不同，因此，定额所反映的就不是单纯的数量关系，而是质和量的相对统一体。只针对个别生产过程中的因素进行考察所形成的数量关系不能称之为定额，只有考察了总体生成过程中的各类生产因素，归纳出社会平均必需的数量标准所形成的数量关系才能称之为定额。因此，定额反映的是一定时期内的社会生产力平均水平。

按上述定额的概念可知，建设工程定额是指在正常的施工条件下，合理组织劳动、合理使用材料及机械，完成单位合格建设工程产品所必须消耗的各类资源的数量标准。这其中的各类资源应当包括在建设过程中所投入的人工、材料、机械和仪表等要素。建设工程定额反映了工程建设领域中投入与产出的关系，它除了规定的数量标准以外，还规定了具体的工作内容、质量标准和安全要求等。

4.1.2　定额的作用

定额是科学管理的基础，只有确定和执行了先进合理的定额这一环节，才能在工程建设和企业管理工作中取得成功。定额主要在以下四个方面体现其作用。

1. 定额是编制计划的基础

工程建设活动之前，首先需要编制各种计划来组织与指导生产，而定额就是计划编制中计算人力、物力、财力等资源需要量的依据。因此，定额必然是编制各类计划的重要基础。

2. 定额是确定工程造价的依据和评价设计方案经济合理性的尺度

要确定工程造价，首先必须根据设计确定所需要的劳动力、材料、机械设备消耗量及其他必须消耗的资金。这一过程中，劳动力、材料、机械设备的消耗量应是根据各类定额计算出来的，因此，定额是确定工程造价的依据。建设项目的投资反映了各种不同设计方案的技术经济水平，所以定额又是评价和对比设计方案经济合理性的尺度。

3. 定额是组织和管理施工的工具

施工企业要计算、平衡资源需要量，组织材料供应，调配劳动力，签发任务单，组织劳动竞赛，调动人的积极因素，考核工程消耗和劳动生产率，贯彻按劳分配工资制度，计算工人报酬等，均需使用定额进行核算。因此，组织施工和管理生产离不开定额，特别是企业定额这一有力工具。

4. 定额是总结先进生产方法的手段

定额是基于平均先进水平，通过观察、分析、综合生产流程而制定的，能够严格地反映出生产技术和劳动组织的先进、合理程度。所以，利用定额手段，在同一操作条件下观察、分析和总结对同一产品采用的不同生产方法，进而得到相对完整且优良的生产方法，成为可在生产中推广的范例。

综上所述，定额是确定人力、物力和财力等资源需求量，高效组织生产，提高劳动生产率，降低工程造价，完成或超额完成计划的技术经济工具，是工程和企业管理的基础。

4.1.3　定额的特点

1. 权威性

建设工程定额具有极强的权威，也即在某些情况下具备经济法规性质。权威性既反映了定额的信誉和受信赖程度，又反映了定额的严肃性。

建设工程定额具有高度的科学性，这也是其权威性的客观基础。在社会主义市场经济条件下，建设工程涉及各方面的经济和利益关系，赋予工程建设定额一定的权威性，就意味着在规定的范围内，对于建设工程的各参与方，不论主观上是否愿意，都必须遵从定额。当工程建设引入竞争机制的情况下，市场供求状况的变化必然会影响定额的水平，从而在执行过程中可能发生定额水平的浮动。

需要注意的是，定额的权威性也会存在时效性。随着投资体制的改革和投资主体多元化格局的形成，以及企业经营机制的转换，企业可以根据市场变化和自身情况，自主地调整决策行为，一些与经营决策有关的建设工程定额的权威性特征就被弱化了。

2. 科学性

定额是在认真研究和自觉遵守客观规律的基础上，实事求是地制定的，它能够正确地反映生产单位产品所必需的劳动量，从而以最少的劳动消耗来换取最大的经济效果，不断促进劳动生产率的提高。

此外，定额的科学性还体现在其制定方法上，通过不断吸取现代科学技术的新成就，不断完善，使之成为一套严密的确定定额水平的科学方法。这些方法不但在实践中行之有效，而且有利于研究产品安装过程中的工时利用情况，发现影响劳动消耗的各种主、客观因素，设计出合理的施工组织方案，挖掘生产潜力，提高企业管理水平，减少甚至杜绝产品安装中的浪费现象。

3. 统一性

国家对经济发展的有计划的宏观调控职能决定了建设工程定额具有统一性的特点。国民经济要按照既定的目标发展，就必需借助一些标准、定额与参数等，对工程建设进行规划、组织、调节和控制。而在一定范围内，这些标准、定额与参数必须是统一的尺度，方能依据它们比选和评价项目的决策、设计方案、投标报价及成本控制。

从建设工程定额的影响力和执行范围角度来看，其统一性可体现为全国统一定额、地区统一定额和行业统一定额等；从定额的制定、颁布和贯彻使用角度来看，其统一性体现为具有统一的程序、原则、要求与用途。

4. 稳定性和时效性

任何一种工程建设定额反映的都是一定时期内的技术发展和管理水平，在此期间均维持稳定状态，时长一般在5～10年之间。保持定额的稳定性是维护定额权威性的基础，更是有效贯彻定额的保证。频繁修改、变动定额会造成执行定额的困难和混乱，容易致使定额丧失其权威性。

工程建设定额的时效性是针对其相对的稳定性而言，当定额与已经发展了的生产力不相匹配时，定额自身的作用就会逐渐减弱甚至消失，需要重新编制或修订。

5. 系统性

建设工程定额是由多种定额结合而成的、相对独立的系统，该系统具有复杂的结构、鲜明的层次以及明确的目标，其系统性是由工程建设多种类、多层次的特点决定的。各种工程建设均有严格的项目划分及严密的逻辑阶段，与此相适应，为工程建设服务的建设工程定额也相应地具有多种类、多层次的系统性。

4.1.4 定额的分类

定额是工程建设中各类定额的总称，遵循不同的原则有以下四种分类方法。

1. 按照专业性质分类

按照定额专业性质，建设工程定额分为全国通用定额、行业通用定额和专业专用定额三类。

(1) 全国通用定额是指在部门间和地区间均可使用的定额。

(2) 行业通用定额是指具有专业特点的行业部门内部通用的定额。

(3) 专业专用定额是指特殊专业的定额，仅能在指定范围内使用的定额。

2. 按照物质消耗内容分类

按照定额所反映的物质消耗内容不同，建设工程定额分为劳动消耗定额、材料消耗定额和机械(仪表)消耗定额三类。

(1) 劳动消耗定额。劳动消耗定额是指完成一定合格产品(工程实体或劳务)所规定的活劳动消耗的数量标准。活劳动消耗是指劳动者在物资生产过程中脑力和体力的消耗。劳动消耗定额又简称为劳动定额，大多采用工作时间消耗量来计算劳动消耗的数量。因此，劳动定额主要表现形式为时间定额，但同时也表现为产量定额。

(2) 材料消耗定额。材料消耗定额是指完成一定合格产品(工程实体或劳务)所规定的消耗材料的数量标准，简称为材料定额。材料是指工程建设中使用的各类原材料、成品、半成品、构配件等。材料消耗定额可影响到材料的合理调配和使用，在产品生产数量和材料质量一定的情况下，材料的需求和供应计划均会受到材料定额的影响。制定合理的材料消耗定额，是组织材料正常供应，保证生产顺利进行，合理利用资源，减少积压和浪费的必要前提。

(3) 机械(仪表)消耗定额。机械(仪表)消耗定额是指完成一定合格产品(工程实体或劳务)所规定的消耗施工机械(仪表)的数量标准。我国机械(仪表)消耗定额是以一台机械(仪表)一个工作班(8 h)为计量单位，所以又称机械(仪表)台班定额，简称机械定额。机械(仪表)消耗定额主要表现形式为时间定额，但同时也表现为产量定额。

3. 按照编制程序和用途分类

按照定额的编制程序和用途，建设工程定额分为施工定额、预算定额、概算定额、投资估算指标和工期定额五类。

(1) 施工定额。施工定额是施工企业直接用于施工管理的一种定额，施工企业据此编制施工作业计划和施工预算、计算工料及向班组下达任务书。施工定额主要包括劳动定额、机械(仪表)台班定额和材料消耗定额等三部分。施工定额遵循平均先进性原则，以同一性质的施工过程为对象，规定劳动消耗量、机械(仪表)工作时间和材料消耗量。

(2) 预算定额。预算定额是编制预算时依据的定额，是确定一定计量单位的分部、分项工程或结构构件所需的人工(工日)、机械(台班)、仪表(台班)和材料消耗的数量标准。

每一项分部、分项工程的定额均规定了具体工作内容，以明确其适用对象，而定额本身则规定了人工工日数、各种材料的消耗量、机械台班数量和仪表台班数量等实物指标。全国统一预算定额里的预算价值，是以某地区的人工、材料和机械台班预算单价为标准计算的，称为预算基价，基价可供设计、预算时比较参考。编制预算时，如不能直接套用基价，则应根据各地的预算单价和定额的工料消耗标准，编制地区估价表。

(3) 概算定额。概算定额是编制概算时依据的定额，是确定一定计量单位扩大分部、分项工程所需的人工(工日)、机械(台班)、仪表(台班)和材料消耗的数量标准，是在初步设计阶段确定建筑(构筑物)概略价值、编制概算、进行设计方案经济比较的依据。也可用来概略地计算人工、材料、机械台班、仪表台班的需求量，作为编制基建工程主要材料申请计划的依据。概算定额的内容、作用与预算定额相似，但项目划分较粗，没有预算定额的准确性高。

(4) 投资估算指标。投资估算指标是在项目建议书、可行性研究阶段编制投资估算、计算投资需要量时使用的一种定额，它以独立的单项工程或完整的工程项目为计算对象。其概括程度与可行性研究阶段相匹配，为项目决策和投资控制提供依据。投资估算指标虽然是根据历史的预、决算资料和价格变动等资料编制，但其编制仍要以预算定额、概算定额为基础。

(5) 工期定额。工期定额是为各类工程规定施工期限天数的定额，包括建设工期定额和施工工期定额。建设工期是指建设项目或独立的单项工程在建设过程中所耗用的时间总量，即从开工建设时起，到全部建成投产或交付使用时为止所经历的时间，但不包括由于计划调整而停缓建所延误的时间，一般用月或天数表示。施工工期一般是指单项工程或单位工程从开工到完工所经历的时间，它是建设工期的一部分。

4. 按主编单位和管理权限分类

按照定额的主编单位和管理权限，建设工程定额可分为全国统一定额、行业统一定额、地区统一定额、企业定额和补充定额五类。

(1) 全国统一定额是由国家建设行政主管部门综合全国工程建设中技术和施工组织管理的情况编制，并在全国范围内执行的定额，如：全国统一安装工程定额。

(2) 行业统一定额是由各行业部门根据其专业工程技术特点，以及施工生产和管理水平的情况编制，仅在本行业和相同专业性质的范围内使用的专业定额，如：通信工程定额、铁路工程定额等。

(3) 地区统一定额包括省、自治区、直辖市定额，主要是针对地区性特点和全国统一定额水平做适当调整补充编制的定额。

(4) 企业定额是根据企业自身具体情况，参照国家、部门或地区定额的水平制定的定额。企业定额仅在企业内部使用，是企业实力的一项标志。企业定额水平一般应高于国家现行定额，才能满足生产技术发展、企业管理和市场竞争的需要。

(5) 补充定额是指现行定额不能满足设计、施工技术的发展需求时，为了补充缺项所编制的定额，仅在指定的范围内使用，可以作为以后修订定额的依据。

4.1.5 现行信息通信建设工程定额的构成

目前，我国信息通信建设工程定额包括预算定额、费用定额，由于缺少概算定额，在编制概算时，暂时参照预算定额。我国信息通信建设工程现行各种定额执行的文本包括以下两部分。

(1) 信息通信建设工程预算定额执行的文件：工信部通信[2016]451 号《信息通信建设工程预算定额》(共五册)。

(2) 信息通信建设工程费用定额执行的文件：工信部通信[2016]451 号《信息通信建设工程费用定额》。

4.2 信息通信建设工程预算定额

4.2.1 信息通信建设工程预算定额概述

1. 预算定额的概念

编制施工图预算时可以依据预算定额完成人工(工日)、机械(台班)、仪表(台班)和材料等消耗量的计算。首先，按照施工图纸和工程量计算规则计算工程量；其次，依据预算定额来计算人工、机械、仪表和材料等的消耗量；最后，在此基础上得出资金的需求量并计算出建筑安装工程的费用。

我国现行的工程建设概算、预算制度，规定了通过编制概算和预算来确定工程造价。概算定额、概算指标、预算定额等为计算人工、机械、仪表和材料的耗用量提供了统一的、可靠的参数。

2. 预算定额的作用

预算定额的作用主要体现在以下五个方面。

(1) 预算定额是编制施工图预算、确定和控制建筑安装工程造价的基础。施工图预算是施工图设计文件的重要组成部分，是确定和控制建筑安装工程造价的必要手段。编制施工图预算时，设计文件确定的建设工程的功能、规模、尺寸和文字说明是计算分部、分项工程量和结构构件数量的依据，而预算定额则是确定单位工程人工、机械、仪表和材料消耗量的依据，同时也是计算分项工程综合单价的基础。

(2) 预算定额是对设计方案进行技术经济比较、技术经济分析的依据。设计方案不但要满足功能、符合设计规范，而且要兼顾技术先进与经济合理，在设计工作中居于中心地位。根据预算定额，对不同方案所需人工、机械、仪表和材料消耗量等进行技术经济分析和比较，是选择经济合理设计方案的重要途径，这种比较可以判明不同方案对工程造价的影响程度。对于新结构、新材料的应用和推广，也需要借助预算定额进行技术分析和比较，从技术与经济的平衡上考虑普遍采用的可能性和效益。

(3) 预算定额是施工企业进行经济活动分析的参考依据。用经济的方法促使企业在保证质量和工期的条件下，以较少的劳动消耗取得预定的经济效果，这是实行经济核算的根本目的。在我国，预算定额仍决定着企业的收入，企业必须以预算定额作为评价企业工作的重要标准。企业可根据预算定额，对施工过程中人工、机械、仪表和材料的消耗情况进行具体分析，以便找出低工效、高消耗的薄弱环节及其成因。为实现经济效益的增长由粗放型向集约型转变，提供对比数据，提升企业在市场上的竞争力。

(4) 预算定额是编制标底、投标报价的基础。在市场经济体制下，预算定额作为编制标底的依据和施工企业报价的基础，这是由于预算定额本身的科学性和权威性决定的。

(5) 预算定额是编制概算定额和概算指标的基础。概算定额和概算指标需要利用预算定额作为编制依据，并经过综合、扩大，最终编制而成，这样不但节省了编制工作中的人力、物力和时间，而且使概算定额和概算指标在水平上与预算定额一致，避免了执行过程中的不一致。

3. 现行信息通信建设工程预算定额的编制依据和基础

现行信息通信建设工程预算定额的编制依据和基础主要包括下述文件和资料：

(1) 《住房和城乡建设部　财政部关于印发〈建筑安装工程费用项目组成〉的通知》(建标[2013] 44 号)；

(2) 国家及行业主管部门颁布的有关信息通信建设工程设计规范、信息通信建设工程施工及验收技术规范、通用图、标准图等；

(3) 《工业和信息化部关于印发通信建设工程预算定额、工程费用定额及工程概预算编制规程的通知》(工信部通信[2016] 451 号)；

(4) 有关省、自治区、直辖市的信息通信工程设计、施工企业及建设单位的专家提供的意见和资料。

4. 现行信息通信建设工程预算定额的编制原则

现行信息通信建设工程预算定额的编制原则主要包括以下两条。

1) 贯彻相关政策精神

贯彻国家和行业主管部门关于修订信息通信建设工程预算定额的相关政策精神，结合信息通信行业的特点进行认真调查研究、细算粗编，坚持实事求是，做到科学、合理、便于操作和维护。

2) 贯彻执行“控制量”“量价分离”“技普分开”的原则

(1) “控制量”是指预算定额中的人工、主材、机械和仪表台班的消耗量是法定的，任何单位和个人不得随意调整；

(2) “量价分离”是指预算定额中仅反映人工、主材、机械和仪表台班的消耗量，而不反映其单价，单价由主管部门或造价管理归口单位另行发布；

(3) “技普分开”是指为适应社会主义市场经济和信息通信建设工程的实际需要取消综合工。凡是由技工操作的工序内容均按技工计取工日，凡是由非技工操作的工序内容均按普工计取工日。

信息通信设备安装工程，除铁塔安装工程外，均按技工计取工日，即普工为零；通信线路工程、通信管道工程分别计取技工工日和普工工日。

4.2.2　信息通信建设工程预算定额消耗量的确定

1. 预算定额子目中人工工日及消耗量的确定

预算定额中人工消耗量是指完成定额规定计量单位所需要的全部工序用工量，一般包括基本用工、辅助用工和其他用工。

1) 基本用工

预算定额是综合性定额，每个分部、分项定额均综合了若干项工序内容，各项工序用工工效应该根据施工定额逐项计算，因此完成定额单位产品的基本用工量包括该分项工程中主体工程的用工量和附属于主体工程的各个工程的用工量。它是构成预算定额人工消耗指标的主要组成部分。

信息通信建设工程预算定额项目基本用工的确定有以下三种方法。

(1) 对于有劳动定额依据的项目，基本用工一般为劳动定额的时间定额乘以该工序的工程量，即：

$$L_{基} = \sum (I \times t) \tag{4.1}$$

式中：$L_{基}$为定额项目基本用工；I为工序工程量；t为时间定额。

(2) 对于无劳动定额可依据的项目，应参照现行其他劳动定额，并通过细算粗编，广泛征求设计、施工、建设等部门的意见，经过施工现场的调查研究来确定基本用工量。

(3) 对于新增且无劳动定额可供依据的项目，一般可参考相近的定额项目，结合新增施工项目的特点和技术要求，首先确定施工劳动组织和基本用工过程，根据客观条件和人工实际操作水平确定日进度，然后根据该工序的工程量计算确定基本用工。

2) 辅助用工

辅助用工是劳动定额未包含的用工量，主要包括施工现场临时材料加工用工量和排除一般障碍、维持必要的现场安全用工量等。施工现场临时材料加工用工量计算，一般是按加工材料的数量乘以相应时间定额确定。辅助用工一般按预算定额的基本用工量的18%计算。

3) 其他用工

其他用工是指劳动定额中未包含而在正常施工条件下必然发生的零星用工量，是预算定额的必要组成部分，编制预算定额时必须计算，主要包括以下五个方面：

(1) 正常施工条件下各工序间的交叉配合所需的停歇时间；

(2) 施工机械在单位工程之间转移，以及临时水电线路在施工过程中转移所发生的、不可避免的工作停歇；

(3) 因工程质量检查与隐蔽工程验收而影响工人操作的时间；

(4) 因场内单位工程之间操作地点的转移，影响工人操作的时间以及施工过程中不同工种之间交叉作业的时间；

(5) 施工中细小的、难以测定的、不可避免的工序和零星用工所需的时间等。

其他用工一般按预算定额的基本用工量和辅助用工量之和的 10%计算。

2. 预算定额子目中主要材料及消耗量的确定

信息通信建设工程预算定额中仅反映主要材料，其辅助材料可按费用定额的规定另行处理。主要材料是指在建筑安装工程中或产品构成中形成产品实体的各种材料，通常是根据编制预算定额时选定的相关图纸、测定的综合工程量数据、主要材料消耗定额、有关理论计算公式等逐项综合计算。先计算出净用量，再加上最低损耗情况下各种损耗量，最终以实用量计入预算定额，可按照下式计算：

$$Q = W + \sum r \tag{4.2}$$

式中：Q 为完成某工程量的主要材料消耗定额(实用量)；W 为完成某工程量实体所需主要材料净用量；$\sum r$ 为完成某工程量最低损耗情况下各种损耗量之和。

1) 主要材料净用量

主要材料净用量是指不包括施工现场运输以及操作损耗，完成每一定额计量单位产品所需某种材料的用量。

2) 主要材料损耗量

主要材料损耗量是指材料在施工现场运输和生产操作过程中不可避免的合理消耗量。

一般情况下，主要材料损耗量根据材料净用量和相应的材料损耗率进行计算。对于施工过程中需多次周转使用的材料，预算定额计取一次摊销材料量。

(1) 主要材料损耗率。信息通信工程预算定额的主要材料损耗率的确定是按合格的原材料，在正常施工条件下，以合理的施工方法，结合现行定额水平综合取定的。材料损耗率见《信息通信建设工程预算定额》第四册附录二和第五册附录三。

(2) 周转性材料摊销量。施工过程中需多次周转使用的材料，每次施工完成之后还可以再次利用，但每次用完之后必定发生一定的损耗，经过若干次使用后达到报废或仅剩残值，该种材料就要以一定的摊销量分摊到分部、分项工程预算定额中，通常称为周转性材料摊销量。编制预算定额时，应严格控制周转性材料的周转次数，以促进施工企业充分发挥周转性材料的潜力，提高材料利用率，降低工程成本。预算定额的一次摊销材料量可按照下式计算：

$$R = \frac{Q(1+P)}{N} \tag{4.3}$$

式中：R 为周转性材料的定额摊销量；Q 为周转性材料分项工程一次施工需要量；P 为材料损耗率；N 为规定材料在施工中所需周转次数。

3. 预算定额子目中施工机械、仪表消耗量的确定

信息通信建设工程施工中凡是单位价值在 2000 元以上，构成固定资产的机械、仪表，定额中均给定了台班消耗量。

预算定额中施工机械、仪表的台班消耗量标准，是指以一台施工机械或仪表一天(8h)所完成合格产品数量作为台班产量定额，再以一定的机械幅度差来确定单位产品所需要的机械台班量，可按照下式计算：

$$\text{预算定额中施工机械台班消耗量} = \frac{1}{\text{每台班产量}} \tag{4.4}$$

机械幅度差是指按上述方法计算施工机械台班消耗量时，有一些未包括在台班消耗量内的因素，需考虑增加一定的幅度，一般以百分率表示。造成幅度差的主要因素有以下五个方面：

(1) 初期施工条件限制所造成的功效差；
(2) 工程收尾时工程量不饱满，利用率不高；
(3) 施工作业区内移动机械所需时间；
(4) 工程质量检查所需时间；
(5) 机械配套之间相互影响的时间。

4.2.3 信息通信建设工程预算定额的构成

1. 预算定额的册构成

现行信息通信建设工程预算定额包括《通信电源设备安装工程》、《有线通信设备安装工程》、《无线通信设备安装工程》《通信线路工程》和《通信管道工程》共五册，各册包含的工程内容详见表 4.1～表 4.5。

表 4.1　《通信电源设备安装工程》预算定额构成

序号	项 目 名 称	内 容 构 成
1	安装与调试高、低压供电设备	安装与调试高压配电设备
		安装与调试变压器
		安装与调试低压配电设备
		安装与调试直流操作电源屏
		安装与调试控制设备
		安装端子箱、端子板

续表

序号	项 目 名 称	内 容 构 成
2	安装与调试发电机设备	安装发电机组
		安装发电机组体外排气系统
		安装发电机组体外燃油箱(罐)、机油箱
		安装发电机组体外冷却系统
		发电机输油管道敷设与连接
		安装油、气管管路保护套管
		发电机组机房降噪
		发电机系统调试
		安装与调试风力发电机
3	安装交直流电源设备、不间断电源设备	安装电池组及附属设备
		安装太阳能电池
		安装与调试交流不间断电源
		安装开关电源设备
		安装配电换流设备
		无人值守供电系统联测
4	机房空调及动力环境监控	安装与调试机房空调
		安装与调试动力环境监控系统
5	敷设电源母线、电力和控制缆线	制作安装铜电源母线
		安装低压封闭式插接母线槽
		布放电力电缆
		制作、安装电力电缆端头
		布放控制电缆
6	接地装置	制作安装接地极(板)
		埋设接地母线及测试接地网电阻
7	安装附属设施	安装电缆桥架
		安装电源支撑架、吊挂
		制作、安装穿墙板
		制作、安装铁构件与箱盒
		铺地漆布、橡胶垫、加固措施

表 4.2 《有线通信设备安装工程》预算定额构成

序号	项 目 名 称	内 容 构 成
1	安装机架、线缆及辅助设备	安装机架(柜)、机箱
		安装配线架
		安装保安配线箱
		安装列架照明、机台照明、机房信号灯盘
		布放设备线缆、软光纤
		安装防护、加固设施
2	安装、调测光纤数字传输设备	安装测试传输设备
		安装测试波分复用设备、光传输网设备
		安装、调测再生中继及远供电源设备
		安装、调测网络管理系统设备
		调测系统通道
		安装、调测同步网设备
		安装、调测无源光网络设备
3	安装、调测数据通信设备	安装、调测数据通信设备
		安装、调测数据存储设备
		安装、调测网络安全设备
4	安装、调测交换设备	安装、调测交换设备
		安装、调测操作维护中心设备
		调测智能网设备
		安装、调测信令网设备
5	安装、调测视频监控设备	安装支撑物
		布放线缆
		安装调测摄像设备
		安装调测光端设备
		安装调测辅助设备
		安装调测视频控制设备
		安装编解码设备
		安装音频、视频、脉冲分配器
		安装报警设备
		安装显示设备
		系统调测

表 4.3　《无线通信设备安装工程》预算定额构成

序号	项目名称	内容构成
1	安装机架、线缆及辅助设备	安装室内外缆线走道
		安装机架(柜)、配线架(箱)、防雷接地、附属设备
		布放设备缆线
		安装防护及加固设施
2	安装移动通信设备	安装、调测移动通信天、馈线
		安装、调测基站设备
		联网调测
		安装、调测无线局域网设备(WLAN)
3	安装微波通信设备	安装、调测微波天、馈线
		安装、调测数字微波设备
		微波系统调测
		安装、调测一点多址数字微波通信设备
		安装、调测视频传输设备
4	安装卫星地球站设备	安装、调测卫星地球站天、馈线系统
		安装、调测地球站设备
		地球站设备系统调测
		安装、调测 VSAT 卫星地球站设备
5	铁塔安装工程	安装铁塔组件
		基础处理工程

表 4.4　《通信线路工程》预算定额构成

序号	项目名称	内容构成
1	施工测量、单盘检验与开挖路面	施工测量与单盘检验
		开挖路面
2	敷设埋式光(电)缆	挖、填光(电)缆沟及接头坑
		敷设埋式光(电)缆
		埋式光(电)缆保护与防护
		敷设水底光缆
3	敷设架空光(电)缆	立杆
		安装拉线
		架设吊线
		架设光(电)缆
4	敷设管道、引上及墙壁光(电)缆	敷设管道光(电)缆
		敷设引上光(电)缆
		敷设墙壁光(电)缆

续表

序号	项 目 名 称	内 容 构 成
5	敷设其他光(电)缆	气流法敷设光缆
		敷设室内通道光缆
		槽道(地槽)、顶棚内布放光(电)缆
		敷设建筑物内光(电)缆
6	光(电)缆接续与测试	光缆接续与测试
		电缆接续与测试
7	安装线路设备	安装光(电)缆进线室设备
		安装室内线路设备
		安装室外线路设备
		安装分线设备
		安装充气设备

表 4.5 《通信管道工程》预算定额构成

序号	项 目 名 称	内 容 构 成
1	施工测量与挖、填管道沟及人孔坑	施工测量与开挖路面
		开挖与回填管道沟及人(手)孔坑、碎石底基
		挡土板及抽水
2	铺设通信管道	混凝土管道基础
		塑料管道基础
		铺设水泥管道
		铺设塑料管道
		铺设镀锌钢管管道
		地下定向钻敷管
		管道填充水泥砂浆、混凝土包封及安装引上管
		砌筑通信光(电)缆通道
3	砌筑人(手)孔	砖砌人(手)孔(现场浇筑上覆)
		砖砌人(手)孔(现场吊装上覆)
		砌筑混凝土预制砖人孔(现场吊装上覆)
		砖砌配线手孔
4	管道防护工程及其他	防水
		拆除及其他

2. 预算定额的构成

在现行信息通信建设工程预算定额中，各册预算定额均由总说明、册说明、章节说明、定额项目表和附录构成。

1) 总说明

总说明阐明了定额的编制原则、指导思想、编制依据和适用范围，同时也阐述了编制定额时已经考虑和尚未考虑的各种因素以及相关规定和使用方法等。在使用定额前应首先了解和掌握总说明的内容，以便正确地使用定额。五册《信息通信建设工程预算定额》总说明原文如下。

(1)《信息通信建设工程预算定额》(以下简称“预算定额”)是完成规定计量单位工程所需要的人工、材料、施工机械和仪表的消耗量标准。

(2)“预算定额”共分五册，包括：

第一册 通信电源设备安装工程(册名代号 TSD)；

第二册 有线通信设备安装工程(册名代号 TSY)；

第三册 无线通信设备安装工程(册名代号 TSW)；

第四册 通信线路工程(册名代号 TXL)；

第五册 通信管道工程(册名代号 TGD)。

(3)“预算定额”是编制信息通信建设项目投资估算、概算、预算和工程量清单的基础，也可作为信息通信建设项目招标、投标报价的基础。

(4)“预算定额”适用于新建、扩建工程，改建工程可参照使用。用于扩建工程时，其扩建施工降效部分的人工工日按乘以系数 1.1 计取，拆除工程的人工工日计取办法见各册的相关内容。

(5)“预算定额”是以现行信息通信工程建设标准、质量评定标准及安全操作规程等文件为依据，按符合质量标准的施工工艺、合理工期及劳动组织形式进行编制的。

① 设备、材料、成品、半成品、构件符合质量标准和设计要求；

② 通信各专业工程之间、与土建工程之间的交叉作业正常；

③ 施工安装地点、建筑物、设备基础、预留孔洞均符合安装要求；

④ 气候条件、水电供应等应满足正常施工要求。

(6) 定额子目编号原则。定额子目编号由三部分组成：第一部分为册名代号，由汉语拼音(字母)缩写而成；第二部分为定额子目所在的章号，由一位阿拉伯数字表示；第三部分为定额子目所在章内的序号，由三位阿拉伯数字表示。

(7) 关于人工：

① 定额人工分为技工和普工；

② 定额人工消耗量包括基本用工、辅助用工和其他用工。

基本用工：完成分项工程和附属工程实体单位的用工量。

辅助用工：定额中未说明的工序用工量。包括施工现场某些材料临时加工、排除故障、维持安全生产的用工量。

其他用工：定额中未说明的而在正常施工条件下必然发生的零星用工量。包括工序间搭接、工种间交叉配合、设备与器材施工现场转移、施工现场机械(仪表)转移、质量检查配合以及不可避免的零星用工量。

(8) 关于材料：

① 材料分为主要材料和辅助材料，定额中仅计列构成工程实体的主要材料，辅助材料以费用的方式表现，其计算方法按《信息通信建设工程费用定额》的相关规定执行；

② 定额中的主要材料消耗量包括直接用于安装工程中的主要材料净用量和规定的损耗量，规定的损耗量指施工运输、现场堆放和生产过程中不可避免的合理损耗量；

③ 施工措施性消耗部分和周转性材料按不同施工方法、不同材质分别列出一次使用量和一次摊销量；

④ 定额不含施工用水、电、蒸汽消耗量，此类费用在设计概算、预算中根据工程实际情况在建筑安装工程费中按相关规定计列。

(9) 关于施工机械：

① 施工机械单位价值在2000元以上，构成固定资产的列入定额的机械台班；

② 定额的机械台班消耗量是按正常合理的机械配备综合取定的。

(10) 关于施工仪表：

① 施工仪器仪表单位价值在2000元以上，构成固定资产的列入定额的仪表台班；

② 定额的施工仪表台班消耗量是按信息通信建设标准规定的测试项目及指标要求综合取定的。

(11) "预算定额"适用于海拔高程2000 m以下，地震烈度为7度以下的地区，超过上述情况时，按有关规定处理。

(12) 在以下地区施工时，定额按下列规则调整：

① 高原地区施工时，定额人工工日、机械台班消耗量乘以表4.6所列出的系数。

表4.6　人工工日、机械台班消耗量调整系数

海拔高程/m		2000以上	3000以上	4000以上
调整系数	人工	1.13	1.30	1.37
	机械	1.29	1.54	1.84

② 原始森林地区(室外)及沼泽地区施工时人工工日、机械台班消耗量乘以系数1.30；

③ 非固定沙漠地带，进行室外施工时，人工工日乘以系数1.10；

④ 其他类型的特殊地区按相关部分规定处理。

以上四类特殊地区若在施工中同时存在两种以上情况时，只能参照较高标准计取一次，不应重复计列。

(13) "预算定额"中带有括号表示的消耗量，系供设计选用；"*"表示由设计确定其用量。

(14) 凡是定额子目中未标明长度单位的均指"mm"。

(15) "预算定额"中注有"××以内"或"××以下"者均包括"××"本身；"××以外"或"××以上"者则不包括"××"本身。

(16) 本说明未尽事宜。详见各章节和附注说明。

2) 册说明

册说明阐述该册的内容、编制基础和使用该册应注意的问题及有关规定等。例如，《第五册 通信管道工程》册说明原文如下。

(1)《通信管道工程》预算定额主要是用于城区通信管道的新建工程。

(2) 本定额中带有括号表示的材料，系供设计选用；"*"表示由设计确定其用量。

(3) 通信管道工程，当工程规模较小时，人工工日以总工日为基数按下列规定系数进行调整：

① 工程总工日在100工日以下时，增加15%；

② 工程总工日在 100～250 工日时，增加 10%。

(4) 本定额的土质、石质分类参照国家有关规定，结合通信工程实际情况，划分标准详见附录一。

(5) 开挖土(石)方工程量计算见附录二。

(6) 主要材料损耗率及参考容重表见附录三。

(7) 水泥管管道每百米管群体积参考表见附录四。

(8) 通信管道水泥管块组合图见附录五。

(9) 100 m 长管道基础混凝土体积一览表见附录六。

(10) 定型人孔体积参考表见附录七。

(11) 开挖管道沟土方体积一览表见附录八。

3) 章说明

章说明主要阐述分部、分项工程的工作内容，工程量计算方法和本章节有关规定、计量单位、起讫范围，应扣除和应增加的部分等。这部分是工程量计算的基本规则，必须全面掌握。例如，《第四册 通信线路工程》中“第三章 敷设架空光(电)缆”章说明原文如下。

(1) 挖电杆、拉线、撑杆坑等的土质系按综合土、软石、坚石三类划分，其中综合土的构成按普通土 20%、硬土 50%、砂砾土 30%。

(2) 本定额中立电杆与撑杆、安装拉线部分为平原地区的定额，用于丘陵、水田、城区时按相应定额人工的 1.3 倍计取；用于山区时按相应定额人工的 1.6 倍计取。

(3) 更换电杆及拉线按本定额相关子目的 2 倍计取。

(4) 组立安装 L 杆，取 H 杆同等杆高人工定额的 1.5 倍；组立安装井字杆，取 H 杆同等杆高人工定额的 2 倍。

(5) 高桩拉线中电杆至拉桩间正拉线的架设，套用相应安装吊线的定额；立高桩则套用相应立电杆的定额。

(6) 安装拉线如采用横木地锚时，相应定额中不含地锚铁柄和水泥拉线盘两种材料，需另增加制作横木拉线地锚的相应子目。

(7) 本定额相关子目所列横木的长度，由设计根据地质地形选取。

(8) 架空明线的线位间如需架设安装架空吊线时，按相应子目人工定额的 1.3 倍计取。

(9) 敷设档距在 100 m 及以上的吊线、光(电)缆时，其人工按相应定额的 2 倍计取。

(10) 拉线坑所在地表有水或严重渗水，应由设计另计取排水等措施费用。

(11) 有关材料部分的说明：

① 本定额中立普通品接杆高为 15 m 以内，特种品接杆高为 24 m 以内，工程中具体每节电杆的长度由设计确定。

② 各种拉线的钢绞线定额消耗量按 9 m 以内杆高、距高比 1∶1 给定，如杆高与距高比根据地形地貌有变化，可据实调整换算其用量，杆高相差 1 m 单条钢绞线的调整数量如表 4.7 所示。

表 4.7　钢绞线消耗量调整量

制式	7/2.2	7/2.6	7/3.0
调整量	±0.31 kg	±0.45 kg	±0.60 kg

4) 定额项目表

定额项目表是预算定额的主要内容，项目表不但明确了详细的工作内容，而且列出了该工作内容下的分部、分项工程所需的人工、主要材料、机械台班、仪表台班的消耗量，并在定额项目表下注释应调整、换算的内容和方法。例如，《第四册 通信线路工程》中《第五章 敷设其他光(电)缆》的《第一节 气流法敷设光缆》中“气流法敷设微管”的定额项目表如图 4.1 所示。

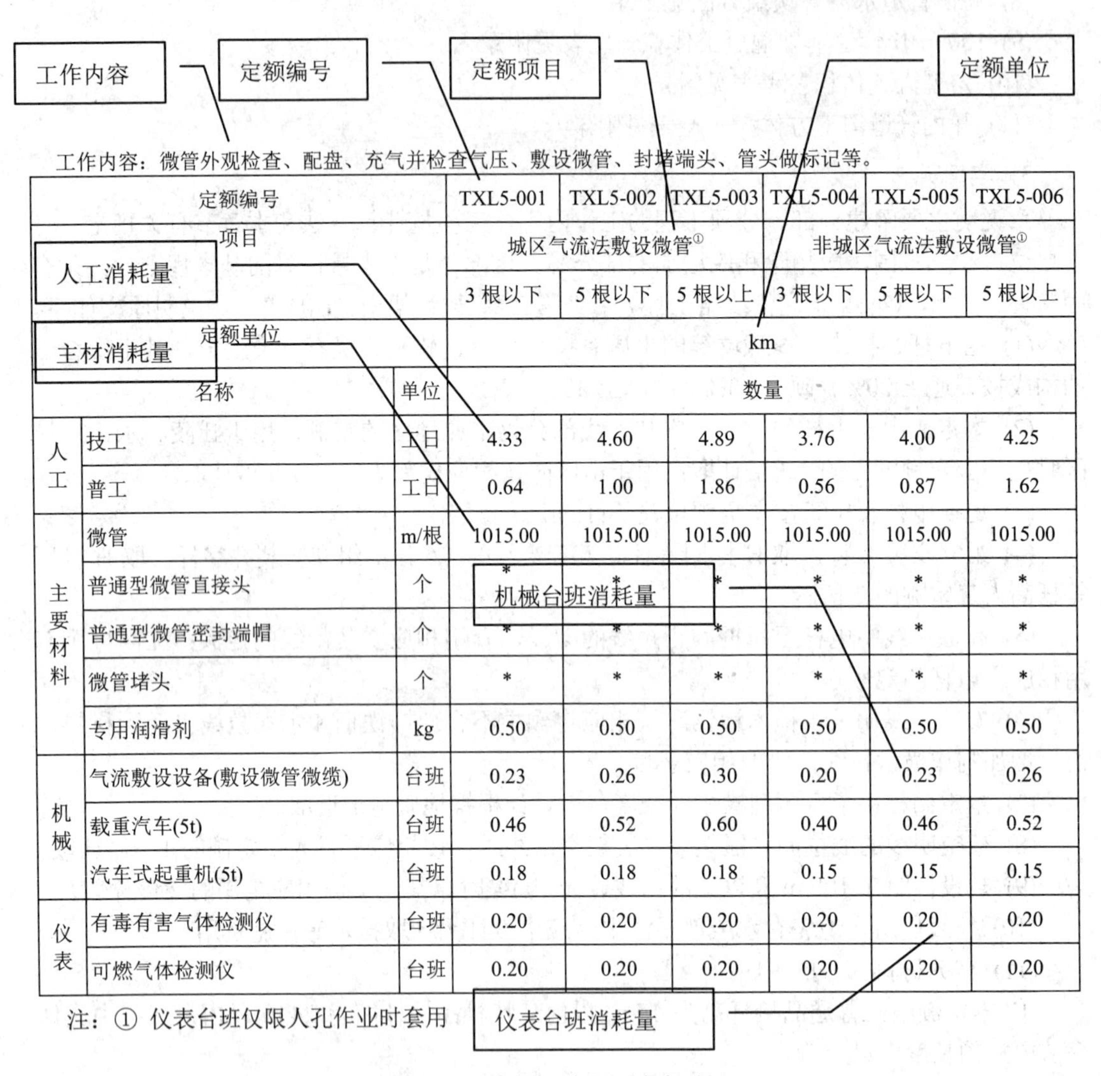

工作内容：微管外观检查、配盘、充气并检查气压、敷设微管、封堵端头、管头做标记等。

定额编号			TXL5-001	TXL5-002	TXL5-003	TXL5-004	TXL5-005	TXL5-006
项目			城区气流法敷设微管①			非城区气流法敷设微管①		
			3 根以下	5 根以下	5 根以上	3 根以下	5 根以下	5 根以上
定额单位			km					
名称		单位	数量					
人工	技工	工日	4.33	4.60	4.89	3.76	4.00	4.25
	普工	工日	0.64	1.00	1.86	0.56	0.87	1.62
主要材料	微管	m/根	1015.00	1015.00	1015.00	1015.00	1015.00	1015.00
	普通型微管直接头	个	*	*	*	*	*	*
	普通型微管密封端帽	个	*	*	*	*	*	*
	微管堵头	个	*	*	*	*	*	*
	专用润滑剂	kg	0.50	0.50	0.50	0.50	0.50	0.50
机械	气流敷设设备(敷设微管微缆)	台班	0.23	0.26	0.30	0.20	0.23	0.26
	载重汽车(5t)	台班	0.46	0.52	0.60	0.40	0.46	0.52
	汽车式起重机(5t)	台班	0.18	0.18	0.18	0.15	0.15	0.15
仪表	有毒有害气体检测仪	台班	0.20	0.20	0.20	0.20	0.20	0.20
	可燃气体检测仪	台班	0.20	0.20	0.20	0.20	0.20	0.20

注：① 仪表台班仅限人孔作业时套用

图 4.1　定额项目表主要内容举例

5) 定额子目编号规则

定额子目编号由三部分组成：第一部分为册名代号，表示信息通信建设工程的各个专业，由关键字汉语拼音(首字母)缩写组成；第二部分为定额子目所在的章号，由一位阿拉伯数字表示；第三部分为定额子目所在章内的序号，由三位阿拉伯数字表示，具体如图 4.2 所示。

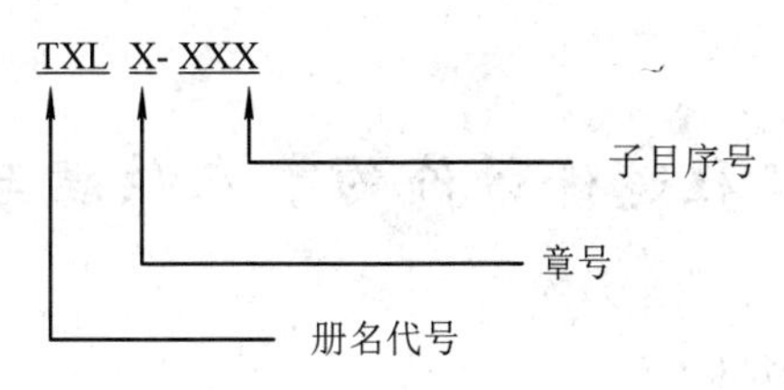

图 4.2　子目编号说明示意

其中，册名代号列举如下：

TSD——通信电源设备安装工程；

TSY——有线通信设备安装工程；

TSW——无线通信设备安装工程；

TXL——通信线路工程；

TGD——通信管道工程。

6) 定额附录

信息通信建设工程预算定额的附录，供使用预算定额时参考，各册附录情况如表 4.8 所示。

表 4.8　信息通信建设工程预算定额附录汇总表

定额册数	编号	附录名称
第一册～第三册		无附录
第四册	附录一	土壤及岩石分类表
	附录二	主要材料损耗率及参考容重表
	附录三	光(电)缆工程成品预制件材料用量表
	附录四	光(电)缆交接箱体积计算表
	附录五	不同孔径最大可敷设的管孔数参考表
第五册	附录一	土壤及岩石分类表
	附录二	开挖土(石)方工程量计算
	附录三	主要材料损耗率及参考容重表
	附录四	水泥管管道每百米管群体积参考表
	附录五	通信管道水泥管块组合图
	附录六	100 m 长管道基础混凝土体积一览表
	附录七	定型人孔体积参考表
	附录八	开挖管道沟土方体积一览表
	附录九	开挖 100 m 长管道沟上口路面面积
	附录十	开挖定型人孔土方及坑上口路面面积
	附录十一	水泥管通信管道包封用混凝土体积一览表
	附录十二	不同孔径最大可敷设的管孔数参考表

4.3 工程造价计价的基本原理与方法

4.3.1 工程造价计价的基本原理

工程造价计价就是对投资项目造价(或价格)的计算，又称为工程估价。由于工程项目具有单件性、组合性、项目体积大、生产周期长、价值高以及交易在先、生产在后等技术经济特点，使得工程项目造价的形成过程及机制不能像其他普通商品一样批量生产、批量定价或按照整个建设项目确定单一价格，只能以特殊的计价程序以及计价方法，逐步计算、多次计价。

建设项目的分解与组合是工程造价计价的基本原理。首先，将整个建设项目分解为若干可以按不同技术经济参数进行价格测算的基本单元子项，即一些既能以较为简单的施工过程完成，又能以适当的计量单位计量工程量，且便于测定或计算单位工程造价的基本构成要素；然后，采用一定的计价方法，逐步地分部组合并汇总；最后，计算出建设项目的全部工程造价。

工程造价计价过程的主要特点是，按工程分解结构将一个建设项目逐步分解至容易计算费用的基本子项。一个建设项目可以分解为若干个单项工程，单项工程又可以分解为若干个单位工程，单位工程再分解为分部、分项工程。一般来说，分解结构的层次越多，基本子项也就越细，计算也就更为精确。

4.3.2 工程造价计价的基本方法

工程造价计价的基本方法和原理就是一个从分解到组合的过程，其一般顺序为：分部、分项工程单价—单位工程造价—单项工程造价—建设项目总造价。

1. 单位价格

在工程造价计价过程中，影响工程造价的主要因素包括基本构成要素的实物工程数量和单位价格，工程造价可按照下式计算：

$$\text{工程造价}=\sum_{i=1}^{n}(\text{工程实物量}\times\text{单位价格}) \tag{4.5}$$

式中：i 表示第 i 个基本子项；n 表示构成建设项目的基本子项数目。

基本子项的实物工程量可以通过工程量计算规则和设计图纸统计并计算得到，它直接反映工程项目的规模和内容。在进行工程计价时，基本子项就是指建设项目分解的最小单元，一般是指分部、分项工程项目。

基本子项的单位价格主要有直接费单价和综合单价两种形式。

(1) 直接费单价。直接费单价是指分部、分项工程单位价格仅考虑人工、材料、机械、仪表等资源要素的消耗量及价格而形成的单价，直接费单价可按照下式计算：

$$\text{直接费单价}=\sum(\text{分部分项工程的资源要素消耗量}\times\text{资源要素价格}) \tag{4.6}$$

分部、分项工程的资源要素消耗量与企业劳动生产率、社会生产力水平、技术和管理水平密切相关。在市场经济体制下，工程项目建设方在编制工程概(预)算时，一般会从反映社会平均水平的行业或地区统一工程建设定额中获取资源要素消耗量；而工程项目承包方进行计价时，往往会采用能够反映该企业技术与管理水平的企业定额。

资源要素的价格也是影响工程造价的关键因素。在市场经济体制下，工程造价计价时采用的资源要素价格应该是市场价格。

(2) 综合单价。综合单价是指完成单位分部、分项工程所需的人工费，材料费，机械、仪表台班使用费，企业管理费，利润以及一定范围内的风险费用的总和。由于综合单价中不包括规费和税金等不可竞争费用，所以综合单价仍是一种不完全的单价。

2. 计价方法

计价方法主要包括定额计价法和工程量清单计价法两种。不同的单位价格形式对应不同的计价方法：定额计价法一般采用分部、分项工程的直接费单价；工程量清单计价法则采用分部、分项工程的综合单价。

(1) 定额计价法。定额计价法是指造价人员基于建设工程定额，根据工程项目的设计图纸、施工组织设计、工程量计算规则等，完成工程量的统计，再套用概(预)算定额以及相应的费用定额和工程资源要素的价格，最终汇总计算出工程项目的价格。

预算定额具有一定的科学性和实践性，用定额计价法确定工程造价计算简单、快速且较准确，也利于工程造价管理。但预算定额是按照国家和行业统一管理的要求制定、发布和贯彻执行的，工、料、机的消耗量，是根据“社会平均水平”综合测定的，费用标准是不同地区的平均测算值，因此企业报价时就不能结合项目具体情况、自身技术管理水平进行自主报价，不能充分调动企业加强管理的积极性，也不能充分体现市场公平竞争。

目前信息通信建设工程在编制建设项目概(预)算时一般是采用定额计价法。

(2) 工程量清单计价法。工程量清单计价法是由建设产品的买方和卖方在建设市场上根据供求状况、信息状况进行自由竞价，最终签订工程合同价格的方法。相对于传统的定额计价方法，工程量清单计价法是一种市场定价模式。

招投标实行工程量清单计价，是指招标人公开提供工程量清单，投标人自主报价或招标人编制标底、双方签订合同价款以及竣工结算等活动。工程量清单计价结果，应包括完成招标文件规定的工程量清单项目所需的全部费用，包括分部、分项工程费，措施项目费，其他项目费，规费，税金等；其中计算分部、分项工程费用需要采用分部、分项工程的综合单价完成，使用工程量清单计价方法的关键是生成综合单价。投标报价中使用的综合单价应由企业编制的企业定额产生。

定额计价法和工程量清单计价法并非是完全孤立或者相互对立的关系，而是两者各有侧重、相互补充，有着密不可分的联系。

4.3.3 工程造价计价依据

工程造价计价依据是指计算工程造价的各类基础资料的总称。由于影响工程造价的因素很繁杂，每一项工程的造价都要根据工程的用途、类别、规模尺寸、结构特征、建设标准、所在地区和坐落地点、市场价格信息和涨幅趋势，以及政府的产业政策、税收政策和金融政策等进行具体计算。因此，与确定上述各项因素相关的各种量化资料，就成为工程造价计价的基础。

工程造价计价依据的内容主要包括以下四个方面。

1. 计算设备数量和工程量的依据

计算设备数量和工程量的依据包括可行性研究报告资料，初步设计、技术设计、施工图设计的图纸和资料，工程量计算规则，通用图、标准图，施工组织设计或施工方案，工程施工规范、验收规范等。

2. 计算人工、材料、机械、仪表台班消耗量及相关费用的依据

计算分部、分项工程人工、材料、机械、仪表台班消耗量及相关费用的依据包括概算指标、概算定额、预算定额、费用定额、企业定额，人工费单价、材料预算单价、机械、仪表台班单价，相关合同、协议等。

3. 计算设备费的依据

计算设备费的依据包括设备相关技术指标、设备采购合同、协议等。

4. 计算工程造价相关的法规和政策等

计算工程造价相关的法规和政策包括造价内的税种、税率，与产业政策、能源政策、环境政策、技术政策和土地等资源利用政策有关的取费标准，利率、汇率以及其他计价依据等。

思 考 题

1. 建设工程定额的概念以及特点是什么？
2. 建设工程定额的分类有哪些？
3. 如何确定预算定额子目中的主要材料及其消耗量？
4. 信息通信建设工程预算定额具体包括哪几册？
5. 工程造价计价的顺序是什么？

第 5 章　信息通信建设工程制图与工程量统计

5.1　信息通信建设工程制图

5.1.1　一般要求

信息通信工程制图过程中，应在图纸选取、图面布局、线型选择、符号使用、幅面选择、标注以及图衔设置等方面，遵循以下要求：

(1) 选取适宜图纸，表述专业性质、目的和内容。有多种手段表达目的和内容时，宜采用简单的表达方式。

(2) 图面布局合理，排列均匀，轮廓清晰且便于识别。

(3) 选用合适的图线宽度，避免图中线条过粗或过细。

(4) 正确使用国家标准和行业标准规定的图形符号。派生新的符号时，应符合国家标准图形符号的派生规律，并在合适的地方加以说明。

(5) 在保证图面布局紧凑和使用方便的前提下，应选择合适的图纸幅面，使图纸大小适中。

(6) 应准确地按规定标注各种必要的技术数据和注释，并按规定进行书写或打印。

(7) 工程设计图纸应按规定设置图衔、在责任范围签字，各种图纸应按序编号。

5.1.2　统一规定

1. 图幅尺寸

(1) 工程图纸幅面和图框大小应符合国家标准 GB/T 6988.1—2008《电气技术用文件的编制　第 1 部分：规则》的规定，一般应采用 A_0、A_1、A_2、A_3、A_4 及其 A_3、A_4 加长的图纸幅面。工程图纸尺寸详见表 5.1。

表 5.1　工程图纸尺寸表(单位：mm)

图纸型号	A_0	A_1	A_2	A_3	A_4
图纸尺寸(长 × 宽)	1189 × 841	841 × 594	594 × 420	420 × 297	297 × 210
图框尺寸(长 × 宽)	1159 × 821	811 × 574	564 × 400	390 × 277	277 × 180

(2) 根据表述对象的规模大小、复杂程度、所要表达的详细程度、有无图衔及注释的数量来选择较小的、合适的图面。

2. 线型

(1) 线型分类及其用途符合表 5.2 规定。

表 5.2　线型分类及其用途表

图线名称	图线形式	一 般 用 途
实线	————————	基本线条：图纸主要内容用线、可见轮廓线
虚线	- - - - - - - - - -	辅助线条：屏蔽线、机械连接线、不可见轮廓线、计划扩展内容用线
点划线	—·—·—·—·—	图框线：分界线、结构图框线、功能图框线、分级图框线
双点划线	—··—··—··—	辅助图框线：表示更多功能的组合或从某一图框中区分不属于它的功能部件

(2) 图线的宽度一般从以下系列中选用：0.25 mm，0.35 mm，0.5 mm，0.7 mm，1.0 mm，1.4 mm 等。

(3) 通常只选用两种图线宽度，粗线宽度为细线宽度的两倍，主要图线采用粗线，次要图线采用细线；对于复杂的图纸也可采用细、中、粗三种线宽，图线的宽度按 2 的倍数依次递增。

(4) 使用图线绘图时，应保证图形的比例和配线协调恰当，重点突出，主次分明。

(5) 细实线是最常用的线条。指引线、尺寸标注线应使用细实线。

(6) 当需要区分新安装的设备时，宜用粗线表示新建，细线表示原有设施，虚线表示规划预留部分，原机架内扩容部分宜用粗线表示。

(7) 平行线之间的最小间距不宜小于粗线宽度的两倍，但不能小于 0.7 mm。

3. 比例

(1) 对于建筑平面图、平面布置图、管道及光(电)缆线路图、设备加固图及零部件加工图等图纸，一般应有比例要求；对于方案示意图、系统框图、原理图、图形图等类图纸则无比例要求。

(2) 对于平面布置图、管道及线路图和区域规划性质的图纸，推荐采用以下比例：1∶10、1∶20、1∶50、1∶100、1∶200、1∶500、1∶1000、1∶2000、1∶5000、1∶10000、1∶50000 等。

(3) 对于设备加固图及零部件加工图等图纸，推荐采用以下比例：2∶1、1∶1、1∶2、1∶4、1∶10 等。

(4) 应根据图纸表达的内容深度和选用的图幅，选择合适的比例。对于通信线路及管道等类图纸，为了更方便地表达周围环境情况，沿线路方向可采用一种比例，而周围环境的横向距离采用另外一种比例或示意性绘制。

4. 尺寸标注

尺寸标注应包括尺寸数字、尺寸边界、尺寸线及其终端四部分。

(1) 尺寸数字应标注在尺寸线的上方或者左侧，也可标注在尺寸线的中断处，但同一张图中标注方法应保持一致，具体标注要求如下所述：

① 图中的尺寸数字应顺着尺寸线方向书写并符合视图方向，数字高度方向与尺寸线垂直，且不得被任何图线贯穿，否则应将图线断开，在断开处填写数字。对有角度非水平方向的图线，其数字可顺尺寸线标注在尺寸线的中断处，数字的标注方向与尺寸线垂直，且字头朝向斜上方；对垂直水平方向的图线，其数字可顺尺寸线标注在尺寸线的中断处，数字的标注方向与尺寸线垂直，且字头朝向左方。

② 图中的尺寸单位，除标高、总平面图和管线长度以米(m)为单位外，其他尺寸均应以毫米(mm)为单位。按此原则标注的尺寸可不加注单位的文字符号。在同一张图纸中，不宜混用两种或多种计量单位。

(2) 图中的尺寸界线用细实线绘制，宜由图形的轮廓线、轴线或对称中心线引出，也可利用轮廓线、轴线或对称中心线作为尺寸界线；尺寸界线应与尺寸线垂直。

(3) 尺寸线的终端，可采用箭头或斜线两种形式，但同一张图中的尺寸线终端形式应保持一致，具体要求如下所述：

① 尺寸线终端采用箭头形式时，两端应画出尺寸箭头，箭头指到尺寸界线上，表示尺寸的起止；尺寸箭头宜用实心箭头，箭头的大小应按可见轮廓线选定，其大小在图中应保持一致。

② 尺寸线终端采用斜线形式时，斜线应采用细实线，且方向及长短应保持一致；斜线方向应以尺寸线为准，逆时针方向旋转 45°，斜线长短约等于尺寸数字的高度。

(4) 有关建筑用尺寸标注，可按 GB/T 50104—2010《建筑制图标准》的要求标注。

5. 字体及写法

(1) 图中书写的文字(包括汉字、字母、数字、代号等)均应字体工整、笔划清晰、排列整齐、间隔均匀。其书写位置应根据图面妥善安排，文字多时宜放在图的下面或右侧。

文字内容从左至右横向书写，标点符号占一个汉字的位置。中文书写时，宜采用国家正式颁布的简化汉字，并推荐使用宋体或者仿宋体。

(2) 图中的“技术要求”“说明”或“注”等字样，应写在具体文字内容的左上方，并使用比文字内容大一号的字体书写。标题下均不画横线。具体内容多于一项时，应按下列序号排列：

1、2、3 ……

(1)、(2)、(3) ……

①、②、③ ……

(3) 图中涉及数量的数字，均应采用阿拉伯数字表示，计量单位应使用国家颁布的法定计量单位。

6. 图衔

信息通信工程图纸应有图衔，其位置应该在图纸的右下角。信息通信工程常用标准图衔为长方形，大小宜为 30 mm × 180 mm(高 × 长)。图衔中应包括图纸名称、图纸编号、单位名称、单位主管、部门主管、总负责人、单项负责人、设计人、审核人、校核人、制图人、单位/比例以及制图日期等内容，具体如图 5.1 所示。

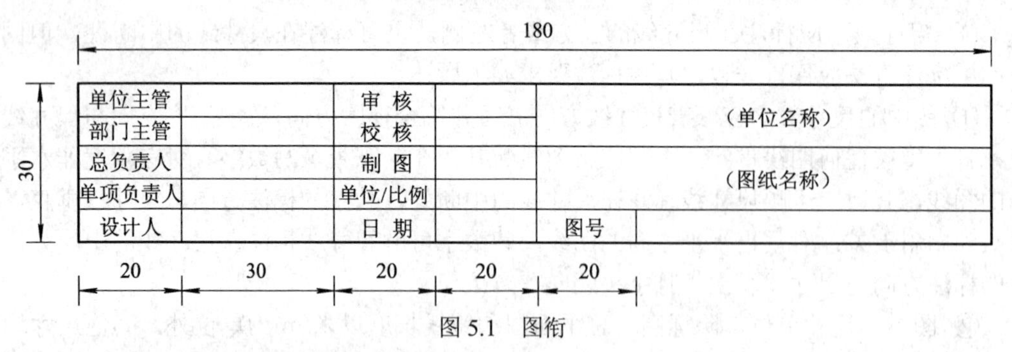

图 5.1 图衔

设计及施工图纸编号的编排应尽量简洁，并符合以下要求。

(1) 设计及施工图纸编号的组成应按以下规定执行：

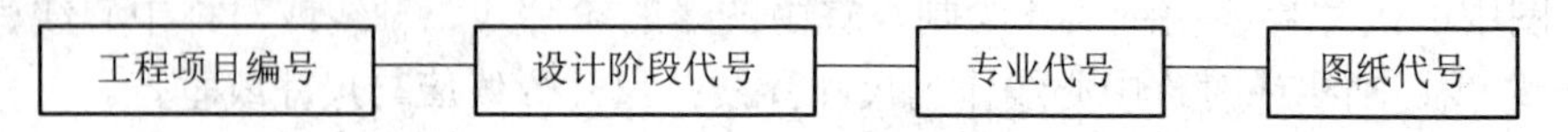

同工程项目编号、同设计阶段、同专业而多册出版时，为避免编号重复可按以下规则执行：

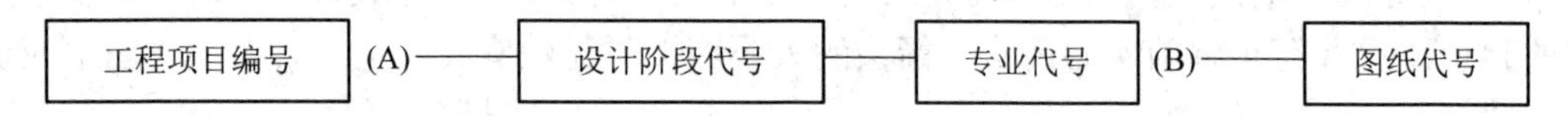

A、B 为字母或数字，区分不同册编号。

(2) 工程项目编号应由工程建设方或设计单位根据工程建设方的任务委托，统一拟定。

(3) 设计阶段代号应符合表 5.3 的规定。

表 5.3 设计阶段代号表

设计阶段	代号	设计阶段	代号	设计阶段	代号
可行性研究	K	初步设计	C	施工图设计/一阶段设计	S/Y
规划设计	G	方案设计	F	技术设计	J
勘察报告	KC	初设阶段的技术规范书	CJ	设计投标书	T
咨询	ZX			修改设计	在原代号后加 X

(4) 常用专业代号，应符合表 5.4 的规定。

表 5.4 常用专业代号表

名 称	代 号	名 称	代 号
光缆线路	GL	电缆线路	DL
海底光缆	HGL	通信管道	GD
传输系统	CS	移动通信	YD
无线接入	WJ	核心网	HX
数据通信	SJ	业务支撑系统	YZ
网管系统	WG	微波通信	WB
卫星通信	WD	铁塔	TT

续表

名　称	代　号	名　称	代　号
同步网	TB	信令网	XL
通信电源	DY	监控	JK
有线接入	YJ	业务网	YW

① 用于大型工程中分省、分业务区编制时的区分标识，可采用数字 1、2、3 或拼音字头等。

② 用于区分同一单项工程中不同的设计分册(如不同的站册)，宜采用数字(分册号)、站名拼音字头或相应汉字表示。

(5) 图纸编号是工程项目编号、设计阶段代号、专业代号相同的图纸间的区分号，应采用阿拉伯数字简单顺序编制(同一图号的系列图纸用括号内加分数表示)。

7. 注释、标志和技术数据

(1) 当含义不便于用图示方法表达时，可采用注释。当图中出现多个注释或大段说明性注释时，应把注释按顺序放在边框附近。注释可放在需要说明的对象附近；当注释不在需要说明的对象附近，应使用指引线(细实线)指向说明对象。

(2) 标志和技术数据应该放在图形符号的旁边；当数据很少时，技术数据也可放在图形符号的方框内(如通信光缆的编号或程式)；数据多时可采用分式表示，也可用表格形式列出。当使用分式表示时，可采用以下模式：

$$N\frac{A-B}{C-D}F \tag{5.1}$$

其中：N 为设备编号，应靠前或靠上放；A、B、C、D 为不同的标准内容，可增减；F 为敷设方式，应靠后放。

当设计中需要表示本工程前后有变化时，可采用斜杠方式：(原有数)/(设计数)；

当设计中需要表示本工程前后有增加时，可采用加号方式：(原有数)+(增加数)。

常用的标注方式详见表 5.5，表中的文字代号应以工程中的实际数据代替。

表 5.5　常用标注方法

序号	标注方式	说　　明
1	N P P_1/P_2 | P_3/P_4	对直接配线区的标注 注：图中的文字符号应以工程数据代替(下同)。 其中： N—主干电缆编号，例如：0101 表示 01 电缆上第一个直接配线区； P—主干电缆容量(初步设计为对数；施工图设计为线序)； P_1—现有局号用户数； P_2—现有专业用户数，当有不需要局号的专线用户时，再用＋(对数)表示； P_3—设计局号用户数； P_4—现有专线用户数。

续表

序号	标注方式	说　明
2	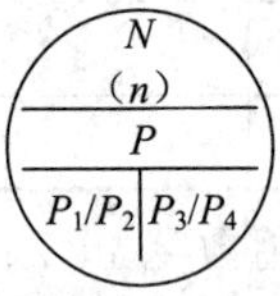 N (n) P P_1/P_2 P_3/P_4	对交接配线区的标注 注：图中的文字符号应以工程数据代替(下同)。 其中： N—交接配线区编号，例如：J22001 表示 22 局第一个交接配线区； n—交接箱容量，例如：2400(对)； P、P_1、P_2、P_3、P_4—含义同“1”注。
3	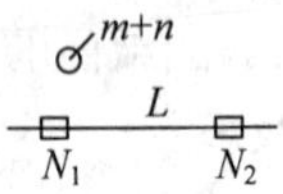 $m+n$ L N_1 N_2	对管道扩容的标注 其中： m—原有管孔数，可附加管孔材料符号； n—新增管孔数，可附加管孔材料符号； L—管道长度； N_1、N_2—人孔编号。
4	L $H^{*}P_n-d$	对市话电缆的标注 其中： L—管道长度；H^{*}—电缆型号； P_n—电缆百对数；d—电缆芯线线径。
5	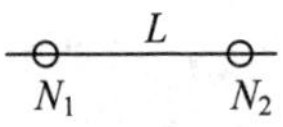 L N_1 N_2	对架空杆路的标注 其中： L—杆路长度； N_1、N_2—起止电杆编号(可附加杆材类别的代号)。
6	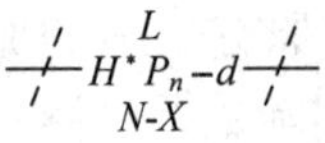 L $H^{*}P_n-d$ $N\text{-}X$	对管道电缆的简化标注 其中： L—电缆长度；H^{*}—电缆型号； P_n—电缆百对数；d—电缆芯线线径； X—线序； 斜向虚线—管道光缆示意图纸中人(手)孔的简化画法； N—主干电缆编号。
7	$\frac{N-B}{C}\Big\vert\frac{d}{D}$	对分线盒的标注 其中： N—编号；B—容量；C—线序；d—现有用户数； D—设计用户数。
8	$\frac{N-B}{C}\Big\Vert\frac{d}{D}$	对分线箱的标注 注：字母含义同“7”注。
9	$\frac{WN-B}{C}\Big\Vert\frac{d}{D}$	对壁龛式分线箱的标注 注：字母含义同“7”注。

(3) 在信息通信建设工程制图中，项目代号和文字标注宜采用以下方式：

① 平面布置图中主要采用位置代号或顺序号加表格说明；

② 系统框图中可采用图形符号或方框加文字符号来表示，必要时也可二者兼用；

③ 接线图应符合 GB/T 6988.1—2008《电气技术用文件的编制 第 1 部分：规则》的规定。

(4) 对安装方式的标注应符合表 5.6 的要求。

表 5.6　安装方式标注

序号	代号	安装方式	英文说明
1	W	壁装式	Wall Mounted Type
2	C	吸顶式	Ceiling Mounted Type
3	R	嵌入式	Recessed Type
4	CS	管吊式	Conduit Suspension Type

(5) 线缆敷设部位的标注应符合表 5.7 的要求。

表 5.7　敷设部位标注

序号	代号	安装方式	英文说明
1	M	钢索敷设	Supported by Messenger Wire
2	AB	沿梁或跨梁敷设	Along or Across Beam
3	AC	沿柱或跨柱敷设	Along or Across Column
4	WS	沿墙壁敷设	on Wall Surface
5	CE	沿天棚面顶板面敷设	along Ceiling or Slab
6	SC	吊顶内敷设	in Hollow Space of Ceiling
7	BC	暗敷设在梁内	Concealed in Beam
8	CLC	暗敷设在柱内	Concealed in Column
9	BW	墙内敷设	Burial in Wall
10	F	地板或地板下敷设	in Floor
11	CC	暗敷设在屋面或顶板内	in Ceiling or Slab

8. 图形符号的使用

(1) 信息通信工程图形符号可参照使用 YD/T 5015—2015《通信工程制图与图形符号规定》中的图形符号示例。

(2) 若同一项目给出几种图形符号形式时，选用时应遵循以下规则：

① 优先使用“优选形式”；

② 在满足需要的前提下，宜选用最简单的形式(例如“一般符号”)；

③ 在同一种图纸上应使用同一种形式。

(3) 对同一项目宜采用同样大小的图形符号；特殊情况下，为了强调某方面或便于补充信息，可使用不同大小的符号和不同粗细的线条。

(4) 绝大多数图形符号的取向是任意的，为了避免导线的弯折或交叉，在不引起错误理解的前提下，可将符号旋转或取镜像形态，但文字和指示方向不得倒置。

(5) 图形符号的引线是作为示例绘制的，在不改变符号含义的前提下，引线可取不同的方向。

(6) 为了保持图面符号的布置均匀，围框线可不规则绘制，但是围框线不应与元器件相交。

9. 图形符号的派生

(1) 已规定的图形符号示例是有限的，如果某些特定的设备或项目中未作规定，允许根据已规定的符号组图规律进行派生。

(2) 派生图形符号，是利用原有符号加工形成新的图形符号，应遵循以下规律：

① (符号要素) + (限定符号)→(设备的一般符号)；

② (一般符号) + (限定符号)→(特殊设备的符号)；

③ 利用 2～3 个简单符号→(特殊设备的符号)；

④ 一般符号缩小后可作限定符号使用。

(3) 对急需的个别符号，可暂时使用方框中加注文字符号的方式。

5.2 信息通信建设工程量统计

5.2.1 概述

(1) 工程量计算规则是指对分项项目工程量的计算规定。工程量项目的划分、计量单位的取定、有关系数的调整换算等，均应按照相关专业的计算规则要求来确定。

(2) 工程量的计量单位有物理计量单位和自然计量单位。物理计量单位应按国家法定计量单位表示，工程量的计量单位必须与预算定额项目的计量单位相一致。

① 以长度计算的项目计量单位：米(m)、千米(km)；

② 以重量计算的项目计量单位：克(g)、千克(kg)、吨(t)；

③ 以体积计算的项目计量单位：立方米(m^3)；

④ 以面积计算的项目计量单位：平方米(m^2)；

⑤ 以自然计量单位计算的项目计量单位：台、套、盘、部、架、个、组、处等；

⑥ 以技术配置为项目计量单位：端、端口、系统、方向、载频、中继段、数字段、再生段、站等；

⑦ 各专业还有一些专用的特殊计量单位。

(3) 工程量计算应以设计图纸以及设计规定的所属范围和设计分界线为准，缆线布放和部件设置以施工验收技术规范为准。

(4) 分项项目工程量应以完成后的实体安装工程量净值为准，而在施工过程中实际消耗的材料用量不能作为安装工程量。因为在施工过程中所用材料的实际消耗数量是在工程量的基础上又包括了材料的各种损耗量。

5.2.2 通信设备安装工程量计算规则

通信设备安装工程共分为三个大类：通信电源设备安装工程、有线通信设备安装工程和无线通信设备安装工程。

这三大类工程的工程量计算规则主要从以下四个方面考虑。

1. 设备机柜、机箱的安装工程量计算

所有设备机柜、机箱的安装可分为三种情况计算工程量。

(1) 以设备机柜、机箱整架(台)的自然实体为一个计量单位，即机柜(箱)架体、架内组件、盘柜内部的配线、对外连接的接线端子以及设备本身的加电检测与调试等均作为一个整体来计算工程量。本系列的设备安装多属于这种情况。

(2) 设备机柜、机箱按照不同的组件分别计算工程量，即机柜架体与内部的组件或附件不作为一个整体的自然单位进行计量，而是将设备结构划分为若干组合部分，分别计算安装的工程量。这种情况一般常见于机柜架体与内部组件的配置成非线性关系的设备，例如定额项目“TSD1-053 安装蓄电池屏”所描述的内容是：屏柜安装不包括屏内蓄电池组的安装，也不包括蓄电池组的充放电过程。整个设备安装过程需要分三个部分分别计算工程量，即安装蓄电池屏(空屏)、安装屏内蓄电池组(根据设计要求选择电池容量和组件数量)、屏内蓄电池组充放电(按电池组数量计算)。

(3) 设备机柜、机箱主体和附件的扩装，即在原已安装设备的基础上进行增装内部盘、线。这种情况主要用于扩容工程，例如定额“TSD3-070、071、072 安装高频开关整流模块”，就是为了满足在已有开关电源架的基础上进行扩充生产能力的需要，所以是以模块个数作为计量单位统计工程量。与前面将设备划分为若干组合部分分别计算工程量的概念所不同的是，已安装设备主体和扩容增装部件的项目是不能在同一期工程中同时列项的，否则属于重复计算。

以上设备的三种工程量计算方法需要认真了解定额项目的相关说明和工作内容，避免工程量的漏算、重算或错算。

(4) 几个需要特别说明的设备安装工程量计算规则。

① 安装测试 PCM 设备工程量：单位为“端”，由复用段一个 2 Mb/s 口、支路侧 32 个 64 kb/s 口为一端，如图 5.2 所示。

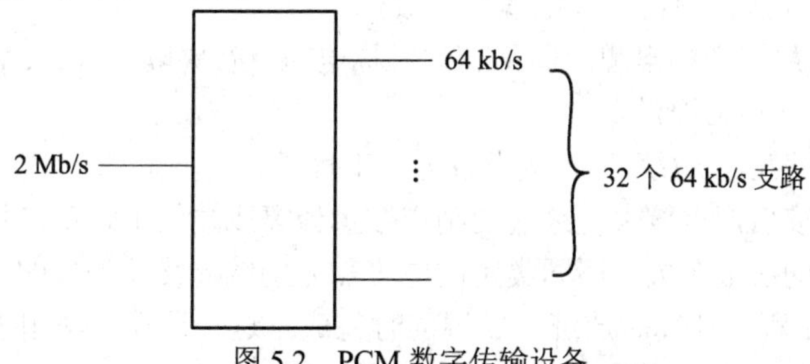

图 5.2　PCM 数字传输设备

② 安装测试光纤数字传输设备(PDH、SDH)工程量：分为基本子架公共单元盘和接口单元盘两个部分。基本子架公共单元盘包括交叉、网管、公务、时钟、电源等除群路侧、支路侧接口盘以外的安装及本机测试，以“套”为单位；接口单元盘包括群路侧、支路侧接口盘的安装及本机测试，以“端口”为单位。例如 SDH 终端复用器 TM 有各种速率的端口配置，如图 5.3 所示，计算工程量时按不同的速率分别统计端口数量，一收一发为 1 个端口。

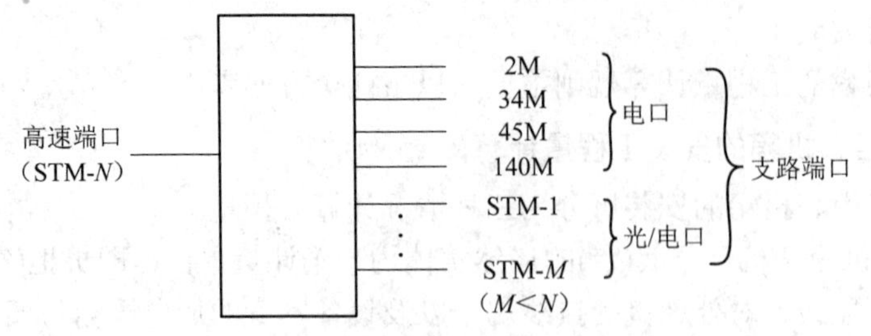

图 5.3　终端复用设备 TM

安装分插复用器 ADM、数字交叉连接设备 DXC 均以此类推。

③ WDM 波分复用设备的安装测试分为基本配置和增装配置。基本配置含相应波数的合波器、分波器、功放、预放等；增装配置是在基本配置的基础上增加相应波数的合波器、分波器并进行本机测试。

2. 设备缆线布放工程量计算

缆线的布放包括两种情况：设备机柜与外部的连线、设备机架内部跳线。

1) 设备机柜与外部的连线

设备机柜与外部的连线也分为两种计算方法。

(1) 缆线布放工程量计算时需将放绑、成端分两步先后完成。这种计算方法用于通信设备连线中使用电缆芯线较多的情况，其成端工作量因电缆芯数的不同，会有很大差异。计算步骤如下：

第一步：计算放绑设备电缆工程量。

按布放长度计算工程量，单位为“百米条”，数量为：

$$N=\sum_{l}^{k}\frac{L_i n_i}{100} \tag{5.2}$$

其中：$\sum_{l}^{k}L_i n_i$ 为 k 个布放段内同型号设备电缆的总布放量(米条)；L_i 为第 i 个布放段的长度(m)；n_i 为第 i 个布放段内同类型电缆的条数。

应按电缆类别(局用音频电缆、局用高频对称电缆、音频隔离线、SYV 类射频同轴电缆、数据电缆)分别计算工程量。

第二步：计算编扎、焊(绕、卡)接设备电缆工程量。

按长度放绑电缆后，再按电缆终端的制作数量计算成端的工程量，每条电缆终端制作工程量主要与电缆的芯数有关，不同类别的电缆需分别统计终端处理的工程量。

(2) 缆线布放工程量计算时放绑、成端同时完成。这种计算方法用于通信设备中使用电缆芯数较少或单芯的情况，其成端工程量比较固定，布放缆线的工程内容包含了终端的处理工作。

布放缆线工程量：单位为“十米条”，数量为：

$$N=\sum_{l}^{k}\frac{L_i n_i}{10} \tag{5.3}$$

其中：$\sum_{l}^{k}L_i n_i$ 为 k 个布放段内同型号电缆的总布放量(米条)；L_i 为第 i 个布放段的长度(m)；

n_i 为第 i 个布放段内同种类型电缆条数。

2) 设备机架内部跳线

设备机架内部跳线主要是指配线架内布放跳线，对于其他通信设备内部配线均已包括在设备安装工程量中，不再单独计算缆线工程量(有特殊情况需单独处理除外)。

配线架内布放跳线的特点是长度短、条数多，统计工程量时以处理端头的数量为主，放线内容包含在其中应按照不同类别线型、芯数分别计算工程量。

3. 安装附属设施的工程量计算

除安装设备机柜、机箱定额子目已说明包含附属设施内容的，均应按工程技术规范书的要求安装相应的防震、加固、支撑、保护等设施，各种构件分为成品安装和材料加工并安装两类，计算工程量时应按定额项目的说明区别对待。

4. 系统调测

通信设备安装后大部分需要进行本机测试和系统测试。除设备安装定额项目注明了已包括设备测试工作的，其他需要测试的设备均需统计各自的测试工程量，并且对于所有完成的系统都需要进行系统性能的调测。系统调测的工程量计算规则应按专业确定。

1) 供电系统调测

所有的供电系统(高压供电系统、低压供电系统、发电机供电系统、供油系统、直流供电系统、UPS 供电系统)都需要进行系统调测。调测多以“系统”为单位，“系统”的定义和组成按相关专业的规定，例如发电机组供油系统调测是以每台机组为一个系统计算工程量。

2) 光纤传输系统调测

光纤传输系统调测包括线路段光端对测和复用设备系统调测两部分。

(1) 线路段光端对测：工程量计算单位为“方向·系统”。“系统”是指一发一收的两根光纤；“方向”是指某一个站和相邻站之间的传输段关系，有几个相邻站就有几个方向，如图 5.4 所示。

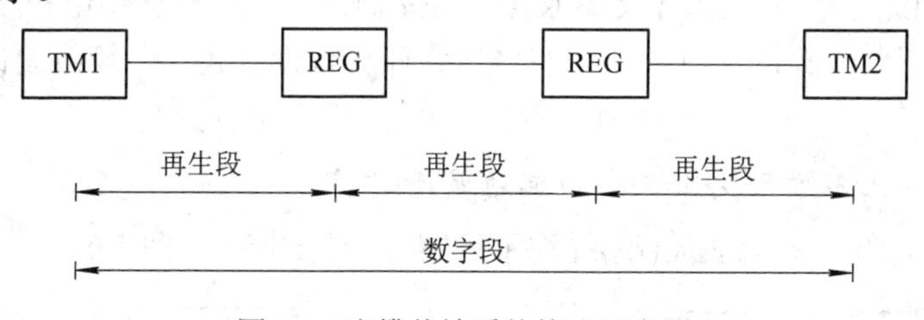

图 5.4　光缆传输系统构成示意图

终端站 TM1 只有一个与之相邻的站，因此只对应一个传输方向，终端站 TM2 也是如此。再生中继站 REG 有两个与之相邻的站，它完成的是与两个方向之间的传输。

(2) 复用设备系统调测：工程量计量单位为“端口”。各种数字比特率的“一收一发”为一个“端口”。统计工程量时应包括所有支路端口。

3) 微波系统调测

微波系统调测包括中继段调测和数字段调测，这两种调测是按“段”的两端共同参与调测考虑的，在计算工程量时可以按站分摊计算。

(1) 微波中继段调测工程量：单位为“中继段”。每个站分摊的“中继段调测”工程量分别为1/2中继段；中继站是两个中继段的连接点，所以同时分摊两个“中继段调测”工程量，即1/2段×2＝1段。

(2) 数字微波段调测工程量：单位为“数字段”。各站分摊的“数字段调测”工程量分别为1/2“数字段”。

4) 卫星地球站系统调测

卫星地球站系统调测包括地球站与VSAT中心站的站内环测以及系统调测两部分。

(1) 地球站站内环测及系统调测工程量：单位为“站”，应按卫星天线直径大小统计工程量。

(2) VSAT中心站站内环测工程量：单位为“站”；网内系统对测工程量：单位为“系统”，“系统”的范围包括网内所有的端站。

5.2.3　通信线路工程量计算规则

1. 通信线路工程

1) 施工测量长度计算

光(电)缆工程施工测量长度等于室外路由长度。

2) 光(电)缆接头坑个数取定

(1) 埋式光缆接头坑个数：初步设计按2 km标准盘长或每1.7～1.85 km取一个接头坑；施工图设计按实取定。

(2) 埋式电缆接头坑个数：初步设计按5个/km取定；施工图设计按实取定。

3) 挖、填光(电)缆沟长度计算

$$\text{挖、填光(电)缆沟长度} = \text{图末长度} - \text{图始长度} - (\text{截流长度} + \text{过路顶管长度}) \tag{5.4}$$

4) 敷设光(电)缆工程量的取定

$$\text{敷设光(电)缆工程量} = [\text{施工丈量长度} \times (1 + k‰) + \text{各种设计预留长度}] \div 1000 \tag{5.5}$$

其中，k 为自然弯曲系数，取决于施工的自然条件和敷设方式，一般由设计人员根据设计规范要求取定。

5) 光(电)缆沟土石方开挖工程量(或回填量)的取定

(1) 石质光(电)缆沟和土质光(电)缆沟示意图分别见图5.5、图5.6。

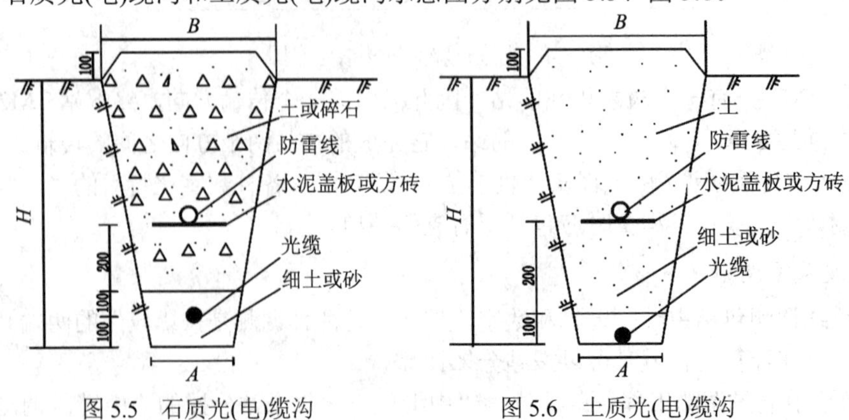

图5.5　石质光(电)缆沟　　　　图5.6　土质光(电)缆沟

(2) 工程量计算公式。

$$光(电)缆沟土石方开挖工程量=\frac{A+B}{200}HL \tag{5.6}$$

其中：B 为缆沟上口宽度(m)；A 为缆沟下底宽度(m，人工挖沟一般取 0.4 m)；H 为缆沟深度(m)；L 为缆沟长度(m)。

(3) 埋式光(电)缆沟土(石)方回填量等于开挖量，光(电)缆体积忽略不计。

6) 护坎体积的计算

(1) 护坎示意图见图 5.7。

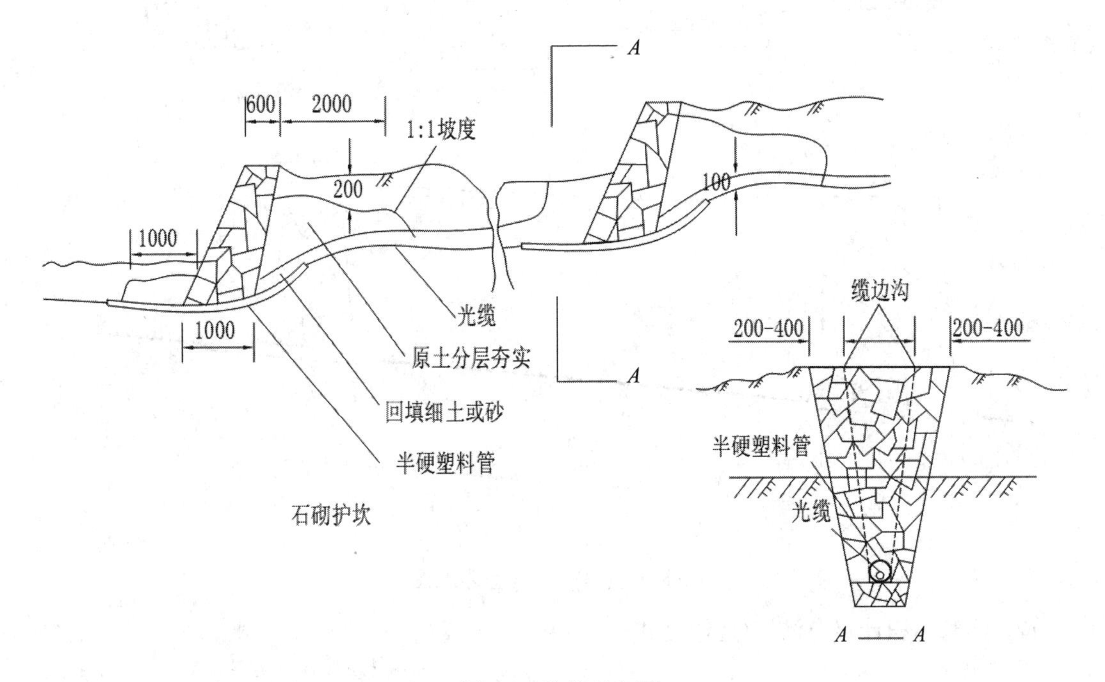

图 5.7　护坎示意图

(2) 护坎体积计算方法一(近似公式)

$$V=HAB \tag{5.7}$$

其中：V 为护坎体积(m^3)；H 为护坎总高(m，地面以上坎高＋光缆沟深)；A 为护坎平均厚度(m)；B 为护坎平均宽度(m)。

(3) 护坎体积计算方法二(精确公式)

$$V=\frac{H}{6}[a_1b_1+a_2b_2+(a_1+a_2)(b_1+b_2)] \tag{5.8}$$

其中：V 为护坎体积(m^3)；a_1 为护坎上宽(m)；b_1 为护坎上厚(m)；a_2 为护坎下宽(m)；b_2 为护坎下厚(m)；H 为护坎总高(m)。

(4) 护坎的工程量计算要按“石砌”“三七土”分别计算。

7) 护坡体积的计算

$$V=HLB \tag{5.9}$$

其中：V 为护坡体积(m^3)；H 为护坡高度(m)；L 为护坡宽度(m)；B 为平均厚度(m)。

8) 堵塞体积的计算

(1) 光(电)缆沟堵塞示意图见图 5.8。

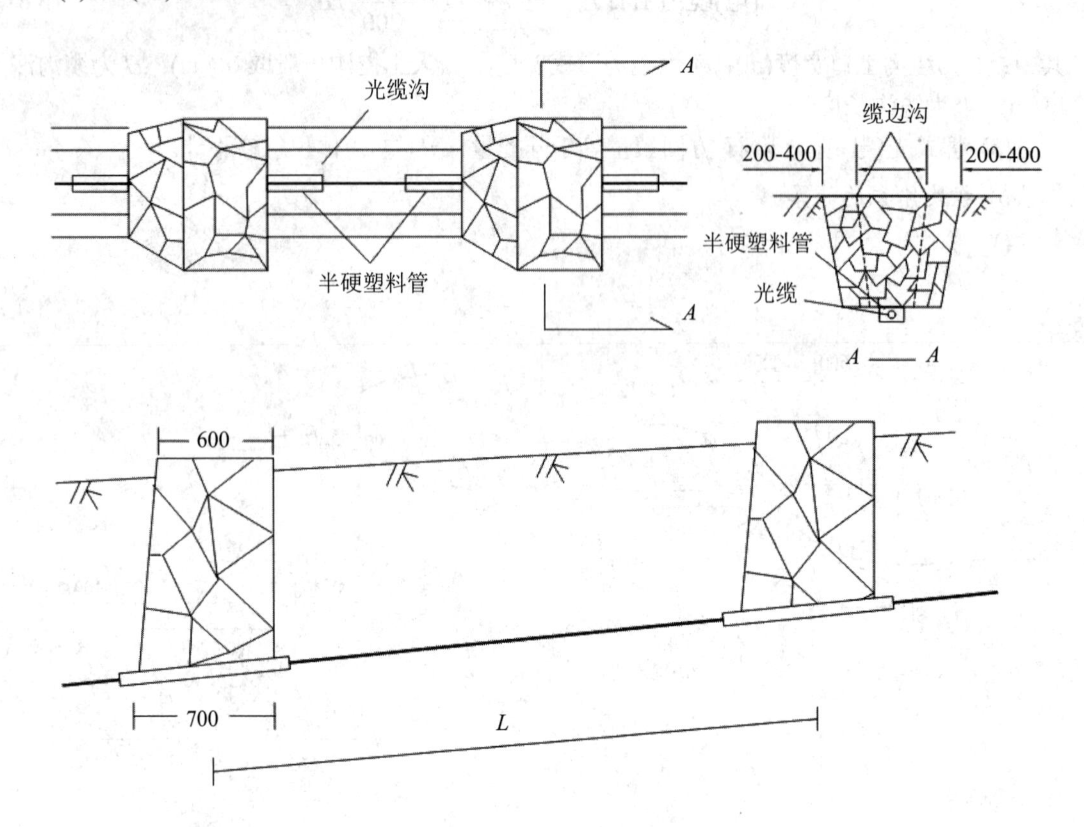

图 5.8　光(电)缆沟堵塞示意图

(2) 堵塞体积计算方法一(近似公式)

$$V = HAB \tag{5.10}$$

其中：V 为堵塞体积(m^3)；H 为光缆沟深(m)；A 为堵塞平均厚度(m)；B 为堵塞平均宽度(m)。

(3) 堵塞体积计算方法二(精确公式)

$$V = \frac{H}{6}[a_1b_1 + a_2b_2 + (a_1 + a_2)(b_1 + b_2)] \tag{5.11}$$

其中：V 为堵塞体积(m^3)；a_1 为堵塞上宽(m)；b_1 为堵塞上厚(m)；a_2 为堵塞下宽(m)；b_2 为堵塞下厚(m)；H 为堵塞高(m，相当于光缆埋深)。

9) 水泥砂浆封石沟体积的计算

(1) 水泥砂浆封石沟的示意图见图 5.9。

(2) 水泥砂浆封石沟的体积。

$$V = haL \tag{5.12}$$

其中：V 为水泥砂浆封石沟体积(m^3)；h 为水泥砂浆厚度(m)；a 为封石沟宽度(m)；L 为封石沟长度(m)。

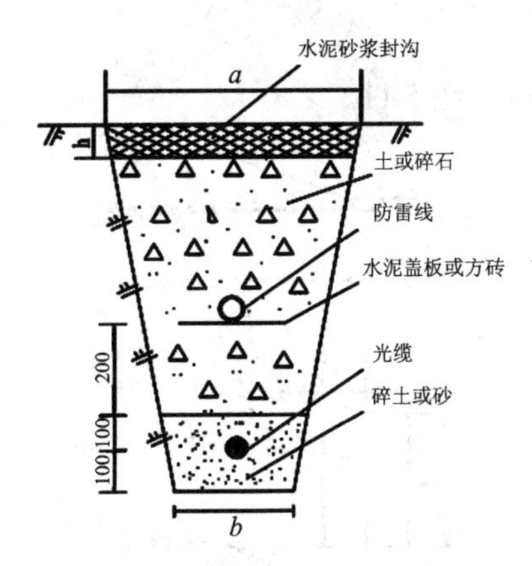

图 5.9　水泥砂浆封石沟示意图

10) 漫水坝体积的计算

(1) 漫水坝的示意图见图 5.10。

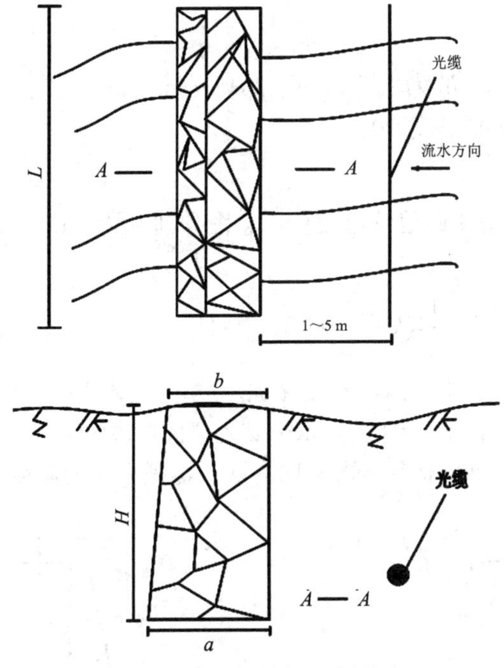

图 5.10　漫水坝示意图

(2) 漫水坝的体积

$$V = \frac{a+b}{2}HL \tag{5.13}$$

其中：V 为漫水坝体积(m^3)；H 为漫水坝坝高度(m)；a 为漫水坝脚厚度(m)；b 为漫水坝顶厚度(m)；L 为漫水坝长度(m)。

2. 通信管道工程

1) 施工测量长度计算

管道工程施工测量长度等于路由长度。

2) 人孔坑挖深的计算

(1) 通信人孔设计示意图见图 5.11。

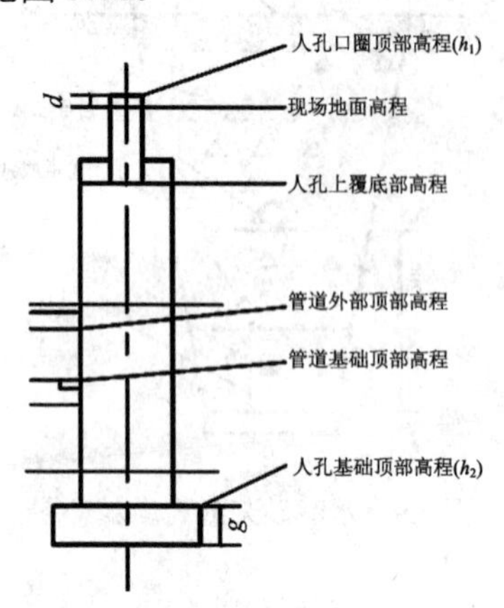

图 5.11　通信人孔设计示意图

(2) 人孔坑挖深

$$H = h_1 - h_2 + g - d \tag{5.14}$$

其中：H 为人孔坑挖深(m)；h_1 为人孔口圈顶部高程(m)；h_2 为人孔基础顶部高程(m)；g 为人孔基础厚度(m)；d 为路面厚度(m)。

3) 管道沟深的计算

(1) 管道沟挖深示意图和通信管道设计示意图分别见图 5.12、5.13。

(2) 管道沟深。

$$H = \frac{1}{2}[(h_1 - h_2 + g)_{\text{人孔1}} + (h_1 - h_2 + g)_{\text{人孔2}}] - d' \tag{5.15}$$

其中：H 为管道沟深(m，平均埋深，不含路面厚度)；h_1 为人孔口圈顶部高程(m)；h_2 为管道基础顶部高程(m)；g 为管道基础厚度(m)；d'为路面厚度(m)。

注：应在沟的两端分别计算后，求平均沟深，再减去路面厚度。

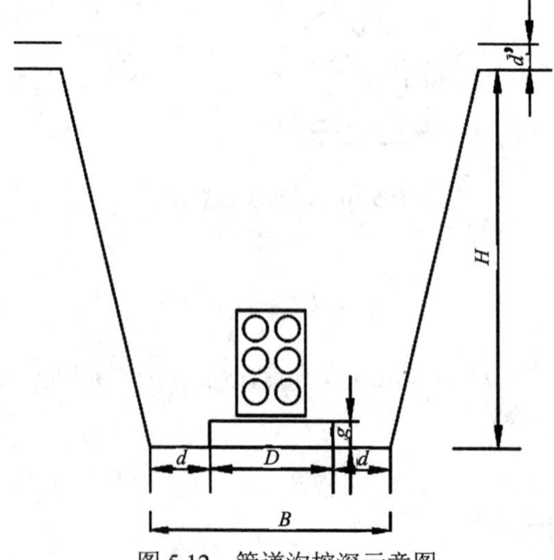

图 5.12　管道沟挖深示意图

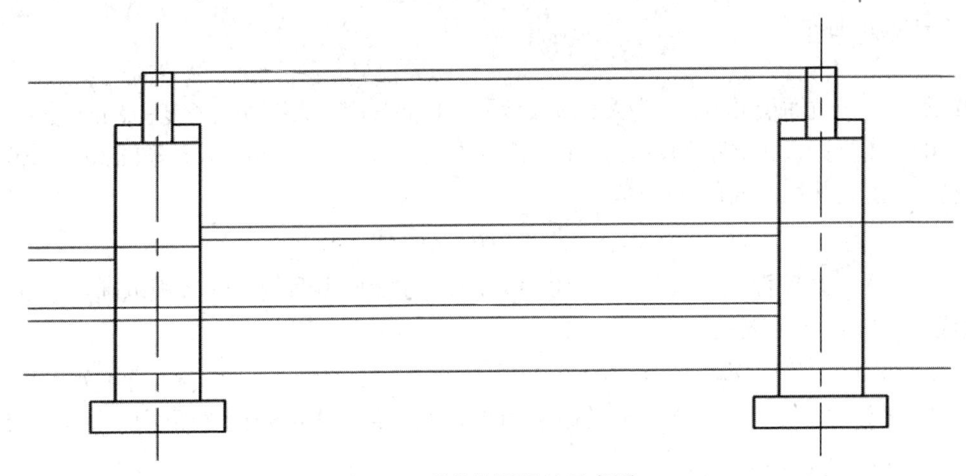

图 5.13　通信管道设计示意图

4) 开挖路面面积的计算

(1) 开挖管道沟路面面积(不放坡)。

$$A = BL \tag{5.16}$$

其中：A 为路面面积(m^2)；B 为沟底宽度(m，沟底宽度 B = 管道基础宽度 D + 施工余度 $2d$)；L 为管道沟路面长度(m，两相邻人孔坑边间距)。

(2) 开挖管道沟路面面积(放坡)。

$$A = (2Hi + B)L \tag{5.17}$$

其中：A 为路面面积(m^2)；H 为沟深(m)；B 为沟底宽度(m，沟底宽度 B = 管道基础宽度 D + 施工余度 $2d$)；i 为放坡系数(由设计按规范确定)；L 为管道沟路面长度(两相邻人孔坑边间距)(m)。

(3) 开挖人孔坑路面面积(不放坡)。

人孔坑开挖土石方示意图见图 5.14。

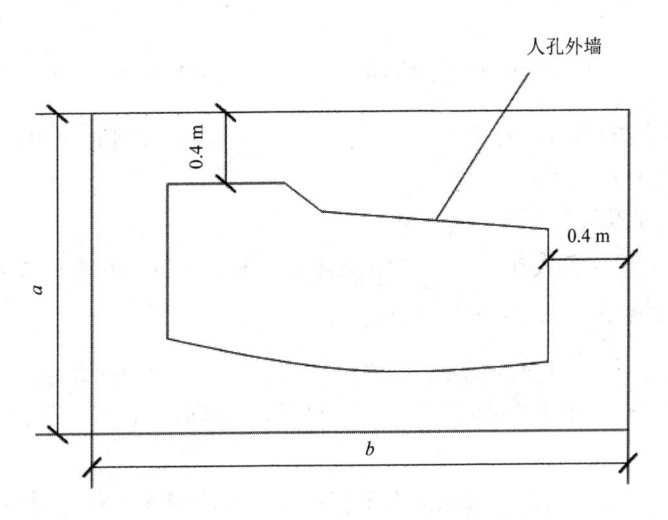

图 5.14　人孔坑开挖土石方示意图

人孔坑路面面积：

$$A = ab \tag{5.18}$$

其中：A 为人孔坑面积(m2)；a 为人孔坑长度(m，坑底长度 = 人孔外墙长度+0.8 m = 人孔基础长度 + 0.6 m)；b 为人孔坑底宽度(m，坑底宽度 = 人孔外墙宽度+0.8 m = 人孔基础宽度 + 0.6 m)。

(4) 开挖人孔坑路面面积(放坡)。

$$A = (2Hi + a)(2Hi + b) \tag{5.19}$$

其中：A 为人孔坑路面面积(m^2)；H 为坑深(m)；i 为放坡系数(由设计按规范确定)；a 为人孔坑底长度(m)；b 为人孔坑底宽度(m)。

(5) 开挖路面总面积。

总面积 = 各人孔开挖路面面积总和 + 各管道沟开挖路面面积总和　(5.20)

5) 开挖土方体积的计算

(1) 挖管道沟土方体积(不放坡)。

$$V = BHL \tag{5.21}$$

其中：V 为挖管道沟体积(m^3)；B 为沟底宽度(m)；H 为沟深度(m，不含路面厚度)；L 为沟长度(m，两相邻人孔坑坑口边间距)。

(2) 挖管道沟土方体积(放坡)。

$$V = (Hi + B)HL \tag{5.22}$$

其中：V 为挖管道沟体积(m^3)；H 为平均沟深度(m，不含路面厚度)；i 为放坡系数(m，由设计按规范确定)；B 为沟底宽度(m)；L 为沟长度(m，两相邻人孔坑坑坡中点间距)。

(3) 挖人孔坑土方体积(不放坡)。

$$V = abH \tag{5.23}$$

其中：V 为人孔坑土方体积(m^3)；a 为坑底长度(m)；b 为坑底宽度(m)；H 为坑深度(m，不含路面厚度)。

(4) 挖人孔坑土方体积(放坡)。

$$V = \frac{H}{3}[ab + (a + 2Hi)(b + 2Hi) + \sqrt{ab(a + Hi)(b + 2Hi)}] \tag{5.24}$$

其中：V 为人孔坑土方体积(m^3)；H 为人孔坑深(m，不含路面厚度)；a 为人孔坑底长度(m)；b 为人孔坑底宽度(m)；i 为放坡系数。

(5) 总开挖土方体积在无路面情况下

总开挖土方体积 = 各人孔开挖土方体积总和 + 各段管道沟开挖土方体积总和　(5.25)

6) 通信管道工程回填土(石)方体积的计算

$$\text{通信管道工程回填土(石)方体积} = \text{挖管道沟土(石)方体积} + \text{挖人孔坑土(石)方体积} - \text{管道建筑体积(基础、管群、包封)} - \text{人孔建筑体积} \tag{5.26}$$

按每段管道沟或每个人孔坑确定抽水工程量；段为两相邻人孔坑间的距离，人孔个数不分其大小。

7) 通信管道包封混凝土体积的计算

(1) 通信管道包封示意图见图 5.15。

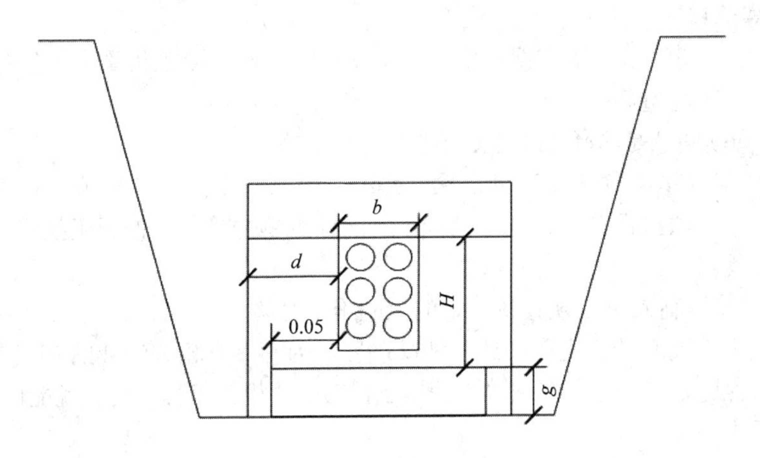

图 5.15　管道包封示意图

(2) 通信管道包封混凝土体积。

$$n = (V_1 + V_2 + V_3) \tag{5.27}$$

其中：V_1 为管道基础侧包封混凝土体积(m^3)，计算公式为：

$$V_1 = 2(d - 0.05)gL \tag{5.28}$$

上式中：d 为包封厚度(m)；0.05 为基础每侧外露宽度(m)；g 为管道基础厚度(m)；L 为管道基础长度(m，相邻两人孔外壁间距)。V_2 为基础以上管群侧包封混凝土体积(m^3)，计算公式为：

$$V_2 = 2dHL \tag{5.29}$$

上式中：d 为包封厚度(m)；H 为管群侧高(m)；L 为管道基础长度(m，相邻两人孔外壁间距)。V_3 为管道顶包封混凝土体积(m^3)，计算公式为：

$$V_3 = (b + 2d)HL \tag{5.30}$$

上式中：b 为管道宽度(m)；d 为包封厚度(m)；L 为管道基础长度(m，相邻两人孔外壁间距)。

5.3　信息通信建设工程量统计案例

5.3.1　信息通信建设工程量统计

1. 工程识图

信息通信建设工程图纸是通过图形符号、文字符号、文字说明及标注表达的设计方案。为了读懂图纸，必须了解和掌握图纸中各种图形符号、文字符号等所代表的含义。工程识图即根据图纸上的各种图形符号、文字符号、文字说明、标注以及相关专业知识，了解工程规模、工程内容，统计出工程量，进而编制出工程概(预)算文件。准确识图是信息通信建设工程量统计的重要前提，有助于工程人员理解工程意义，掌握图纸的设计意图，明确在实际施工过程中要完成的具体工作和任务。

2. 工程量统计

(1) 必须依图统计，有依有据。依据施工图纸来统计主要工程量，不能超越其范畴，更不能凭空加入工程量。

(2) 熟练阅读图纸是概(预)算人员所必备的基本功。

(3) 概(预)算人员必须认真研读定额并熟练掌握预算定额中定额项目“工作内容”的说明、注释及定额项目设置，特别是定额项目的计算单位等，以便正确换算出与预算定额单位统一的工程量。

(4) 概(预)算编制人员必须具备一定的工程施工经验。适当的施工或施工组织以及设计经验，可以大大提高统计工程量的速度和准确度。因为具有相关专业的施工经验，比如架空线路、通信管道施工、综合布线等工程施工，在统计相关工程量时，就能做到成竹在胸、不漏不加、不多不少。

(5) 仔细进行检查、复核，发现问题及时修改。检查、复核要有针对性，对容易出错的工程量应重点复核，发现问题及时修正，并做详细记录，采取必要的纠正措施，以防类似问题再次出现。

3. 各专业工程量统计顺序

1) 通信电源设备安装工程

(1) 安装与调试高、低压供电设备；

(2) 安装与调试发电机设备；

(3) 安装交直流、不间断电源及配套设备；

(4) 敷设电源母线、电力电缆及终端制作；

(5) 接地装置；

(6) 安装附属设施及其他。

2) 有线通信设备安装工程

(1) 安装机架、缆线及辅助设备；

(2) 安装、调测光纤数字传输设备；

(3) 安装、调测程控交换设备；

(4) 安装、调测数据通信设备。

3) 无线通信设备安装工程

(1) 安装机架、缆线及辅助设备；

(2) 安装移动通信设备；

(3) 安装微波通信设备；

(4) 安装卫星地球站设备；

4) 通信线路工程

(1) 施工测量；

(2) 开挖(填)土(石)方；

(3) 敷设埋式光(电)缆；
(4) 敷设架空光(电)缆；
(5) 敷设管道及其他光(电)缆；
(6) 光(电)缆接续测试；
(7) 安装线路设备。

5) 通信管道工程

(1) 施工测量与开挖管道沟；
(2) 敷设管道；
(3) 砌筑人(手)孔；
(4) 管道防护及其他。

4. 工程量统计步骤

以通信线路工程为例，其图纸中主要工程量按以下五个步骤进行统计。

1) 统计单张图纸主要工程量

根据需统计工程量的项目列表，以出局(或出交接箱)光(电)缆的编号或方向为顺序，依次计算每条光(电)缆的某一项工程量，再将所有光(电)缆的该项工程量累加即为本单张图纸中该项工程量。

2) 合并同类项目，数量相加

将依次统计出的各单张图纸相同项目工程量的数量相加，累加之和作为本项目的工程量。

3) 编制预算项目工程量明细表

根据《信息通信建设工程预算定额 第四册 通信线路工程》中的项目内容逐条编制预算项目工程量明细表。

4) 填写预算项目工程量明细表数量

先逐项填写预算项目工程量明细表中的主要工程量，而对于隐含工程量(如开挖土方)，在填写数量时也不能疏漏。

5) 检查、核对

在整个工程量统计的每一步工作后，均应进行检查，尤其是对预算编制项目的数量和计量单位进行反复检查、核对，这是下一步编制概(预)算结果是否准确的根本保证。

5.3.2 案例分析

“××光缆线路工程”施工图如图 5.16 所示，该图纸要素齐全(图衔、图例、图注、方向、参照物、工程量表等)，便于施工人员快速识图，掌握设计意图。

1. 工程量统计

对于图 5.16，从 1#双页手井处沿线路路由进行统计。按照“5.3.1.3”节中通信线路专业工程量统计规则，图 5.16 中“××光缆线路工程”的工作内容和工程量依次统计如下：

(1) 直埋光缆施工测量：长度为 6 + 11 + 14 = 31 m；

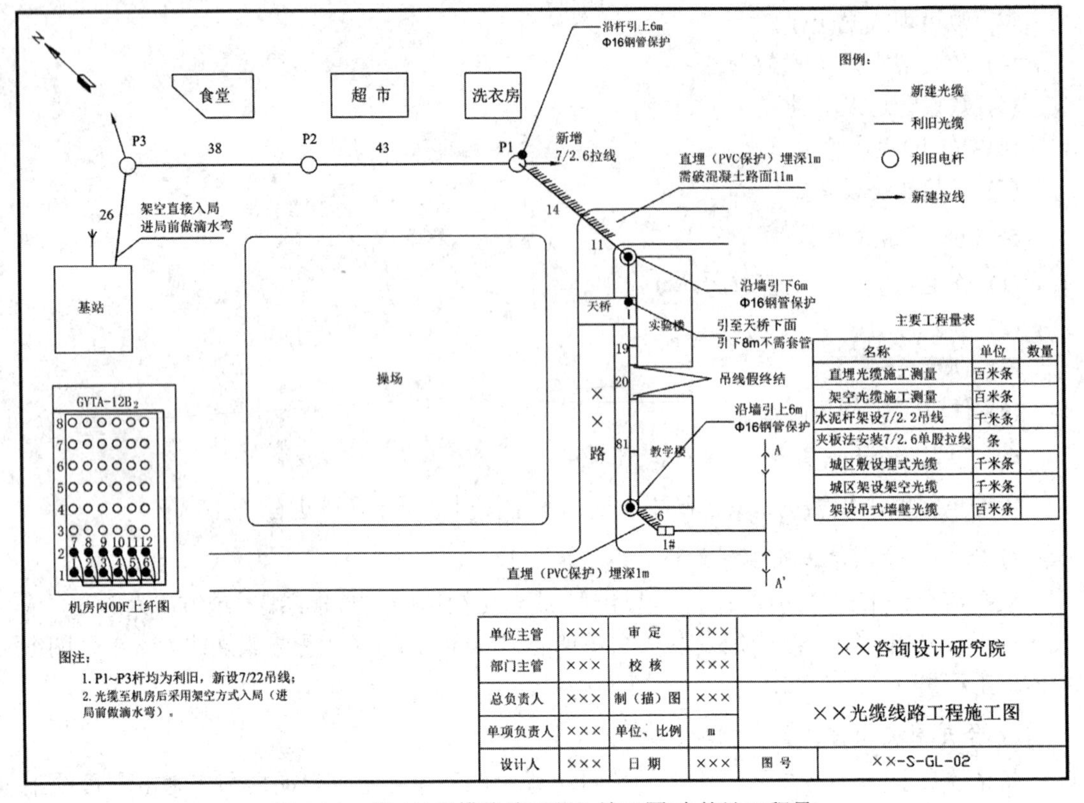

名称	单位	数量
直埋光缆施工测量	百米条	
架空光缆施工测量	百米条	
水泥杆架设7/2.2吊线	千米条	
夹板法安装7/2.6单股拉线	条	
城区敷设埋式光缆	千米条	
城区架设架空光缆	千米条	
架设吊式墙壁光缆	百米条	

单位主管	×××	审定	×××	××咨询设计研究院	
部门主管	×××	校核	×××		
总负责人	×××	制（描）图	×××	××光缆线路工程施工图	
单项负责人	×××	单位、比例	m		
设计人	×××	日期	×××	图号	××-S-GL-02

图 5.16　“××光缆线路工程”施工图(未统计工程量)

(2) 架空光缆施工测量：长度为 6(沿墙引上) + (81 + 20 + 19 + 8(壁挂)) + 6(沿墙引下) + 6(沿 P1 引上) + (43 + 38 + 26(架空)) = 253 m；

(3) 人工开挖混凝土路面(100 m 以内)：11 m，查定额第五分册附录 9 可知开挖面积为 138 × 0.11 = 15.18 m^2；

(4) 挖松填光缆沟：6 + 14 = 20 m；

(5) 挖夯填光缆沟；长度为 11 m，体积根据缆沟上口宽度、下底宽度以及深度另行计算；

(6) 城区敷设埋式光缆(12 芯以下)：长度为 6 + 11 + 14 = 31 m；

(7) 埋式光缆铺塑料管保护：6 + 11 + 14 = 31 m；

(8) 水泥杆夹板法安装 7/2.6 单股拉线(综合土)：1 条；

(9) 城区水泥杆架设 7/2.2 吊线：43 + 38 + 26 = 107 m；

(10) 城区架设架空光缆(12 芯以下)：43 + 38 + 26 = 107 m；

(11) 打人(手)孔墙洞：在 1# 双页手孔壁上打墙洞 1 处；

(12) (在基站墙壁上)打穿楼墙洞(砖墙)：1 个；

(13) 安装引上钢管(杆上)：1 套；

(14) 安装引上钢管(墙上)：2 套；

(15) 进局光缆防水封堵：1 处；

(16) 穿放引上光缆：3 条(实验楼西北墙角、教学楼西南墙角和 P1 杆处)；

(17) 架设吊式墙壁光缆(含吊线架设)：81 + 20 + 19 + 8 = 128 m；

(18) 光缆成端接头：12 芯；

(19) 安装光(电)缆托架：1 根；

(20) 安装固定光缆盘：1 套。

2. 工程量汇总

根据上述 20 项工程量统计并经同类项合并，将主要工程量汇总于图中“主要工程量表”，如图 5.17 所示。

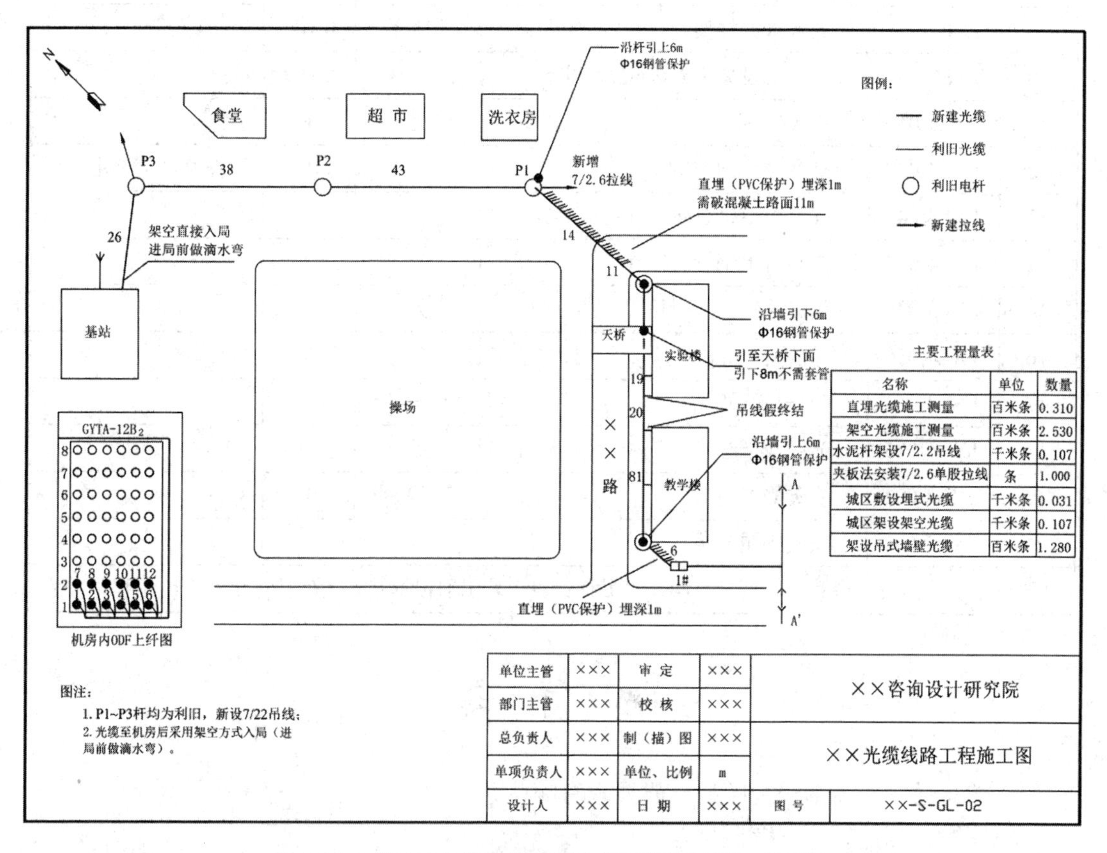

图 5.17　“××光缆线路工程”施工图(已统计工程量)

“××光缆线路工程”中所有工程量(包括隐含工程量)统计详见表 5.8。

表 5.8　“××光缆线路工程”工程量统计清单

序号	定额编号	项 目 名 称	定额单位	数量	备 注
1	TXL1-001	直埋光缆施工测量	百米	0.31	
2	TXL1-002	架空光缆施工测量	百米	2.53	
3	TXL1-008	人工开挖混凝土路面(100 m 以内)	百平方米	0.1518	
4	TXL2-001	挖松填光缆沟	百立方米		长度 20 m，体积另行计算
5	TXL2-007	挖夯填光缆沟	百立方米		长度为 11 m，体积另行计算
6	TXL2-021	城区敷设埋式光缆(12 芯以下)	千米条	0.031	

续表

序号	定额编号	项 目 名 称	定额单位	数量	备 注
7	TXL2-110	埋式光缆铺塑料管保护	m	31	
8	TXL3-054	水泥杆夹板法安装 7/2.6 单股拉线(综合土)	条	1	
9	TXL3-171	城区水泥杆架设 7/2.2 吊线	千米条	0.107	
10	TXL3-192	城区架设架空光缆(12 芯以下)	千米条	0.107	
11	TXL4-033	打人(手)孔墙洞	处	1	
12	TXL4-037	打穿楼墙洞(砖墙)	个	1	在基站墙壁上
13	TXL4-043	安装引上钢管(杆上)	套	1	
14	TXL4-044	安装引上钢管(墙上)	套	2	
15	TXL4-048	进局光缆防水封堵	处	1	
16	TXL4-050	穿放引上光缆	条	3	
17	TXL4-053	架设吊线式墙壁光缆	百米条	1.28	
18	TXL6-005	光缆成端接头	芯	12	
19	TXL7-002	安装光缆托架	根	1	
20	TXL7-003	安装固定光缆盘	套	1	
注：图中给定的设计参数或数据不全面，“另行计算”表示需根据其他条件计算出对应的工程量数值					

思 考 题

1. 信息通信建设工程制图的一般要求有哪些？
2. 图衔应包括哪些图纸信息？
3. 对照并说明信息通信建设各专业工程量统计顺序与相应定额的对应关系。
4. 什么是工程识图？准确识图的意义何在？
5. 工程量统计的步骤是什么？

第 6 章　建设工程概(预)算的编制与管理

6.1　建设工程概(预)算的概念

6.1.1　概(预)算的定义

建设工程的概(预)算是指初步设计概算和施工图设计预算的统称。建设工程概(预)算是工程设计文件的重要组成部分。根据建设工程各阶段不同的设计深度和建设内容，按照国家主管部门颁发的相关定额、设备和材料价格、编制方法、费用定额以及费用标准等有关文件，对建设工程从筹建至竣工交付使用预先计算和确定其全部费用的文件称之为概(预)算文件。

建设工程概(预)算的编制，应按相应的设计阶段进行。当建设工程采用两阶段设计时，初步设计阶段编制设计概算，施工图设计阶段编制施工图预算。采用一阶段设计时，应编制施工图预算，并计列预备费、投资贷款利息等费用。建设工程按三阶段设计时，在技术设计阶段编制修正概算。

及时、准确地编制出工程概(预)算，对加强建设工程管理，提高建设工程投资的社会效益、经济效益有着重要意义，也是加强建设工程项目管理的重要内容。

6.1.2　概(预)算的作用

1. 设计概算的作用

设计概算是用货币形式综合反映和确定建设项目从筹建至竣工验收的全部建设费用。其主要作用有以下五点。

(1) 设计概算是确定和控制固定资产投资、编制和安排投资计划、控制施工图预算的主要依据。建设项目对人力、物力和财力的需要量，是通过设计概算来确定的，所以设计概算是确定建设项目所需投资总额及其构成的依据，同时也是确定年度建设计划和年度投资计划的基础。设计概算的编制质量将直接影响年度建设计划的编制质量，只有根据合理的设计概算确定年度建设计划和年度投资计划，才能使年度建设计划安排的投资额既能保证项目建设的需要，又能节约建设资金。

经批准的设计概算是确定建设项目所需投资的最高限额。设计单位必须严格按照批准的初步设计中的总概算进行施工图预算的编制，施工图预算不得任意突破设计概算，突破总概算时，必须在原设计单位和建设单位共同提出追加投资的申请报告基础上，经主管部门审批。

(2) 设计概算是核定贷款额度的主要依据。建设单位根据批准的设计概算总投资额办理建设贷款，安排投资计划，控制贷款。如果建设项目投资额突破设计概算，应查明原因后，由建设单位报请上级主管部门调整或追加设计概算总投资额，未经相关部门批准，银行不得追加拨款和贷款。

(3) 设计概算是考核工程设计技术经济合理性和工程造价管理的主要依据。设计概算是项目建设方案或设计方案经济合理性的反映，可以用来对不同的建设方案或设计方案进行技术和经济合理性比较，以便选择最佳的建设方案或设计方案。

一个能够达到某种生产能力或经济效益水平的建设项目，由于建设方案不同而需要的建设费用会有很大的差异。对不同设计方案的设计概算进行技术经济分析比较，以便优选最经济合理的设计方案。

建设项目的各项费用是通过编制设计概算时逐项确定的。因此，工程造价的管理必须根据设计概算所规定的费用内容和要求，严格控制各项费用，防止突破项目投资，增加项目建设成本。

(4) 设计概算是筹备设备、材料采购和签订订货合同的主要依据。当设计概算经主管部门批准后，建设单位就可以开始按照设计文件提供的设备、材料清单对多个生产厂家的设备性能及价格进行调查、询价，按设计要求进行比较，选择性价比最优的产品，签订订货合同，进行建设筹备工作。

(5) 设计概算是控制项目投资，考核建设成本，提高项目实施阶段工程管理和经济核算水平的必要手段。

2. 施工图预算的作用

施工图预算是设计概算的进一步具体化。它是根据施工图设计算出的工程量、依据现行预算定额和费用定额规定的费率标准及计算方法、签订的设备材料合同价或设备材料预算价格等，进行计算和编制的工程造价文件。它具有以下的重要作用。

(1) 施工图预算是考核工程成本，确定工程造价的主要依据。根据工程的施工图纸计算出的施工图预算，即为工程预算造价。只有正确地编制施工图预算，才能合理地确定工程的预算造价，并据此落实和调整年度建设投资计划。

建设单位必须以此为依据进行经济核算，以最少的人力、物力和财力消耗完成建设工程，降低工程成本。

(2) 施工图预算是签订工程承、发包合同的依据。建设单位与施工单位的费用往来，是以施工图预算及双方签订的合同为依据的，所以施工图预算又是建设单位监督工程拨款和控制工程造价的一项主要依据。实行招投标的工程，施工图预算是建设单位确定标底和施工企业进行投标报价的依据。

对于不采用招标方式的工程，建设单位和施工单位双方以施工图预算为基础协商工程承包合同，明确双方的经济责任。即通过建设单位、施工单位协商，以施工图预算为基础，参照一定的系数调整，最终确定合同价格。

(3) 施工图预算是工程价款结算的主要依据。项目竣工验收点交之后，除按预算加系数包干的工程外，都要编制项目结算，以结清工程价款。结算工程价款是以施工图预算中的工程量和单价为基础，再根据施工中设计变更后的实际施工情况，以及实际完成的工程量情况编制项目结算。

(4) 施工图预算是考核施工图设计技术经济合理性的主要依据。施工图预算要根据设计文件的编制程序编制，它对确定单项工程造价具有特别重要的作用。施工图预算的工料统计表列出的各单位工程对各类人工和材料的需求量等，是施工企业编制施工计划、做施工准备和进行统计、核算等不可缺少的依据。

6.1.3　概(预)算的构成

1. 初步设计概算的构成

初步设计阶段必须编制设计概算。设计概算的组成是根据建设规模的大小而确定的，一般由建设项目总概算、单项工程概算组成。

单项工程概算由工程费、工程建设其他费、预备费和建设期利息四部分组成。建设项目总概算等于各单项工程概算之和，它是一个建设项目从筹建到竣工验收的全部投资，其构成如图 6.1 所示。

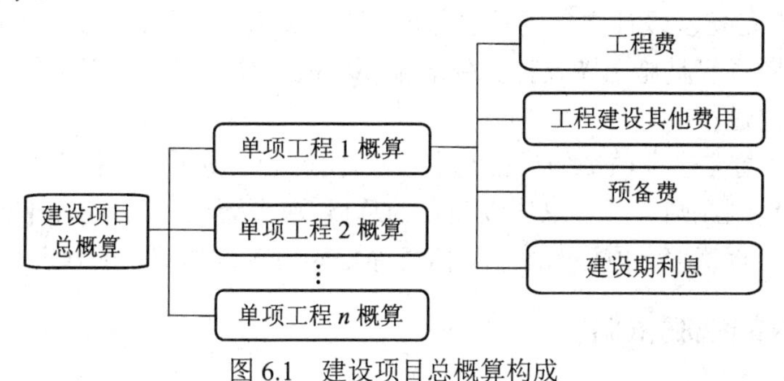

图 6.1　建设项目总概算构成

2. 施工图设计预算的构成

施工图设计阶段需要编制预算，一般由单位工程预算、单项工程预算、建设项目总预算三个层次组成。

单位工程预算汇总应包括建筑安装工程费和设备、工器具购置费。

单项工程施工图预算应包括工程费、工程建设其他费和建设期利息，其构成如图 6.2 所示。若为一阶段设计时，需另外计列预备费(费用标准按概算编制办法计算)；对于二阶段设计时的施工图预算，由于初步设计概算中已计列预备费，所以施工图预算中不再计列预备费。

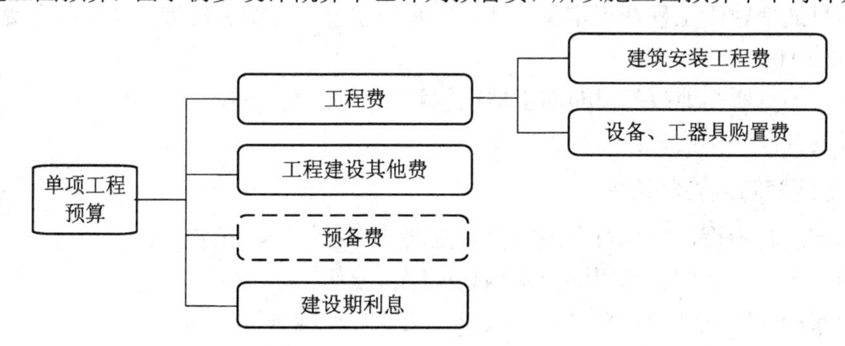

图 6.2　单项工程施工图预算构成

工程建设其他费是以单项工程作为计取单位的，因特定原因需要分摊到各单位工程中，亦可分别摊入单位工程预算中，但工程建设其他费的各项费用计算时不能以单位工程中的费用额度作为计算基数。

6.2　信息通信建设工程概(预)算的编制

6.2.1　概(预)算的编制原则

信息通信建设工程概(预)算的编制原则如下：

(1) 信息通信建设工程概(预)算应按工业和信息化部印发的《工业和信息化部关于印发〈信息通信建设工程预算定额、工程费用定额及工程概预算编制规程〉的通知》(工信部通信[2016] 451 号)发布的相关标准进行编制。

(2) 信息通信建设工程概(预)算应按规定的标准和图纸计算工程量，完整准确地反映设计内容、施工条件和实际价格。

(3) 设计概算是初步设计文件的重要组成部分。编制初步设计概算应在投资估算的范围内进行。施工图预算是施工图设计文件的重要组成部分。编制施工图预算应在批准的初步设计概算范围内进行。

(4) 一个信息通信建设项目如果由几个设计单位共同设计时，总体设计单位应负责统一概算、预算的编制原则，并汇总建设项目的总概算、总预算。分设计单位负责本设计单位所承担的单项工程概算、预算的编制。信息通信建设工程概算、预算应按单项工程编制。

6.2.2　概(预)算的编制依据

1. 初步设计概算和修正概算的编制依据

编制概算都应以现行规定和咨询价格为依据，不能随意套用作废或停止使用的资料和依据，防止概算失控、不准。概算编制的主要依据有：

(1) 批准的可行性研究报告；

(2) 初步设计图纸及有关资料；

(3) 国家相关管理部门发布的有关法律、法规、标准规范；

(4) 《信息通信建设工程预算定额》(目前信息通信工程用预算定额代替概算定额编制概算)、《信息通信建设工程费用定额》、《信息通信建设工程施工机械、仪表台班费用定额》及其他有关文件；

(5) 建设项目所在地政府发布的土地征用和赔补费等有关规定；

(6) 有关合同、协议等。

2. 施工图预算的编制依据

(1) 批准的初步设计概算及有关文件或批准的可行性研究报告；

(2) 施工图、标准图、通用图及其编制说明；

(3) 国家相关管理部门发布的有关法律、法规、标准规范；

(4) 《信息通信建设工程预算定额》、《信息通信建设工程费用定额》、《信息通信建设工程施工机械、仪表台班费用定额》及其他有关文件；

(5) 建设项目所在地政府发布的土地征用和赔补费用等有关规定；

(6) 有关合同、协议等。

6.2.3 引进设备安装工程概(预)算的编制

1. 编制依据

引进设备安装工程概(预)算的编制依据，除参照 6.2.2 节所列条件外，还应依据国家和相关部门批准的引进设备工程项目订货合同、细目及价格，以及国外有关技术经济资料和相关文件等。

2. 编制要求

(1) 引进设备安装工程的概(预)算(指引进设备的费用)，除必须编制引进国的设备价款外，还应按引进设备的到岸价折算成人民币的价格，依据本办法有关条款进行编制。引进设备安装工程的概(预)算应用两种货币表现形式，其外币表现形式可用美元或合同标注的货币。

(2) 引进设备安装工程的概(预)算除应包括本办法和费用定额规定的费用外，还应包括关税、增值税、国家规定的其他税、海关监管费、外贸手续费、银行财务费和国家规定应计取的其他费用，其计取标准和办法应参照国家或相关部门的有关规定。

(3) 引进设备安装工程的概(预)算另需编制《进口器材概(预)算表》和《进口设备工程建设其他费概(预)算表》。

6.2.4 概(预)算文件的组成

概(预)算文件由编制说明和概(预)算表组成。

1. 编制说明

编制说明一般应由以下几项内容组成：

(1) 工程概况。

(2) 编制依据及采用的取费标准和计算方法的说明。

(3) 工程技术经济指标分析。主要分析各项投资的比例和费用构成，分析投资情况，说明设计的经济合理性及编制中存在的问题。

(4) 其他需要说明的问题。

2. 概(预)算表格

信息通信建设工程概(预)算表格统一使用下面五种(共十张)表格：

(1)《建设项目总概(预)算表(汇总表)》，见表 6.1；

(2)《工程概(预)算总表(表一)》，见表 6.2；

(3)《建筑安装工程费用概(预)算表(表二)》，见表 6.3；

(4)《建筑安装工程量概(预)算表(表三)甲》，见表 6.4；

(5)《建筑安装工程机械使用费概(预)算表(表三)乙》，见表 6.5；

(6)《建筑安装工程仪器仪表使用费概(预)算表(表三)丙》，见表 6.6；

(7)《国内器材概(预)算表(表四)甲》，见表 6.7；

(8)《进口器材概(预)算表(表四)乙》，见表 6.8；

(9)《工程建设其他费概(预)算表(表五)甲》，见表 6.9；

(10)《进口设备工程建设其他费用概(预)算表(表五)乙》，见表 6.10。

表 6.1　建设项目总____算表(汇总表)

建设项目名称：　　　　建设单位名称：　　　　表格编号：　　　　第　页

序号	表格编号	费用名称	小型建筑工程费	需要安装的设备费	不需安装的设备、工器具费	建筑安装工程费	其他费用	预备费	总价值				生成准备及开办费
			(元)						除税价	增值税	含税价	其中外币( )	(元)
I	II	III	IV	V	VI	VII	VIII	IX	X	XI	XII	XIII	XIV

设计负责人：　　　　审核：　　　　编制：　　　　编制日期：　年　月

表 6.2　工程___算总表(表一)

建设项目名称：

工程名称：　　　　　　　　建设单位名称：　　　　　　　　表格编号：　　　　　　　　第　　页

序号	表格编号	费用名称	小型建筑工程费	需要安装的设备费	不需安装的设备、工器具费	建筑安装工程费	其他费用	预备费	总 价 值			
			(元)						除税价	增值税	含税价	其中外币( )
Ⅰ	Ⅱ	Ⅲ	Ⅳ	Ⅴ	Ⅵ	Ⅶ	Ⅷ	Ⅸ	Ⅹ	Ⅺ	Ⅻ	XⅢ

设计负责人：　　　　　　　　审核：　　　　　　　　编制：　　　　　　　　编制日期：　　年　　月

表 6.3　建筑安装工程费用___算表(表二)

工程名称：　　建设单位名称：　　表格编号：　　第　页

序号	费 用 名 称	依据和计算方法	合计(元)	序号	费用名称	依据和计算方法	合计(元)
I	II	III	IV	I	II	III	IV
	建筑安装工程费(含税价)			7	夜间施工增加费		
	建筑安装工程费(除税价)			8	冬雨季施工增加费		
一	直接费			9	生产工具用具使用费		
(一)	直接工程费			10	施工用水电蒸汽费		
1	人工费			11	特殊地区施工增加费		
(1)	技工费			12	已完成工程及设备保护费		
(2)	普工费			13	运土费		
2	材料费			14	施工队伍调遣费		
(1)	主要材料费			15	大型施工机械调遣费		
(2)	辅助材料费			二	间接费		
3	机械使用费			(一)	规费		
4	仪表使用费			1	工程排污费		
(二)	措施项目费			2	社会保障费		
1	文明施工费			3	住房公积金		
2	工地器材搬运费			4	危险作业意外伤害保险费		
3	工程干扰费			(二)	企业管理费		
4	工程点交，场地清理费			三	利润		
5	临时设施费			四	销项税额		
6	工程车辆使用费						

设计负责人：　　审核：　　编制：　　编制日期：　年　月

表 6.4　建筑安装工程量____算表(表三)甲

工程名称：　　　　　　　　建设单位名称：　　　　　　　　表格编号：　　　　　　　　第　页

序号	定额编号	项目名称	单位	数量	单位定额值(工日)		合计值(工日)	
					技工	普工	技工	普工
I	II	III	IV	V	VI	VII	VIII	IX

设计负责人：　　　　　　　　审核：　　　　　　　　编制：　　　　　　　　编制日期：　　年　　月

表 6.5　建筑安装工程施工机械使用费____算表(表三)乙

工程名称：　　　　建设单位名称：　　　　表格编号：　　　　第　页

序号	定额编号	项目名称	单位	数量	机械名称	单位定额值(工日)		合计值	
						消耗量(台班)	单价(元)	消耗量(台班)	合价(元)
Ⅰ	Ⅱ	Ⅲ	Ⅳ	Ⅴ	Ⅵ	Ⅶ	Ⅷ	Ⅸ	Ⅹ

设计负责人：　　　　审核：　　　　编制：　　　　编制日期：　年　月

表 6.6　建筑安装工程仪器仪表使用费____算表(表三)丙

工程名称：　　　　建设单位名称：　　　　表格编号：　　　　第　页

序号	定额编号	项目名称	单位	数量	仪表名称	单位定额值(工日)		合计值	
						消耗量(台班)	单价(元)	消耗量(台班)	合价(元)
I	II	III	IV	V	VI	VII	VIII	IX	X

设计负责人：　　　　审核：　　　　编制：　　　　编制日期：　年　月

表 6.7　国内器材____算表(表四)甲

(　　　　　　)表

工程名称：　　　　建设单位名称：　　　　表格编号：　　　　第　页

序号	名称	规格程式	单位	数量	单价(元)	合计(元)			备注
					除税价	除税价	增值税	含税价	
I	II	III	IV	V	VI	VII	VIII	IX	X

设计负责人：　　　　审核：　　　　编制：　　　　编制日期：　年　月

表 6-8　进口器材___算表(表四)乙

(　　　　　)表

工程名称：　　　　建设单位名称：　　　　表格编号：　　　　第　页

序号	中文名称	外文名称	单位	数量	单价		单位定额值			
					外币( )	折合人民币(元)	外币( )	折合人民币(元)		
						除税价		除税价	增值税	含税价
I	II	III	IV	V	VI	VII	VIII	IX	X	XI

设计负责人：　　　　审核：　　　　编制：　　　　编制日期：　年　月

表 6.9　工程建设其他费____算表(表五)甲

工程名称：　　建设单位名称：　　表格编号：　　第　页

序号	费用名称	计算依据及方法	金额(元)			备注
			除税价	增值税	含税价	
I	II	III	IV	V	VI	VII
1	建设用地及综合赔补费					
2	项目建设管理费					
3	可行性研究费					
4	研究试验费					
5	勘察设计费					
6	环境影响评价费					
7	建设工程监理费					
8	安全生产费					
9	引进技术及进口设备其他费					
10	工程保险费					
11	工程招标代理费					
12	专利及专用技术使用费					
13	其他费用					
	总计					
14	生产准备及开办费(运营费)					

设计负责人：　　审核：　　编制：　　编制日期：　年　月

表 6.10　进口设备工程建设其他费用____算表(表五)乙

工程名称：　　建设单位名称：　　表格编号：　　第　页

序号	费用名称	计算依据及方法	金额				备注
			外币 (　)	折合人民币(元)			
				除税价	增值税	含税价	
I	II	III	IV	V	VI	VII	VIII

设计负责人：　　审核：　　编制：　　编制日期：　年　月

6.2.5 概(预)算表格填写说明

1. 表格标题、表首填写说明

(1) 本套表格供编制工程项目概算或预算使用，各类表格的标题中的“____”应根据编制阶段明确填写“概”或“预”。

(2) 本套表格的表首填写具体工程的相关内容。

(3) 表格中“增值税”栏目中的数值，均为建设方应支付的进项税额。在计算乙供主材时，表四中的“增值税”及“含税价”栏可不填写。

(4) 本套表格的编码规则见表 6.11、6.12。

表 6.11　表 格 编 码

<table>
<tr><th colspan="2">表格名称</th><th>表格编号</th></tr>
<tr><td colspan="2">汇总表</td><td>专业代码-总</td></tr>
<tr><td colspan="2">表一</td><td>专业代码-1</td></tr>
<tr><td colspan="2">表二</td><td>专业代码-2</td></tr>
<tr><td rowspan="3">表三</td><td>表三甲</td><td>专业代码-3 甲</td></tr>
<tr><td>表三乙</td><td>专业代码-3 乙</td></tr>
<tr><td>表三丙</td><td>专业代码-3 丙</td></tr>
<tr><td rowspan="3">表四甲</td><td>主材表</td><td>专业代码-4 甲 A</td></tr>
<tr><td>设备表</td><td>专业代码-4 甲 B</td></tr>
<tr><td>不需要安装设备、仪表工器具表</td><td>专业代码-4 甲 C</td></tr>
<tr><td rowspan="3">表四乙</td><td>主材表</td><td>专业代码-4 乙 A</td></tr>
<tr><td>设备表</td><td>专业代码-4 乙 B</td></tr>
<tr><td>不需要安装设备、仪表工器具表</td><td>专业代码-4 乙 C</td></tr>
<tr><td colspan="2">表五甲</td><td>专业代码-5 甲</td></tr>
<tr><td colspan="2">表五乙</td><td>专业代码-5 乙</td></tr>
</table>

表 6.12　专业代码编码

专业名称	专业代码
通信电源设备安装工程	TSD
有线通信设备安装工程	TSY
无线通信设备安装工程	TSW
通信线路工程	TXL
通信管道工程	TGD

2. 汇总表(见表 6.1)填写说明

(1) 本表供编制建设项目总概算(预算)使用，建设项目的全部费用在本表中汇总。

(2) 第Ⅱ栏根据各工程相应总表(见表 6.2，即表一)编号填写。

(3) 第Ⅲ栏根据建设项目的工程名称依次填写。

(4) 第Ⅳ～Ⅸ栏填写各工程概算或预算表(见表 6.2)中对应的费用合计，费用均为除税价。

(5) 第Ⅹ栏填写说明。

(6) 第Ⅺ栏填写Ⅳ～Ⅸ栏各列费用建设方应支付的进项税之和。

(7) 第Ⅻ栏填写Ⅹ、Ⅺ之和。

(8) 第ⅩⅢ栏填写以上各列费用中以外币支付的合计。

(9) 第ⅩⅣ栏填写各工程项目需要列的“生产准备及开办费”金额。

(10) 当工程有回收金额时，应在费用项目总计下列出“其中回收费用”，其金额填入第ⅤⅢ栏。此费用不冲减总费用。

3. 表一(见表 6.2)填写说明

(1) 本表供编制单项(单位)工程概算(预算)使用。

(2) 表首“建设项目名称”填写立项工程项目全称。

(3) 第Ⅱ栏根据本工程各类费用概算(预算)表格编号填写。

(4) 第 Ⅲ 栏根据本工程概算(预算)各类费用名称填写。

(5) 第 Ⅳ～Ⅸ 栏根据相应各类费用合计填写，费用均为除税价。

(6) 第Ⅹ栏为第 Ⅳ～Ⅸ 栏之和。

(7) 第 Ⅺ 栏填写 Ⅳ～Ⅸ 栏各项费用建设方应支付的进项税额之和。

(8) 第 Ⅻ 栏填写Ⅹ、Ⅺ 之和。

(9) 第ⅩⅢ 栏填写本工程引进技术和设备支付外币的合计。

(10) 当工程有回收金额时，应在费用项目总计下列出“其中回收费用”，其金额填入第Ⅷ栏。此费用不冲减总费用。

4. 表二(见表 6.3)填写说明

(1) 本表供编制建筑安装工程费使用。

(2) 第 Ⅲ 栏根据《信息通信建设工程费用定额》相关规定，填写第Ⅱ栏各项费用的计算依据和方法。

(3) 第Ⅳ栏填写第Ⅱ栏各项费用的计算结果。

5. 表三(见表 6.4～6.6)填写说明

1) (表三)甲(见表 6.4)填写说明

(1) 本表供编制工程量，并计算技工和普工总工日数量使用。

(2) 第Ⅱ栏根据《信息通信建设工程预算定额》，填写所套用预算定额子目的编号。若需临时估列工作内容子目，在本栏中标注“估列”两字；“估列”条目达到两项，应编写“估列”序号。

(3) 第 Ⅲ、Ⅳ 栏根据《信息通信建设工程预算定额》分别填写所套定额子目的名称、单位。

(4) 第Ⅴ栏填写对应该子目的工程量数值。

(5) 第 Ⅵ、Ⅶ 栏填写所套定额子目的单位工日定额值。

(6) 第Ⅷ栏为第Ⅴ栏与第Ⅵ栏的乘积。

(7) 第Ⅸ栏为第Ⅴ栏与第Ⅶ栏的乘积。

2) (表三)乙(见表 6.5)填写说明

(1) 本表供计算机械使用费使用。

(2) 第Ⅱ、Ⅲ、Ⅳ和Ⅴ栏分别填写所套用定额子目的编号、名称、单位以及对应该子目的工程量数值。

(3) 第Ⅵ、Ⅶ栏分别填写定额子目所涉及的机械名称及机械台班的单位定额值。

(4) 第Ⅷ栏填写根据《信息通信建设工程施工机械、仪表台班单价》查找到的相应机械台班单价值。

(5) 第Ⅸ栏填写第Ⅶ栏与第Ⅴ栏的乘积。

(6) 第Ⅹ栏填写第Ⅷ栏与第Ⅸ栏的乘积。

3) (表三)丙(见表 6.6)填写说明

(1) 本表供计算仪表使用费使用。

(2) 第Ⅱ、Ⅲ、Ⅳ和Ⅴ栏分别填写所套用定额子目的编号、名称、单位以及对应该子目的工程量数值。

(3) 第Ⅵ、Ⅶ栏分别填写定额子目所涉及的仪表名称及仪表台班的单位定额值。

(4) 第Ⅷ栏填写根据《信息通信建设工程施工机械、仪表台班单价》查找到的相应仪表台班单价值。

(5) 第Ⅸ栏填写第Ⅶ栏与第Ⅴ栏的乘积。

(6) 第Ⅹ栏填写第Ⅷ栏与第Ⅸ栏的乘积。

6. 表四(见表 6.7～6.8)填写说明

1) (表四)甲(见表 6.7)填写说明

(1) 本表供编制本工程的主要材料、设备和工器具费使用。

(2) 本表可根据需要拆分成主要材料表，需要安装的设备表和不需要安装的设备、仪表、工器具表。表格标题下面括号内根据需要填写“主要材料”“需要安装的设备”“不需要安装的设备、仪表、工器具”字样。

(3) 第Ⅱ、Ⅲ、Ⅳ、Ⅴ、Ⅵ栏分别填写名称、规格程式、单位、数量、单价。第Ⅵ栏为不含税单价。

(4) 第Ⅶ栏填写第Ⅵ栏与第Ⅴ栏的乘积。第Ⅷ、Ⅸ栏分别填写合计的增值税及含税价。

(5) 第Ⅹ栏填写需要说明的有关问题。

(6) 依次填写上述信息后，还需计取下列费用：① 小计；② 运杂费；③ 运输保险费；④ 采购及保管费；⑤ 采购代理服务费；⑥ 合计。

(7) 用于主要材料表时，应将主要材料分类后按上述第(6)点计取相关费用，然后进行总计。

2) (表四)乙(见表 6.8)填写说明

(1) 本表供编制进口的主要材料、设备和工器具费使用。

(2) 本表可根据需要拆分成主要材料表、需要安装的设备表和不需要安装的设备、仪表、工器具表。表格标题下面括号内根据需要填写“主要材料”“需要安装的设备”“不需要安装的设备、仪表、工器具”字样。

(3) 第Ⅵ、Ⅶ、Ⅷ、Ⅸ、Ⅹ、Ⅺ栏分别填写对应的外币金额及折算人民币的金额，并按引进工程的有关规定填写相应费用。其他填写方法与(表四)甲(见表 6.7)基本相同。

7. 表五(见表 6.9～6.10)填写说明

1) (表五)甲(见表 6.9)填写说明

(1) 本表供编制国内工程计列的工程建设其他费使用。

(2) 第Ⅲ栏根据《信息通信建设工程费用定额》相关费用的计算规则填写。

(3) 第Ⅳ、Ⅴ、Ⅵ栏填写说明。

(4) 第Ⅶ栏填写需要补充说明的内容事项。

2) (表五)乙(见表 6.10)填写说明

(1) 本表供编制进口设备工程所需计列的工程建设其他费使用。

(2) 第Ⅲ栏根据国家及主管部门的相关规定填写。

(3) 第Ⅳ、Ⅴ、Ⅵ、Ⅶ栏分别填写各项费用的外币与人民币数值。

(4) 第Ⅷ栏根据需要填写补充说明的内容事项。

6.2.6 概(预)算的编制方法

信息通信建设工程概(预)算采用实物工程量法编制。首先，根据工程设计图纸分别计算出各分项工程量；然后，套用相应的人工、材料、机械台班、仪表台班的定额用量，再以定额基础单价及工程所在地或所处时段的基础单价计算出人工费、材料费、机械使用费和仪表使用费，进而计算出直接工程费；其次，根据信息通信建设工程费用定额给出的计费原则和计算方法计算出其他各项取费；最后，汇总单项或单位工程总费用。

实物法编制工程概(预)算的步骤如图 6.3 所示。

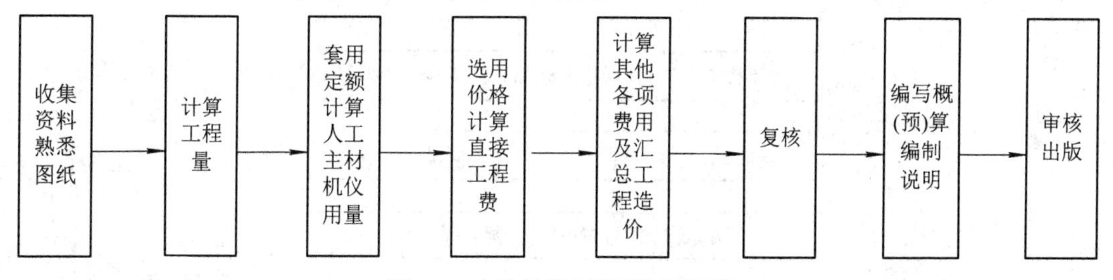

图 6.3 实物法编制概(预)算步骤

1. 收集资料、熟悉图纸

在编制概算、预算前，针对工程具体情况和所编概算、预算内容收集有关资料，包括概算、预算定额、费用定额以及材料、设备价格等。对设计图纸进行一次全面的检查，包括图纸是否完整、设计意图是否明确、各部分尺寸是否有误以及有无施工说明等。

2. 计算工程量

计算工程量是一项工作量很大而又十分细致的工作。工程量是编制概算、预算的基本数据，计算的准确与否直接影响到工程造价的准确度。工程量计算时要注意以下几点：

(1) 要先熟悉图纸的内容和相互关系，注意理清有关标注和说明；

(2) 计算的单位一定要与编制概算、预算时依据的概算、预算定额单位相一致；

(3) 计算的方法一般可依照施工图顺序由下而上、由内而外、由左而右依次进行；

(4) 要防止误算、漏算和重复计算；

(5) 最后将同类项加以合并，并编制工程量汇总表。

3. 套用定额，选用价格

工程量经复核无误方可套用定额。套用定额时应核对工程内容与定额内容是否一致，以防误套。

4. 计算各项费用

根据《通信建设工程概算预算编制办法》的计算规则、标准分别计算各项费用，并按信息通信建设工程概(预)算表格的填写要求填写表格。

5. 复核

对上述表格内容进行一次全面检查。检查所列项目、工程量、计算结果、套用定额、选用单价、取费标准以及计算数值等是否正确。

6. 编写编制说明

复核无误后，进行对比、分析，编写编制说明。凡概(预)算表格不能反映的一些事项以及编制中必须说明的问题，都应用文字表达出来，以供审批单位审查。

在编制信息通信建设工程概(预)算的过程中，应该按照表三(见表 6.4～6.6)、表四(国内器材见表 6.7，进口器材见表 6.8)、表二(见表 6.3)、表五(国内设备见表 6.9，进口设备见表 6.10)、表一(见表 6.2)的顺序进行，具体如图 6.4 所示。

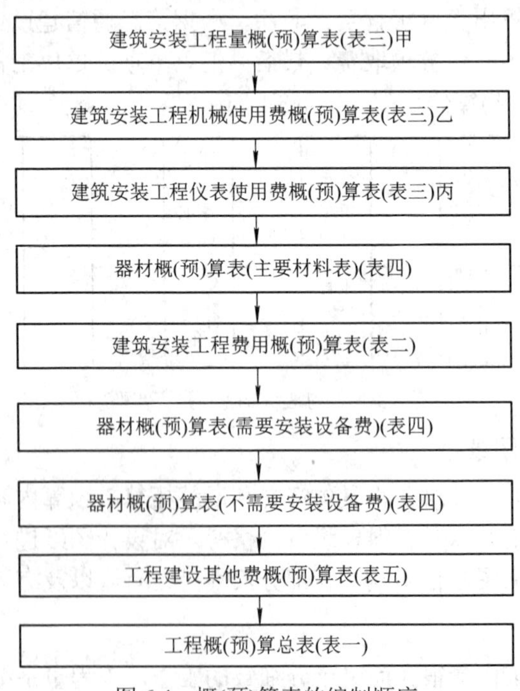

图 6.4　概(预)算表的编制顺序

7. 审核出版

编制完成的设计概算、施工图预算经审核、领导签署，即可印刷出版。

6.3 建设工程概(预)算的管理

6.3.1 建设工程概算审批权限的管理

为保证建设项目设计概算文件的质量和发挥概算的作用，应严格执行概算审批程序。目前，设计概算审批权限划分的原则如下：

大型建设项目的初步设计和总概算，按隶属关系，由国务院主管部门或省、市、自治区建委提出审查意见，报国家计委批准。技术设计和修正总概算，由国务院主管部门或省、市、自治区审查批准。

中型建设项目的初步设计和总概算，按隶属关系，由国务院主管部门或省、市、自治区审批，批准文件抄送国家计委备案。

小型建设项目的设计内容和审批权限，由各部门和省、市、自治区自行规定。

初步设计和总概算经批准后，建设单位要及时分送给各设计单位。设计单位必须严格按批准的初步设计和总概算进行施工图设计。如果原初步设计的主要内容有重大变更和总概算需要突破批准的《可行性研究报告》中的投资额时，必须提出具体的超出投资额部分的计算依据并说明原因，报原批准单位审批。未经批准不得变动。

通常建设单位、建设监理单位、概算编制单位、审计单位、施工单位等，都应参与概算的审查工作。

设计概算全面、完整地反映了建设项目的投资数额和投资构成内容，是控制投资规模和工程造价的主要依据。因此要加强设计概算的审批管理。

关于设计概算审批权限的具体划分，以工程实施时相关主管部门的有关规定为准。

6.3.2 建设工程概(预)算的审核

1. 审核工程概(预)算的原则

工程设计完成后，设计单位应根据设计图纸编制初步设计概算或施工图设计预算。对编制完成的工程概(预)算文件，必须进行认真审核。加强工程概(预)算文件的审核，对于提高概(预)算的准确性，正确贯彻有关规定，合理确定工程造价都具有重要的现实意义。在对建设项目概(预)算进行审核时，由于工程建设规模、繁简程度的不同，施工企业的实力不同，使得工程概(预)算资料的质量也不同，因此应根据工程的具体特点，多种方法和手段相结合，灵活使用，保证通过工程造价审核，达到合理控制工程投资的目的。审核工作中一般要坚持如下原则：

(1) 掌握建设项目第一手资料是审核工程概(预)算的前提；

(2) 全面研究设计图纸和定额资料是审核工程概(预)算的基础；

(3) 工程概(预)算的量、价、费同审是审核工作的主要内容；

(4) 选择正确的审核方法是提高审核速度和审核质量的必要保证。

2. 施工图预算审核的依据

1) 经审定的设计图纸及设计说明

设计图纸是计算工程量的基础资料，因为设计图纸反映工程的构造和各部位尺寸，是计算工程量的基本依据。在取得设计图纸和设计说明等资料后，必须全面、细致地熟悉和核对有关图纸和资料，检查图纸是否齐全、正确。如果发现设计图纸有遗漏或相互间有矛盾，应及时向设计人员提出修正意见，予以更正。经过审核、修正后的设计图才能作为计算工程量的依据。

2) 工程概(预)算定额

信息通信工程编制概(预)算时使用的定额是指工信部通信[2016] 451 号文件发布的《信息通信建设工程预算定额》。

3) 经审定的施工组织设计或施工技术措施方案

计算工程量时，还必须参照施工组织设计或施工技术措施方案。

4) 施工现场的实际情况

计算工程量有时还要结合施工现场的实际情况进行。

5) 经确定的其他有关技术经济文件

其他有关技术经济文件主要是指人工工资标准、材料预算价格、施工机械台班单价、建筑工程费用定额、工程承发包合同文件等。

3. 概算、预算的审核内容

1) 概算预算编制依据的审核

审查设计说明、施工图预算的编制是否符合各阶段设计所规定的技术经济条件及其有关说明；采用的各种编制依据，如定额、指标、价格、取费标准、编制方法等，是否符合国家和行业的有关规定；若使用临时补充定额，则要求补充定额的项目设置、内容组成、消耗量均应符合现行定额的编制原则；同时注意审查编制依据的适用范围和时效性。

2) 工程量的审核

工程量是计算直接工程费的重要依据。直接工程费在建筑安装工程造价中起到相当重要的作用，因此，审查工程量，纠正其差错，对提高概算、预算的编制质量具有重要意义。审查时的主要依据是设计图纸、预算定额、工程量计算规则等。审查工程量时必须注意以下几点：

(1) 计算工程量所采用的各个工程及其组成部分的数据，是否与设计图纸上标注的数据及说明相符；

(2) 工程量计算方法是否符合工程量计算规则；

(3) 有无漏算、重算和错算。

3) 套用预算定额的审核

(1) 预算定额的套用是否正确，包括分项工程的名称、规格、计量单位与预算定额所列的内容是否一致。

(2) 定额对项目可否换算，换算是否正确。

(3) 临时补充定额是否正确、合理，是否符合现行定额的编制依据和原则。

4) 设备、材料的用量及预算价格的审核

主要审查设备、材料的规格及用量数据是否符合设计文件要求；设备、材料的原价是否与价格清单相一致；采购、运输、保险费用的费率和计算是否正确；引进设备、材料的各项费用的组成及其计算方法是否符合有关规定。

5) 建筑安装工程费的审核

建筑安装工程费包括的内容与项目专业有关，审查时应注意以下几点：

(1) 工程所属专业与取费费率是否一致，计算基础是否正确；

(2) 建筑安装工程费中的项目应以工程实际为准，没有发生的就不必计算；

(3) 规费和税金应在工程中按国家或省级、行业建设主管部门的规定计算，不能作为竞争性费用。

6) 工程建设其他费用的审核

这部分费用涉及内容多，灵活性大，具体费率或计取标准多为国家相关统一规定，审查时应按各项规定逐项审查计算方法是否正确。

7) 项目总费用的审核

审查项目总费用的组成是否完整，是否包括了全部设计内容；投资总额是否包括了项目从筹建至竣工投产所需的全部费用；是否有预算超出了概算、概算超出投资估算的情况；工程项目的单位造价与类似工程的造价是否相符或接近，如不符且差异过大时，应分析原因，并研究纠正方案。

4. 概算、预算的审核步骤

(1) 备齐有关资料、熟悉图纸。首先要做好审查概算或预算所依据的有关资料的准备工作，如备齐设计图纸、有关标准、预算定额、费用标准、图纸会审记录等；其次要熟悉图纸，因为图纸是审查概算、预算各项工程量的依据。

(2) 了解概算、预算所包括的范围。根据概算、预算的编制说明，了解概算或预算包括的工程内容(如配套设施，室外管线，道路及图纸会审后的设计变更等)。

(3) 了解概算、预算所采用的定额。因为任何预算定额都有其一定的使用范围，都与工程专业、性质相联系，所以要了解编制本概算或预算所采用的是什么预算定额，是否与工程的专业、性质相符合。

(4) 选定审核方法对概算、预算进行审查。因为工程规模大小、繁简程度不同，所以概算、预算的繁简程度和编制要求也不同，因而需根据概算、预算编制的实际情况，来选定合适的审查方法进行审查。

(5) 审核结果的处理。综合整理审查资料，建立完整的审查档案，做好审查的原始记录。对审查中发现的差错，应与编制单位协商，需要进行增加或核减处理的，统一意见后进行相应的调整。

思　考　题

1. 建设工程概(预)算的定义是什么？
2. 建设工程采用一阶段设计时，如何编制预算？
3. 初步设计概算和施工图设计预算的构成分别是什么？
4. 概(预)算的编制方法是什么？主要步骤有哪些？
5. 概(预)算表的编制顺序是什么？

第 7 章　通信工程建设项目招标投标

7.1　建设工程招标投标

招标投标，简称为招投标。招标投标是一种商品交易行为，涉及交易过程的两个方面，是市场经济条件下的一种竞争性采购方式。招标投标是一种国际惯例，是商品经济高度发展的产物，是应用技术、经济的方法和市场经济竞争机制的作用，有组织地开展的一种择优成交的方式。这种方式是在货物、工程和服务的采购行为中，招标人通过事先公布的采购和要求，吸引众多的投标人按照同等条件进行平等竞争，按照规定程序并组织技术、经济和法律等方面专家对众多的投标人进行综合评审，从中择优选定项目的中标人的行为过程。其实质是以较低的价格获得最优的货物、工程和服务。

7.1.1　建设工程招标投标的概念

招标投标是商品经济活动中的一种竞争方式，通常适用于大宗交易。它的特点是：由唯一的买主(或卖主)设定标的，招请若干个卖主(或买主)通过秘密报价进行竞争，从中选择优胜者与之达成交易协议，随后按协议实现标的。从交易的过程来看，招标投标必然包括招标和投标两个最基本且相互对应的环节。

建设工程的招标投标是国际上广泛采用的业主择优选择工程承包商的一种交易方式，是招标人(业主)在工程项目发包之前制定招标文件，公开招引或邀请投标人(承包商)，投标人根据招标文件的规定和要求编写投标文件，在指定的时间里递交投标书并当场开标，然后进行评标，择优选定并最终确定中标人的一种市场经济活动。

建设工程采用招标投标方式，是在市场经济条件下产生的，必然受竞争机制、供求机制、价格机制的制约，其根本目的在于鼓励竞争，防止垄断，择优选择工程承包单位和设备材料供应单位，并促使其能够主动地改善经营管理，提高应变能力和竞争能力，合理地确定合同价格和降低工程造价。建设市场各个参与单位则通过投标竞争，决定自己的生产任务和销售对象，也就是使产品得到社会的承认，从而完成生产计划并实现盈利计划。为此，建设市场各个参与单位必须具备一定的条件，才有可能在投标中胜出，这些条件主要是一定的技术、经济实力和管理经验，此外还涉及高效的工作、合理的价格以及良好的信誉等。

7.1.2 建设工程招标投标的特点

招标投标这种择优竞争的采购方式完全顺应市场经济公平竞争、优胜劣汰的要求，它通过事先公布采购条件和要求，众多投标人按照同等条件进行竞争，招标人按照规定程序从中选择中标人这一系列程序，确保实现“公开、公平、公正、诚实信用”的市场竞争原则。建设工程招标投标一般具有以下五个特点。

1. 程序规范

招标投标活动中的招标、评标、定标以及签订合同等环节均有严格的程序与规则，招标投标程序和条件由招标人事先确定，是在招标方与投标方之间具有同等法律效力的规则，一般情况下不得随意改变。

2. 编制招标、投标文件

在招标投标活动中，招标人必须编制招标文件，投标人依据招标文件编制投标文件并参与投标，招标人委托评标委员会对投标文件进行评审，择优选择中标人。因此，是否编制招标、投标文件，是招标投标区别于其他采购方式的显著特征之一。

3. 开放透明

为确保招标投标活动完全置于公开的社会监督之下，防止发生不正当的交易行为，招标人一般应在指定或选定的报刊等媒体上刊登招标公告，邀请所有潜在的投标人参与投标，并在招标文件中对拟采购的货物、工程或服务做出详细的说明，为供应商和承包商提供共同的投标文件编制依据，阐明评标标准，并在提交投标文件的最后截止日公开开标，整个招标投标过程中严禁招标人与投标人就投标文件的实质性内容进行单独谈判。

4. 公平客观

招标投标活动中，在招标公告或投标邀请书发出后，任何有能力或有资格的投标方均可参与投标，招标方、评标委员会必须公平、客观地对待所有投标方，不得有任何歧视或倾向行为。

5. 一次成交

招标投标活动中，在投标方递交投标文件后到确定中标人之前，招标方不得与投标方就投标价格进行讨价还价，也即投标方只能应邀进行一次性报价，并以此报价作为签订合同的基础。

7.1.3 招标投标基本原则

《中华人民共和国招标投标法》第 5 条规定，招标投标活动应当遵循公开、公平、公正和诚实信用的原则。

1. 公开原则

公开原则，主要包括程序公开和信息公开两个方面，是指招标投标的程序要有透明度，招标人应当将招标信息公布于众，以招引投标人做出积极反应。

2. 公平原则

公平原则，是指所有投标人在招标投标活动中机会均等，也即所有投标人享有同等的权利，必须一视同仁，不得以任何理由对投标人进行歧视或区别对待。

3. 公正原则

公正原则，是指招标人须按照事先公布的条件和标准客观地对待所有投标人。对投标人进行资格预审时，招标人应当按照资格预审文件所阐明的标准和方法对所有投标人进行客观评审和比较。

4. 诚实信用原则

诚实信用原则，是指民事主体在从事民事活动时，应当诚实守信，以善意的方式履行其义务，不得滥用权利及规避法律或者合同规定的义务，它是市场经济交易当事人应当严格遵守的道德准则，在我国，诚实信用原则是《民典法》的一项基本原则。

7.1.4　招投标的分类和范围

1. 招投标的分类

建设工程招投标可以是整个建设过程各个阶段的全部工作，即工程建设总承包招投标或全过程总体招投标，也可以是其中某个阶段的招投标，或是某一个阶段中的某一专项招投标。一般可分为建设项目总承包招投标、工程勘察设计招投标、工程施工招投标、建设项目监理招投标和货物(设备材料)招投标等，如图 7.1 所示。

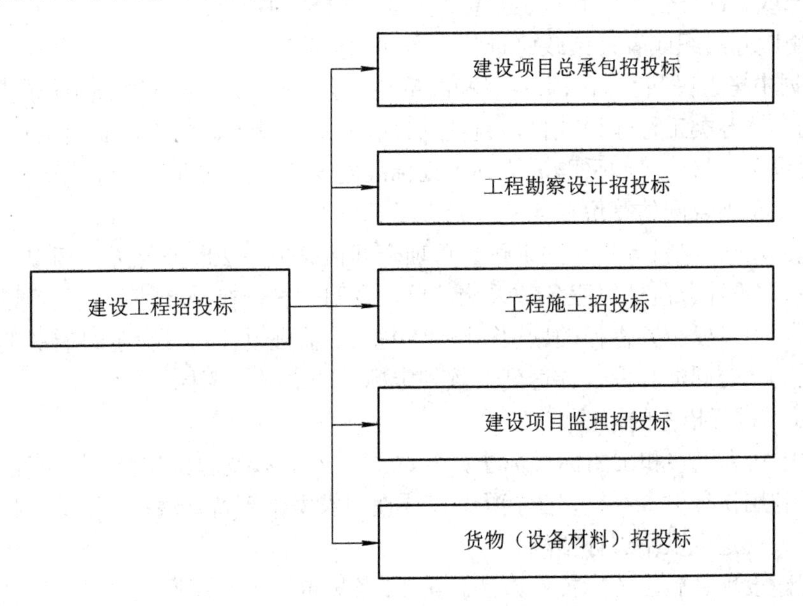

图 7.1　建设工程招投标的分类

建设项目总承包招投标又称建设项目全过程招投标，或“交钥匙”工程招投标，是指从建设工程的项目建议书开始，包括可行性研究、勘察设计、设备采购、施工准备、施工，直至竣工验收、交付使用，对工程全面实行招投标。

工程勘察设计招投标是指招标方就拟建工程的勘察与设计任务发布公告，以法定方式招请勘察设计单位参加投标，具备投标资格的勘察设计单位，按照招标文件的要求，在规定的时间内向招标方提交投标文件，招标方从中择优选定中标人完成工程勘察与设计任务。

工程施工招投标是针对工程施工阶段的全部工作进行的招投标活动，根据工程施工范围大小及专业不同，可分为全部工程招投标、单项工程招投标以及专业工程招投标等。

建设项目监理招投标是针对工程建设过程中的“监理服务”进行的招投标活动，它与建设工程其他招投标的最大区别表现为：监理单位不承担物质生产任务，只是受招标方委托对生产建设过程提供监督、管理、协调与咨询等服务。

货物(设备材料)招投标是针对与工程建设项目相关的设备、材料供应以及设备安装调试等工作进行的招投标活动。

2. 工程项目招标投标的范围

在我国，强制招标的范围主要为工程建设项目，而且是工程建设项目全过程，包括从勘察、设计、施工、监理到设备、材料的采购。

1) 必须招标的范围

(1) 根据《中华人民共和国招标投标法》第 3 条规定，在中华人民共和国境内进行下列工程建设项目包括项目的勘察、设计、施工、监理以及与工程建设有关的重要设备、材料等的采购，必须进行招标：

① 大型基础设施、公用事业等关系社会公共利益、公众安全的项目；

② 全部或者部分使用国有资金投资或者国家融资的项目；

③ 使用国际组织或者外国政府贷款、援助资金的项目。

(2) 根据中华人民共和国国家发展和改革委员会令(第 16 号)《必须招标的工程项目规定》规定的上述各类工程建设项目，包括项目的勘察、设计、施工、监理以及与工程建设有关的重要设备、材料等的采购，达到下列标准之一的，必须进行招标：

① 施工单项合同估算价在 400 万元人民币以上；

② 重要设备、材料等货物的采购，单项合同估算价在 200 万元人民币以上；

③ 勘察、设计、监理等服务的采购，单项合同估算价在 100 万元人民币以上。

同一项目中可以合并进行的勘察、设计、施工、监理以及与工程建设有关的重要设备、材料等的采购，合同估算价合计达到前款规定标准的，必须招标。

2) 可以不进行招标的情况

根据《中华人民共和国招标投标法》第 66 条规定，涉及国家安全、国家秘密、抢险救灾或者属于利用扶贫资金实行以工代赈、需要使用农民工等特殊情况，不适宜招标的项目，按照国家有关规定可以不进行招标。

《工程建设项目施工招标投标办法》第 12 条规定，工程建设项目有下列情形之一的，依法可以不进行施工招标：

(1) 涉及国家安全、国家秘密、抢险救灾或者属于利用扶贫资金实行以工代赈需要使用农民工等特殊情况，不适宜进行招标的；

(2) 施工主要技术采用不可替代的专利或者专有技术的；

(3) 已通过招标方式选定的特许经营项目投资人依法能够自行建设的；

(4) 采购人依法能够自行建设的；

(5) 在建工程追加的附属小型工程或者主体加层工程，原中标人仍具备承包能力，并且其他承担人将影响施工或者功能配套要求的；

(6) 国家规定的其他情形。

7.1.5　招标方式

《中华人民共和国招标投标法》第 10 条规定，招标分为公开招标和邀请招标。

1. 公开招标

公开招标，是指招标人以招标公告的方式邀请不特定的法人或者其他组织投标。招标人可在指定的报刊、电子网络或其他媒体上发布招标公告，吸引众多投标人参与投标竞争，并从中择优选择中标单位，由于招标人选择范围较大，从而可选出报价合理、工期较短、信誉良好的承包商，有利于打破垄断，实行公平竞争。公开招标是一种无限制的竞争方式，按竞争程度又可以分为国际竞争性招标和国内竞争性招标。

2. 邀请招标

邀请招标，是指招标人以投标邀请书的方式邀请特定的法人或者其他组织投标，因此又称为选择性招标或有限竞争招标。经过邀请招标选出的投标单位，一般在施工经验、技术力量、经济和信誉上都比较可靠，能够保证工程建设在进度和质量等方面的要求。同时，由于投标方的数量少(但不少于三家)，因而招投标时间相对缩短，招投标费用也较少。

由于邀请招标在价格、竞争的公平方面仍存在一些不足之处，因此《中华人民共和国招标投标法》规定，国家重点项目和省、自治区、直辖市的地方重点项目不宜进行公开招标的，经过批准后可以进行邀请招标。

3. 公开招标与邀请招标在招标程序上的主要区别

(1) 招标信息的发布方式不同。公开招标利用招标公告发布招标信息，而邀请招标以招标邀请书的形式，向三家以上具备实施能力的投标人发布招标信息。

(2) 对投标人资格审查的时机不同。公开招标由于投标响应者众多，为确保投标人具备相应的实施能力的同时提升评标效率，通常设置“资格预审”程序。邀请招标由于竞争范围小，且招标人对邀请对象的实施能力有一定了解，因此只需在评标阶段进行“资格后审”，即对各投标人的资格和能力进行审查和比较。

(3) 参与投标的对象不同。在邀请招标中，受邀参与投标的是特定的法人或者其他组织，而公开招标则是向不特定的法人或者其他组织发布招标公告。

7.1.6　招标投标流程

工程项目招投标一般包括招标准备阶段、招标阶段和决标成交阶段，如图 7.2 所示。公开招标与邀请招标相比，在招标阶段增设了发布招标公告、进行资格预审的程序。

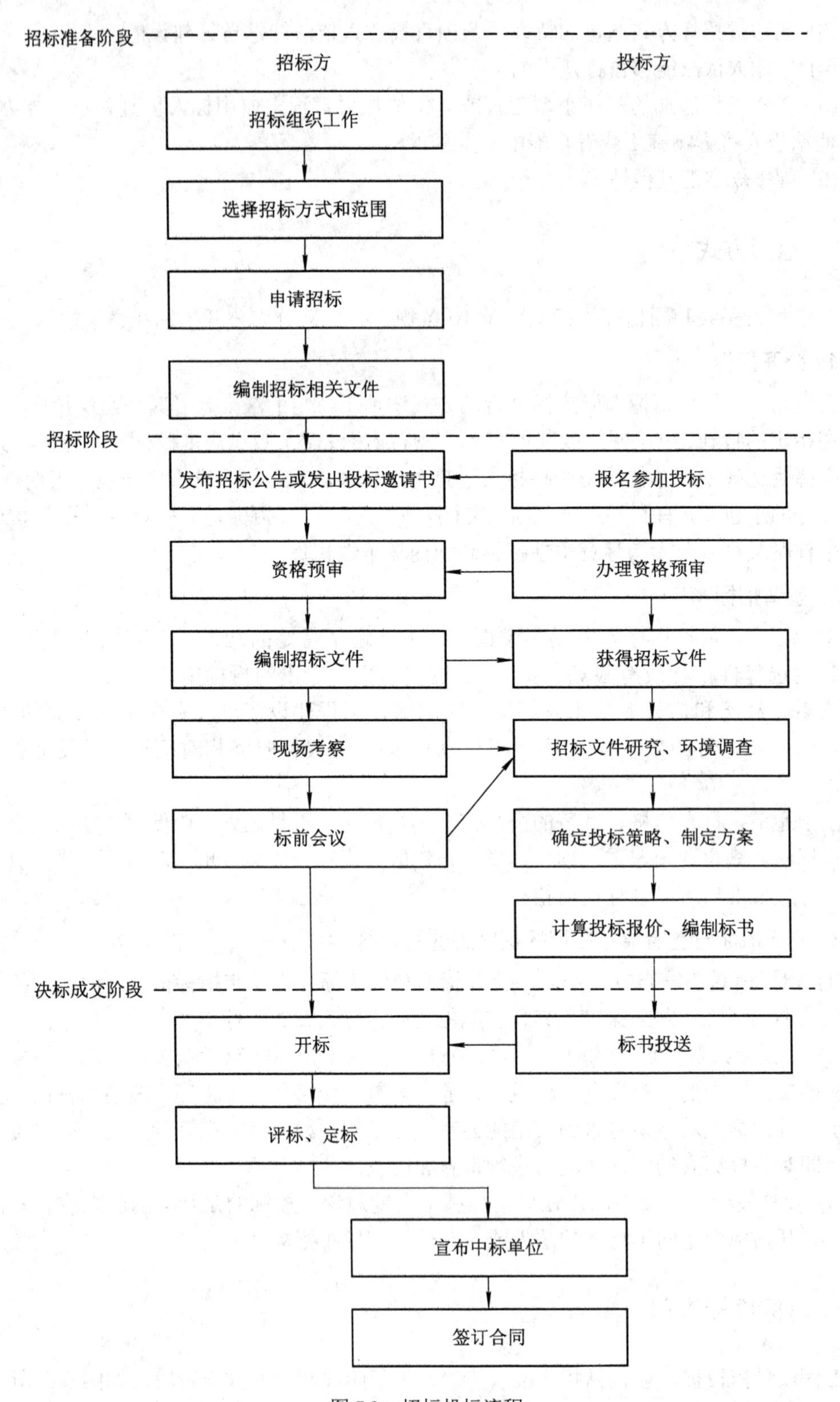
招标准备阶段
招标方
投标方
招标组织工作
选择招标方式和范围
申请招标
编制招标相关文件
招标阶段
发布招标公告或发出投标邀请书
报名参加投标
资格预审
办理资格预审
编制招标文件
获得招标文件
现场考察
招标文件研究、环境调查
标前会议
确定投标策略、制定方案
计算投标报价、编制标书
决标成交阶段
开标
标书投送
评标、定标
宣布中标单位
签订合同

图 7.2　招标投标流程

1. 招标准备阶段

招投标准备阶段的工作由招标人单独完成，投标人不参与，主要工作涉及以下四个方面。

1) 招标组织工作

工程建设项目在向行政主管部门办理报建登记手续后，凡满足招标条件的，均可由具备相应能力的招标人或招标代理人组织招标，办理招标事宜。

根据招标人是否具备相应能力，招标分为招标人自行组织招标与招标人委托招标代理人代理组织招标两种组织形式，无论采用何种招标组织形式，均应向有关行政监督部门备案。

(1) 招标人自行组织招标。招标人设立专门的招标组织，经招标投标管理机构审查合格，确认其具备编制招标文件和组织评标的能力，且能够自行组织招标后，才能自行组织招标、办理招标事宜。

(2) 招标代理人代理组织招标。招标人可委托具备相应能力的招标代理人代理组织招标、代为办理招标事宜。招标人委托招标代理人代理招标，必须签订招标代理合同(协议)。

2) 选择招标方式和范围。

(1) 根据工程特点和招标人的管理能力确定发包范围。

(2) 依据工程建设进度计划确定项目建设过程中的监理招标、设计招标、施工招标以及设备供应招标。

(3) 按照每次招标前期准备工作的完成情况，选择合同的计价方式。如初步设计完成后的大型复杂工程，应采用单价合同；若为施工招标时，已完成施工图设计的中小型工程应采用总价合同。

(4) 依据工程项目的特点、招标前期准备工作的完成情况、合同类型等因素的影响程度，选择并确定招标方式。

3) 申请招标

招标人向行政主管部门办理申请招标手续，在申请招标文件中阐明招标工作范围、招标方式、计划工期、投标人资质要求、招标项目前期准备工作的完成情况以及招标组织形式等内容。

4) 编制招标相关文件

招标准备阶段应编制招标公告、资格预审文件、招标文件、合同协议书以及评标方法等相关文件，保证招标活动的正常进行。经招标投标管理机构对上述文件进行审查认定后，即可发布招标公告或发出投标邀请书。

2. 招标阶段

从发布招标公告或发出投标邀请书开始，到投标截止日期为止的时间称为招标阶段。招标人应合理确定投标人编制投标文件的所需时间，自招标文件发出之日到投标截止日，最短不得少于 20 日。

1) 发布招标公告或发出投标邀请书

招标人须在报刊、杂志、广播、电视等大众传媒或工程交易中心公告栏上发布招标公告，以便所有潜在投标人可获取招标信息，确定是否参与竞争。招标公告或投标邀请书的具体格式可由招标人自行确定，内容一般包括：

(1) 招标人的名称和地址；

(2) 招标项目的性质、内容、规模、技术要求和资金来源；

(3) 招标项目的实施或者交货时间和地点要求；

(4) 获取招标文件或者资格预审文件的时间、地点和方法；

(5) 对招标文件或者资格预审文件收取的费用；

(6) 提交资格预审申请文件或者投标文件的地点和截止时间。

2) 资格预审

资格预审是指工程建设项目在正式投标前，对投标人进行的资信调查，也即资格审查，以确定其是否具备能力承担并完成该工程项目，资格预审文件的内容一般包括：

(1) 资格预审公告；

(2) 申请人须知；

(3) 资格要求；

(4) 业绩要求；

(5) 资格审查标准和方法；

(6) 资格预审结果的通知方式；

(7) 资格预审申请文件格式。

所有申请参与投标的潜在投标人均可购买并填报资格预审文件，招标人向经审查合格的投标人分发招标文件及相关资料，投标人应缴纳一定数量的工本费。资格预审应当按照资格预审文件载明的标准和方法进行，资格预审文件没有规定的标准和方法不得作为资格预审的依据。

3) 编制招标文件

招标人根据招标项目特点和需要编制招标文件，它是投标人编制投标文件和报价的依据，内容一般包括：

(1) 招标公告或者投标邀请书；

(2) 投标人须知；

(3) 投标文件格式；

(4) 项目的技术要求；

(5) 投标报价要求；

(6) 评标标准、方法和条件；

(7) 网络与信息安全有关要求；

(8) 合同主要条款。

招标文件发出后，招标人不得擅自变更其内容，确需进行必要澄清、修改或补充时，至少应在招标文件要求的提交投标文件截止时间15日前，书面通知所有获取招标文件的投标人，以便于他们修改投标书。该澄清、修改或补充的内容是招标文件的组成部分，对招投标双方都有约束力。

4) 现场考察

招标人在投标人须知规定的时间内组织投标人自费进行现场考察，以便于投标人了解工程现场及周围的环境情况，获取必要的信息。

5) 标前会议

标前会议，又称交底会或投标预备会。针对投标人在研读招标文件、现场考察之后以书面形式提出的质疑问题，招标人既可给予书面解答，也可通过标前会议进行解答，同时将解答内容送达所有获取招标文件的投标人，以保证招投标的公开和公平。回答问题函件(答疑纪要)作为招标文件的组成部分，如果书面解答的问题与招标文件中规定的不一致，以函件的解答为准。

经过现场考察和标前会议后，投标人可以着手编制投标文件。

3. 决标成交阶段

从开标日到签订合同这段时间称为决标成交阶段，是对各投标人投标文件进行评审比较、最终确定中标人的过程。

1) 开标

本着公平、公正和公开的原则，公开招标和邀请招标均应在招标文件确定的提交投标文件截止时间的同一时刻公开举行开标会议，开标地点应为招标文件中预先明确的地点。

除评标委员会成员之外，招标人或其代表人、招标代理人、所有投标人的法定代表人或其委托代理人、招标投标管理机构的监管人员和招标人自愿邀请的公证机构的工作人员均需参加开标会议，并可邀请项目有关主管部门、当地计划部门、经办银行等代表出席。

开标时由投标人或其推选的代表检验投标文件的密封情况，确认无误后，若有标底应首先公布，然后由工作人员当众拆封，并当众宣读投标人名称、投标价格等主要内容以及在投标致函中提出的附加条件、补充声明、优惠条件、替代方案等。招标人应记录开标过程并存档备查，记录内容主要包括：

(1) 开标时间和地点；

(2) 投标人名称、投标价格等唱标内容；

(3) 开标过程是否经过公证；

(4) 投标人提出的异议。

开标记录应当由投标人代表、唱标人、记录人和监督人签字。开标后，任何投标人不得更改投标书内容及报价，也不允许再增加优惠条件。投标书经启封后不得再更改评标和定标办法。

2) 评标

评标是由评标委员会按照招标文件确定的评标标准和方法，对投标人的报价、工期、质量、主要材料用量、施工方案或组织设计、以往业绩和合同履行情况、社会信誉，优惠条件等方面进行综合评价和比较，并与标底进行对比分析，通过进一步查清、答辩与评审，公正合理地择优选定中标候选人。

3) 定标

招标人应根据评标委员会提交的评标报告和推荐的中标候选人确定中标人，也可以授权评标委员会直接确定中标人。招标人向确定后的中标人发出中标通知书，同时将中标结果通知其他所有未中标的投标人并退还其投标保证金或保函。中标通知书对招标人和中标人双方均具有法律效力，招标人改变中标结果或中标人拒绝签订合同均要承担相应的法律责任。

中标人收到中标通知书后，应与招标人着手协商谈判签订合同事宜，形成合同草案。合同草案一般需要先报招标投标管理机构审查，经审查后，招标人与中标人应当自中标通知书发出之日起 30 日内，按照招标文件和中标投标人的投标文件正式签订书面合同。同时，双方应按照招标文件的约定相互提交履约保证金或者履约保函，招标人退还中标人的投标保证金。招标人如拒绝与中标人签订合同需赔偿有关损失，中标人如拒绝在规定的时间内提交履约担保和签订合同，招标人报请招标投标管理机构批准同意后取消其中标资格，按规定不退还其投标保证金，并考虑在其余投标人中重新确定中标人，与之签订合同，或重新进行招标。

招标人应当自确定中标人之日起 15 日内，向有关行政监督部门提交招标投标情况的书面报告。合同订立后，应将合同副本分送有关部门备案，以便合同受到保护和监督。

至此，招投标工作全部结束。

7.2　通信工程建设项目招标投标

为了规范通信工程建设项目招标投标活动，根据《中华人民共和国招标投标法》和《中华人民共和国招标投标法实施条例》，中华人民共和国工业和信息化部于 2014 年 5 月颁布了《通信工程建设项目招标投标管理办法》(工信部令第 27 号)。

7.2.1　概述

通信工程建设项目，是指通信工程以及与通信工程建设有关的货物、服务。其中，通信工程包括通信设施或者通信网络的新建、改建、扩建、拆除等施工；与通信工程建设有关的货物，是指构成通信工程不可分割的组成部分，且为实现通信工程基本功能所必需的设备、材料等；与通信工程建设有关的服务，是指为完成通信工程所需的勘察、设计、监理等服务。依法必须进行招标的通信工程建设项目的具体范围和规模标准，参照 7.1.4 节相关内容执行。工业和信息化部和各省、自治区、直辖市通信管理局(以下统称为“通信行政监督部门”)依法对通信工程建设项目招标投标活动实施监督。

7.2.2　招标投标

1. 招标方式

国有资金占控股或者主导地位的依法必须进行招标的通信工程建设项目，应当公开招标；但有下列情形之一的，可以邀请招标：

(1) 技术复杂、有特殊要求或者受自然环境限制，只有少量潜在投标人可供选择；

(2) 采用公开招标方式的费用占项目合同金额的比例过大(占项目合同金额的比例超过 1.5%)。

除 7.1.4 节阐明的可以不进行招标的情形外，潜在投标人少于 3 个的，可以不进行招标。

2. 发布资格预审公告和招标公告

公开招标的项目，招标人采用资格预审办法对潜在投标人进行资格审查的，应当发布资格预审公告、编制资格预审文件。招标人发布资格预审公告后，可不再发布招标公告。

依法必须进行招标的通信工程建设项目的资格预审公告和招标公告，除在国家发展和改革委员会依法指定的媒介发布外，还应当在“通信工程建设项目招标投标管理信息平台”发布。在不同媒介发布的同一招标项目的资格预审公告或者招标公告的内容应当一致。

资格预审公告、招标公告、投标邀请书以及资格预审文件应当载明的内容详见 7.1.6 节“2. 招标阶段”。

3. 编制招标文件

招标人应当根据招标项目的特点和需要编制招标文件，招标文件应当载明的内容详见 7.1.6 节“2. 招标阶段”。招标文件应当载明所有评标标准、方法和条件，并能够指导评标工作，在评标过程中不得作任何改变。

为规范通信工程建设项目招投标行为，提高通信工程建设项目招标文件的编制质量，工业和信息化部于 2016 年 12 月发布了《通信工程建设项目施工招标文件范本》(2017 年版)等 4 个招标文件范本和 4 个资格预审文件范本，具体如下：

(1) 通信工程建设项目货物集中招标文件范本；

(2) 通信工程建设项目货物集中资格预审文件范本；

(3) 通信工程建设项目货物招标文件范本；

(4) 通信工程建设项目货物资格预审文件范本；

(5) 通信工程建设项目施工集中招标文件范本；

(6) 通信工程建设项目施工集中资格预审文件范本；

(7) 通信工程建设项目施工招标文件范本；

(8) 通信工程建设项目施工资格预审文件范本。

编制依法必须进行招标的通信工程建设项目招标文件，应当使用国家发展和改革委员会会同通信行政监督部门制定的标准文本及工业和信息化部制定的范本。

4. 评标标准

评标是遵循相关招标投标法规和要求，对投标文件进行的检查、评审和比较，是审查确定中标单位的必经程序和确保招标成功的重要环节，其目的是为招标单位选择一家报价合理、响应性好、施工方案可行、投资风险最小的合格投标单位。

评标标准在招标准备阶段制定并随招标文件一起发出，评标标准是否客观、公正、科学与规范，直接关系到工程招标投标的预期目标能否顺利实现。

1) 勘察设计招标项目

勘察设计招标项目的评标标准一般包括下列内容：

(1) 投标人的资质、业绩、财务状况和履约表现；
(2) 项目负责人的资格和业绩；
(3) 勘察设计团队人员；
(4) 技术方案和技术创新；
(5) 质量标准及质量管理措施；
(6) 技术支持与保障；
(7) 投标价格；
(8) 组织实施方案及进度安排。

2) 监理招标项目

监理招标项目的评标标准一般包括下列内容：
(1) 投标人的资质、业绩、财务状况和履约表现；
(2) 项目总监理工程师的资格和业绩；
(3) 主要监理人员及安全监理人员；
(4) 监理大纲；
(5) 质量和安全管理措施；
(6) 投标价格。

3) 施工招标项目

施工招标项目的评标标准一般包括下列内容：
(1) 投标人的资质、业绩、财务状况和履约表现；
(2) 项目负责人的资格和业绩；
(3) 专职安全生产管理人员；
(4) 主要施工设备及施工安全防护设施；
(5) 质量和安全管理措施；
(6) 投标价格；
(7) 施工组织设计及安全生产应急预案。

4) 与通信工程建设有关的货物招标项目

与通信工程建设有关的货物招标项目的评标标准一般包括下列内容：
(1) 投标人的资质、业绩、财务状况和履约表现；
(2) 投标价格；
(3) 技术标准及质量标准；
(4) 组织供货计划；
(5) 售后服务。

5. 评标方法

评标方法在招标准备阶段制定并随招标文件一起发出，评标办法不仅影响到具体项目的评标结果和投资效益，而且影响到信息通信工程市场的正常秩序。因此，在招标过程中选择适合的评标方法意义重大，是投标工作能否成功的关键。

评标方法包括综合评估法、经评审的最低投标价法或者法律、行政法规允许的其他评标方法，鼓励通信工程建设项目使用综合评估法进行评标。

1) 综合评估法

综合评估法是招标单位在全面了解各个投标单位标书内容的基础上，对工程造价、施工组织设计(或施工方案)、项目经理的资历和业绩、质量目标、工期安排、信誉、业绩以及先进性技术、新材料、新工艺、新设备的应用等因素进行综合评价，并逐一对各项指标进行打分，再乘以权重后累加，最终确定得分最高者为中标单位，也就是要求中标单位能够最大限度地满足招标文件中规定的各项评价标准。

不宜采用经评审的最低投标价法的招标项目，一般采用综合评估法进行评审。当采用综合评估法时，由于工程项目特点不同、工程所在地环境不同、招标单位要求不同，评标方法也相应灵活多样。衡量投标文件是否最大限度地满足招标文件的各项评价标准，可以采取折算为货币、逐项打分等多种方法，需要量化的因素及其权重应当在招标文件中明确规定。

综合评估法评标一般分为两种方式：一是开标后对商务标(即投标人提交可证明其参加投标资格和中标后履行合同能力的文件，包括公司的资质、执照和授标证书)和技术标(即投标人对招标文件提出的实质性要求和条件进行响应的文件，包括对施工组织设计或计划的响应，对招标文件中特殊技术内容的承诺)同时进行评审；二是先评审技术标后评审商务标的两阶段评标方法，此种评标方法一般适用于有一定施工难度的项目。综合评估法的技术标可采用暗标，即要求投标文件的技术标部分不能有投标单位的任何信息及暗示，开标后即对技术标作保密处理，由评标委员会完成技术标评审后，再当众进行商务标的开标，公布技术标评审结果的同时开始商务标的评审。

2) 经评审的最低投标价法

经评审的最低投标价法一般适用于具有通用技术、性能标准或者招标单位对其技术、性能没有特殊要求的招标项目。经评审的最低投标价法要求中标单位能满足招标文件的实质性要求，并且经评审的投标报价最低，但低于成本的除外。

经评审的最低价法评审步骤一般包括资格预审、技术标评审和商务标评审。资格预审主要是了解投标申请人的企业资质、财务状况、技术力量以及有无类似工程的施工经验等。技术标评审主要针对投标单位的营业执照经营范围、企业资质登记证书、施工经历、财务实力、资金状况、工期及质量承诺目标、施工组织设计的先进合理性以及企业拥有的工程技术人员、管理人员和施工机械设备等是否符合规定要求，进行合理甄别并筛选出技术实力突出的投标单位，然后进行投标报价比较评审。商务标评审包括评标价计算、总体报价水平分析、个别成本分析和个别最低成本是否低于成本认定等，通过对投标报价的分析比较，确定经评审投标报价最低的单位，最终选择综合实力强、报价低的投标人作为中标候选人。

经评审的最低投标价法在评标过程中难以量化，缺乏一个明确的标准，容易“唯价格论”。一方面，若标书技术参数表述不准确或评标专家对技术细节的考察出现偏差，极易出现“最低价中标”的现象，投标单位先以低价中标，再通过降低标准、偷工减料、更换材料等手段将工程风险转嫁给业主；另一方面，要正确审核并选择出不低于成本价的合理最低价，要求评标专家对工程中的各项成本有较深的了解，现实中评标专家很难有充分依据评估投标报价是否低于工程成本价，因此，当报价无明显偏差时，评标专家会将最低投标报价的投标单位推荐为中标单位。此外，由于工程投标报价仅是招标工程的一个静态价格，工程质量、技术方案、售后服务水平等均将对工程全寿命期的动态价格和工程效益产生影响，因此将投标价格作为唯一评价因素存在较大的局限性，不适用于工程难度较大，技术复杂的工程项目。

7.2.3　开标、评标和中标

1. 开标

通信工程建设项目投标人少于 3 个的，不得开标；划分标段的通信工程建设项目某一标段的投标人少于 3 个的，该标段不得开标。招标人在分析招标失败的原因并采取相应措施后，应当依法重新招标。

招标人应当根据《中华人民共和国招标投标法》和《中华人民共和国招标投标法实施条例》的规定开标，记录开标过程并存档备查。招标人应当记录下列内容：

(1) 开标时间和地点；

(2) 投标人名称、投标价格等唱标内容；

(3) 开标过程是否经过公证；

(4) 投标人提出的异议。

开标记录应当由投标人代表、唱标人、记录人和监督人签字。

因不可抗力或者其他特殊原因需要变更开标地点的，招标人应提前通知所有潜在投标人，确保其有足够的时间能够到达开标地点。

2. 评标

1) 组建评标委员会

通信工程建设项目评标由招标人依法组建的评标委员会负责，评标委员会的专家成员应当具备下列条件：

(1) 从事通信相关领域工作满 8 年并具有高级职称或者同等专业水平。掌握通信新技术的特殊人才经工作单位推荐，可以视为具备本项规定的条件；

(2) 熟悉国家和通信行业有关招标投标以及通信建设管理的法律、行政法规和规章，并具有与招标项目有关的实践经验；

(3) 能够认真、公正、诚实、廉洁地履行职责；

(4) 未因违法、违纪被取消评标资格或者未因在招标、评标以及其他与招标投标有关活动中从事违法行为而受过行政处罚或者刑事处罚；

(5) 身体健康，能够承担评标工作。

工业和信息化部统一组建和管理通信工程建设项目评标专家库，各省、自治区、直辖市通信管理局负责本行政区域内评标专家的监督管理工作。

依法必须进行招标的通信工程建设项目，评标委员会的专家应当从通信工程建设项目评标专家库内相关专业的专家名单中采取随机抽取方式确定；个别技术复杂、专业性强或者国家有特殊要求，采取随机抽取方式确定的专家难以保证胜任评标工作的招标项目，可以由招标人从通信工程建设项目评标专家库内相关专业的专家名单中直接确定。依法必须进行招标的通信工程建设项目的招标人应当通过“通信工程建设项目招标投标管理信息平台”抽取评标委员会的专家成员，通信行政监督部门可以对抽取过程进行远程监督或者现场监督。技术复杂、评审工作量大的通信工程建设项目，其评标委员会需要分组评审的，每组成员人数应为 5 人以上，且每组每个成员应对所有投标文件进行评审。评标委员会设负责人的，其负责人由评标委员会成员推举产生或者由招标人确定。评标委员会其他成员与负责人享有同等的表决权。

2) 评标

评标委员会成员应当客观、公正地对投标文件提出评审意见，并对所提出的评审意见负责。招标文件没有规定的评标标准和方法不得作为评标依据。

投标人以他人名义投标或者投标人经资格审查不合格的，评标委员会应当否决其投标。部分投标人在开标后撤销投标文件或者部分投标人被否决投标后，有效投标不足 3 个且明显缺乏竞争的，评标委员会应当否决全部投标。有效投标不足 3 个，评标委员会未否决全部投标的，应当在评标报告中说明理由。依法必须进行招标的通信工程建设项目，评标委员会否决全部投标的，招标人应当重新招标。

评标完成后，评标委员会应当根据《中华人民共和国招标投标法》和《中华人民共和国招标投标法实施条例》的有关规定向招标人提交评标报告和中标候选人名单。招标人进行集中招标的，评标委员会应当推荐不少于招标文件载明的中标人数量的中标候选人，并标明排序。

评标委员会分组的，应当形成统一、完整的评标报告，评标报告应当包括下列内容：

(1) 基本情况；

(2) 开标记录和投标一览表；

(3) 评标方法、评标标准或者评标因素一览表；

(4) 评标专家评分原始记录表和否决投标的情况说明；

(5) 经评审的价格或者评分比较一览表和投标人排序；

(6) 推荐的中标候选人名单及其排序；

(7) 签订合同前要处理的事宜；

(8) 澄清、说明、补正事项纪要；

(9) 评标委员会成员名单及本人签字、拒绝在评标报告上签字的评标委员会成员名单及其陈述的不同意见和理由。

3. 中标

依法必须进行招标的通信工程建设项目的招标人，应当自收到评标报告之日起 3 日内，通过“通信工程建设项目招标投标管理信息平台”公示中标候选人，公示期不得少于 3 日。招标人应当自确定中标人之日起 15 日内，通过“通信工程建设项目招标投标管理信息平台”向通信行政监督部门提交《通信工程建设项目招标投标情况报告表》，招标人应建立完整的招标档案，并按国家有关规定保存。

招标人进行集中招标的，应当在所有项目实施完成之日起 30 日内，通过“通信工程建设项目招标投标管理信息平台”向通信行政监督部门报告项目实施情况。通信行政监督部门对通信工程建设项目招标投标活动实施监督检查，可以查阅、复制招标投标活动中有关文件、资料，调查有关情况，相关单位和人员应当配合。必要时，通信行政监督部门可以责令暂停招标投标活动。而通信行政监督部门的工作人员对监督检查过程中知悉的国家秘密、商业秘密，应当依法予以保密。

7.2.4 通信线路工程施工招投标案例

本案例为“××公司架空光缆线路单项工程”的施工招标，依据该工程的特点、招标前准备工作的完成情况等，该工程采用邀请招标方式，且由招标人委托招标代理人代理组织招标、代为办理招标事宜。

“××公司架空光缆线路单项工程” 施工招标的具体流程简要介绍如下。

1. 招标

(1) 招标人委托招标代理人启动招标工作；

(2) 招标人向行政主管部门提交申请招标文件，招标代理人编制招标邀请书和招标文件等；

(3) 招标代理人将招标邀请书分发给投标人；

(4) 投标人持投标邀请书、资质等级证书及经办人的身份证，向招标代理人了解有关信息并购买招标文件；

(5) 投标人应在“投标人须知”中规定的时间之前将投标文件递交到指定地点，招标代理人在收到投标文件时将日期和时间注明在投标文件上；

(6) 招标代理人从专家库抽选、联系评标专家，组建评标委员会，并告知评标时间。

2. 开标

(1) 投标人于开标日准时到达开标地点，招标代理人宣布开标纪律，介绍各方代表以及开标人、唱标人、记录人、监标人等相关工作人员；

(2) 确认各投标人是否到场及审查投标资格，投标人法人代表持安全员 A 证(原件)和身份证(原件)，或授权委托代理人持授权委托书(原件)、建造师证(原件)、安全员 B 证(原件)以及身份证(原件)到监标人处进行资格核验，投标人代表和监标人签字确认《投标资格审查表》，如表 7.1 所示。

表 7.1 投标资格审查表

序号	投标企业名称	法人代表	身份证号	项目负责人	身份证号	投标人代表签字	证件和资料	审查结果
1	企业 1							
2	企业 2							
3	企业 3							
4	企业 4							
监标人签字：								

(3) 投标人选出代表检查投标文件的密封情况；

(4) 招标代理人按各投标人送达投标文件时间先后的逆顺序开标、唱标并记录。招标代理人应当众拆封投标文件，宣读投标人名称、投标价格以及其他主要内容，仅招标代理人、招标人和投标人在开标现场，招标代理记录人填写《开标记录表》，如表 7.2 所示。

表 7.2　开标记录表

工程名称：××公司架空光缆线路单项工程

开标时间：20××年××月××日

序号	投标企业名称	企业 1	企业 2	企业 3	企业 4	备注
1	投标报价合计					
2	投标报价合计核实					
3	工期承诺					
4	质量承诺					
5	投标人签字					

招标人签字：　　　　　　　　记录人签字：　　　　　　　　监标人签字：

(5) 投标人对唱标过程及唱标内容有异议者应及时提出，若无异议则由各投标人、招标人代表、记录人及监标人查验并签字确认《开标记录表》。

3. 评标

(1) 投标人在评标室外等候质询，评标委员会进场准备评标；

(2) 招标代理将投标文件、《开标记录表》以及《评标打分表》等分发给评标委员会成员，《评标打分表》的技术部分、商务部分以及价格部分分别如表 7.3、表 7.4、表 7.5 所示。

表 7.3　评标打分表(技术部分)

投标企业名称	一、施工组织设计(20 分)					
	1	2	3	4	5	6
	工程概况、施工准备	投入的主要物资和施工机械设备、仪表情况	施工进度计划、劳动力安排计划、主要施工机械进场计划	主要施工方法	确保安全、质量、工期的保证措施	确保文明施工的技术组织措施
	2 分	3 分	6 分	2 分	5 分	2 分
企业 1						
企业 2						
企业 3						
企业 4						

表 7.4　评标打分表(商务部分)

投标企业名称	二、管理人员配备(6 分)	三、企业资质、信誉、业绩(11 分)			四、施工协调、协作能力(13 分)	五、专家质询(5 分)	六、扣分项(5 分)
		1	2	3			
	建造师(或项目经理、通信建设项目工程师)、项目管理班子配备	企业资质	企业信誉	企业业绩	施工协调、协作能力	对施工工艺、技术手段、仪器仪表等质疑	质量、工期不满足要求
	6 分	3 分	5 分	3 分	13 分	5 分	5 分
企业 1							
企业 2							
企业 3							
企业 4							

表 7.5　评标打分表(价格部分)

<table>
<tr><td>序号</td><td>投标企业名称</td><td>企业 1</td><td>企业 2</td><td>企业 3</td><td>企业 4</td></tr>
<tr><td>1</td><td>投标报价合计</td><td></td><td></td><td></td><td></td></tr>
<tr><td>2</td><td>投标报价合计核实</td><td></td><td></td><td></td><td></td></tr>
<tr><td>3</td><td>商务标得分</td><td></td><td></td><td></td><td></td></tr>
<tr><td colspan="2" rowspan="6">投标报价评分标准(40 分)</td><td colspan="4">投标报价分值权重及分配：见后附表</td></tr>
<tr><td colspan="4">① 评分计分时各单项分值保留 2 位小数，第三位小数四舍五入；</td></tr>
<tr><td colspan="4">② 所列清单项目必须报价，报价不全按废标处理。</td></tr>
<tr><td rowspan="3">偏差率</td><td colspan="3">(A) 投标单位的每个投标单价与评标基准价相比较，每高于评标基准价的 1%扣权重分的 1%，每低于评标基准价的 1%扣权重分的 0.5%，不足 1%按插入法。</td></tr>
<tr><td colspan="3">(B) 每个清单单价得分合计即为商务标得分(以 40 分为限)。</td></tr>
<tr><td colspan="3">(C) 所列清单项目必须报价，报价不全、每个单位综合投标报价与相应工程量数量乘积合计汇总与投标总价不符等视具体情况扣 1～20 分。</td></tr>
</table>

(3) 招标人介绍项目概况以及与各投标人的合作情况；

(4) 技术类专家评技术标，并就评标过程中不清楚的地方质询投标人，投标人澄清；

(5) 经济类专家根据评分细则的规定计算投标报价评分；

(6) 形成评标结果，评标委员会成员在《评标打分表》等表格上签字确认。

4. 中标

(1) 确定中标人后，招标人向中标人发出中标通知书，同时将中标结果通知其他未中标的投标人；

(2) 中标人收到中标通知书后，应在规定时间内与招标人正式签订书面施工合同，招标人向通信行政监督部门提交招标投标情况的书面报告。

思 考 题

1. 建设工程招标投标的概念和特点分别是什么？
2. 建设工程招标的分类有哪些？
3. 招标的方式主要包括哪两种？并阐明其在招标程序上的区别。
4. 简述工程项目公开招投标流程。
5. 评标方法主要包括哪两种？简单对比其优缺点。

第 8 章　工程结算与竣工决算

8.1　工程计量与价款支付

发包方在支付工程价款之前必须对承包方已经完成的、符合合同要求的工程进行计量并确认。发包方通过工程计量过程，不但可以控制施工阶段的工程造价，而且可以约束承包方履行合同义务。

8.1.1　工程计量

1. 工程计量的概念

发、承包双方根据合同约定，对承包方完成合同工程的数量进行计算和确认称为工程计量。具体计量时，双方根据设计图纸、技术规范以及施工合同约定的计量方式和计算方法，对承包方已经完成的、经检验质量合格的工程实体进行测量与计算，并以物理计量单位或自然计量单位进行表示和确认。

招标工程量清单中所列的数量，只是对合同工程的估计工程量，一般是依据设计图纸计算的数量。而在施工过程中，经常会由于一些原因导致承包方实际完成工程量与工程量清单中所列工程量不一致，例如：招标工程量清单缺项、漏项或现场施工条件变化等。因此，有必要在合同价款结算前，对承包方履行合同义务所完成的实际工程进行准确的计量。

2. 工程计量的原则

工程计量时，必须遵循以下三条原则。

(1) 不符合合同文件要求的工程不予计量。一方面，工程必须满足设计图纸、技术规范等合同文件对其在质量上的要求；另一方面，工程必须满足合同文件对其在工程管理上的要求，工程质量验收资料齐全、手续完备。

(2) 遵从合同规定的方法、范围、内容和单位计量。在工程计量中严格按照工程量清单(说明)、技术规范、合同条款中对计量方法、范围、内容和单位的相关规定，并结合使用。

(3) 因承包方原因造成超出合同范围的施工或返工工程量不予计量。

3. 工程计量的范围与依据

(1) 工程计量范围。工程计量范围包括工程量清单、工程变更所修订的工程量清单内容，以及合同文件中规定的各种费用支付项目，例如：预付款、违约金等。

(2) 工程计量依据。工程计量依据包括工程量清单及说明、合同图纸、工程变更令及其修订的工程量清单、合同条件、技术规范、有关计量的补充协议、质量合格证书等。

4. 工程计量方法

工程计量时，应按照以下方法进行：

(1) 发、承包双方约定采用“定额”或“通信清单计价规范”规定的方法计量；

(2) 当合同条件与计量方法发生矛盾时，应以合同条件为准；

(3) 除合同另有约定外，所有工作项目仅计量净值，具体的施工方法和产生的各种损耗不予考虑，而工程量清单表中的各项工作应按实际完工后的工程量进行计量；

(4) 除合同另有约定外，不应因某项工作数量上的增减而改变其单价；

(5) 合同中所有工程均采用法定计量单位进行计量；

(6) 计量单位和计量的精确度按“定额”或“通信清单计价规范”规定执行。

5. 工程计量程序

工程计量的程序按有合同约定和无合同约定两种情况分别说明如下。

(1) 有合同约定时，承包方按照合同约定向发包方递交已完工程量报告，发包方应在接到报告后按合同约定进行核对。

(2) 无合同约定时，承包方应在每个月末或合同约定的工程段完成后向发包方递交上月或上一工程段已完工程量报告。

发包方应在接到已完工程量报告后 14 天内(以签收日期为准)，按施工图纸(含设计变更)核实已完工程量。核对时，发包方应在 48 小时前通知承包方，承包方应提供条件并按时参加核对。承包方收到通知后不参加核对，以发包方核实的工程量作为工程价款支付的依据；发包方不按约定通知承包方，致使承包方未能参加核实，核实结果无效。

发包方收到承包方报告后 14 天内未核实已完工程量，从第 15 天起，承包方报告的工程量即视为被确认，作为工程价款支付的依据，双方合同另有约定的，按合同执行。

对承包方超出设计图纸(含设计变更)范围和因承包方原因造成返工的工程量，发包方不予计量。

若承包方不同意发包方的核实结果，承包方应在收到上述结果后 7 天内向发包方提出，申明承包方认为不正确的详细情况；发包方收到申明后，应在 2 天内重新核对相关工程量的计量，予以确认或修改。

8.1.2　工程价款结算与支付

发、承包双方根据国家有关法律、法规规定和合同约定，对合同实施中、终止时、已完工后的工程项目进行合同价款计算、调整和确认的过程称为合同价款结算，它是反映工程进度的主要指标，也是承包企业加快资金周转的重要环节。因此，工程价款结算是工程项目承包中一项非常重要的工作。

1. 工程价款结算的方式

工程价款的结算主要采用以下四种方式进行。

(1) 按月结算。采用旬末或月中预支、月终结算、竣工后清算的方式进行工程价款的结算。

(2) 竣工后一次结算。建设项目或单项工程建设期在 12 个月以内，或其承包合同价在 100 万元以下时，可以采用工程价款每月预支，竣工后一次结算的方式。

(3) 分段结算。开工当年无法竣工的单项工程或单位工程，可按照工程形象进度(即用文字或实物工程量的百分数表明施工工程在一定时间点上达到的形象部位和总进度)，划分不同阶段进行结算，该结算方式可以按月预支工程款。

(4) 目标结算。该结算方式中，通过合同约定，将承包工程的内容分解成不同的控制界面，以发包方验收控制界面作为支付工程价款的前提条件。当承包方完成合同工程内容分解而成的不同验收单元工程，并经发包方(或其委托人)验收合格后，发包方支付相应单元工程内容的工程款。该结算方式可运用合同手段、财务手段主动地控制工程进度。

2. 工程价款结算的依据

发、承包双方签订的合同是工程价款结算的首要依据，对于合同未作约定或约定不明的，发、承包双方应遵照下列规定与文件协商处理：

(1) 国家相关法律、法规和规章制度；

(2) 工业和信息化部发布的工程造价计价标准、计价办法等相关规定；

(3) 建设项目的合同、补充协议、变更签证和现场签证等；

(4) 经发、承包双方认可的其他有效文件或可依据的材料。

3. 工程价款结算的内容

(1) 工程预付款。工程预付款是指由施工单位自行采购建筑材料，根据工程承包合同(协议)，建设单位在工程开工前按年度工程量的一定比例预付给施工单位的备料款，所以又称为工程备料款。而工程预付款的结算就是指在工程后期，随着工程所需材料储备逐渐减少，预付款以抵冲工程价款的方式陆续扣回。

(2) 工程进度款。工程进度款是指随工程的施工进度，由发包方按合同约定的期限支付给承包方的已完工程款。工程进度款一般按当月实际完成工程量进行结算，工程竣工前，发包方支付的工程预付款和进度款的总额一般不超过合同总额(包括工程合同签订后经发包方签证认可的增减工程款)的 95%，其余 5%的尾款在竣工结算时除保修金外一并清算。

(3) 竣工结算。竣工结算是指施工单位按照工程承包合同(协议)约定的内容全部完工并交工后，与建设单位依据约定的合同价款及价款调整内容进行的最终工程价款结算。工程价款的竣工结算在工程竣工后方可办理。

(4) 质量保证金。质量保证金是指发包方与承包方在建设工程承包合同中约定，从应付的工程款中预留，用以保证承包方在缺陷责任期内对建设工程出现的缺陷进行维修的资金。发包方应按照合同约定方式预留质量保证金，其总预留比例不得高于工程价款结算总额的 3%。发包方在接到承包方返还保证金申请后，应于 14 天内会同承包方按照合同约定的内容进行核实。如无异议，发包方应当按照约定将保证金返还给承包方。

4. 工程价款支付

(1) 工程预付款。原信息产业部发布的《通信建设工程价款结算暂行办法》(信部规[2005]

418 号)规定：包工包料工程预付款的支付比例不得低于签约合同价(扣除暂列金额)的 10%，不宜高于签约合同价(扣除暂列金额)的 30%。设备及材料投资比例较高的，预付款可按不高于合同价(扣除暂列金额)的 60%支付。包工不包料的工程预付款按通信设备工程、通信线路工程、通信管道工程分别为合同价(扣除暂列金额)的 20%、30%、40%。

在具备施工条件的前提下，发包方应在双方签订合同后的一个月内或不迟于约定的开工日期前的 7 天内预付工程款，发包方不按约定预付，承包方应在预付时间到期后 10 天内向发包方发出要求预付的通知，发包方收到通知后仍不按要求预付，承包方可在发出通知 14 天后停止施工，发包方应从约定应付之日起向承包方支付应付款的利息(利率按同期银行贷款利率计)，并承担违约责任。

工程预付款必须在合同中约定抵扣方式，并在工程进度款中进行抵扣。

(2) 安全文明施工费。工程建设项目对安全文明施工措施的要求因专业及施工阶段的不同而不同，《建设工程工程量清单计价规范》(GB50500—2013)针对不同的专业工程特点，规定了安全文明施工费的内容和范围。在实际执行过程中，安全文明施工费包括的内容及使用范围应符合《建设工程工程量清单计价规范》(GB50500—2013)以及国家现行有关文件的规定。

发包方应在工程开工后的 28 日内，预付不低于当年施工进度计划的安全文明施工费总额的 60%，其余部分按照提前安排的原则进行分解，与进度款同期支付。发包方没有按时支付安全文明施工费的，承包方可催告发包方支付；发包方在付款期满后的 7 日内仍未支付的，若发生安全事故，发包方应负连带责任。

(3) 总承包服务费。发包方应在工程开工后的 28 日内向总承包方预付总承包服务费的 20%。分包进场后，其余部分与进度款同期支付；发包方未按合同约定向总承包方支付总承包服务费，总承包方可不履行总承包服务，由此造成的损失由发包方承担。

(4) 工程进度款。发、承包双方应按照合同约定的时间、程序和方法，根据工程计量结果，办理期中价款结算，支付工程进度款。发包方支付工程进度款的周期应与合同约定的工程计量周期保持一致。发包方向承包方支付工程进度款是以正确计量工程量为前提和依据的。

收到承包方工程进度款支付申请以及相应证明文件后，发包方应在合同约定的时间内，根据计量结果和合同约定对申请内容予以核实，并向承包方支付工程进度款。若双方对部分清单项目的计量结果存在争议，发包方可对无争议部分的工程计量结果向承包方支付工程进度款。若双方在合同中未对工程进度款支付申请和核实时间、进度款支付时间和比例进行约定，则应根据《通信建设工程价款结算暂行办法》(信部规[2005] 418 号)第十三条规定处理：发包方在收到承包方工程进度款支付申请和相应的证明文件后 14 日内核实完毕，否则从第 15 日起承包方递交的工程进度款支付申请视为被批准；发包方应在批准工程进度款支付申请后的 14 日内，向承包方按不低于计量工程价款的 60%、不高于计量工程价款的 90%支付工程进度款。

发包方超过约定的支付时限不支付工程进度款，承包方应及时向发包方发出要求付款的通知，发包方收到承包方通知后仍不能按要求付款，可与承包方协商并签订延期付款协议，经承包方同意后方可延期支付，协议中应明确延期支付的时限，以及自工程计量结果确认后第 15 日起计算应付款的利息(利率按同期银行贷款利率计)。

发包方不按合同约定支付工程进度款，双方又未达成延期付款协议，导致施工无法进行，承包方可停止施工，发包方应承担违约责任，包括因此增加的费用和延误的工期，并向承包方支付合理利润。

8.2 工程竣工结算

工程竣工结算是指工程项目完工并经竣工验收合格后，发、承包双方按照施工承包合同的约定，对所完成的工程项目进行的工程价款的计算、调整和确认。竣工结算分为单位工程竣工结算、单项工程竣工结算和建设项目竣工总结算，其中单位工程竣工结算和单项工程竣工结算可视为分阶段结算。

8.2.1 工程竣工结算的编制

承包方负责编制单位工程竣工结算，提交发包方核查；实行总承包的工程，由具体承包方编制，发包方在总承包人审查的基础上再行审查。总(承)包人编制单项工程竣工结算或建设项目竣工总结算，并由发包方直接进行审查，也可以委托工程造价咨询机构进行审查；如果是政府投资项目，需由同级财政部门审查。单项工程竣工结算或建设项目竣工总结算经发、承包双方签字盖章后有效。承包方应在合同约定期限内完成项目竣工结算编制工作，未在规定期限内完成且提不出正当理由延期的，责任自负。

1. 编制依据

工程竣工结算由承包方编制，由发包方审查，也可由承包方、发包方委托工程造价咨询机构完成编制和审查工作。工程竣工结算的主要编制依据包括以下七个方面：

(1)《建设工程工程量清单计价规范》《通信建设工程量清单计价规范》《信息通信建设工程概(预)算编制规程》及预算定额和费用定额；

(2) 工程合同；

(3) 发、承包双方实施过程中已确认的工程量及其结算的合同价款；

(4) 发、承包双方实施过程中已确认调整后追加(减)的合同价款；

(5) 建设工程设计文件及相关资料；

(6) 投标文件；

(7) 其他依据。

2. 计价原则

若建设工程采用工程量清单计价方式，编制工程竣工结算时应当遵循下述计价原则。

(1) 分部分项工程和措施项目中的单价项目，应依据双方确认的工程量与已标价工程量清单的综合单价计算；如发生调整时，按发、承包双方确认调整后的综合单价计算。

(2) 措施项目中的总价项目，应依据合同约定的项目和金额计算；如发生调整时，按发、承包双方确认调整后的金额计算，其中安全文明施工费必须按照国家或省级、行业建设主管部门的规定计算。

(3) 除上述项目外，其他项目的计价规定如下所述：

① 按发包方实际签证确认的事项计算计日工；

② 发、承包双方应按《建设工程工程量清单计价规范》(GB50500—2013)的相关规定计算暂估价；

③ 依据合同约定金额计算总承包服务费，如发生调整时，按发、承包双方确认调整后的金额为准；

④ 依据发、承包双方确认的索赔事项和金额计算索赔费用；

⑤ 依据发、承包双方签证资料确认的金额计算现场签证费用；

⑥ 减去工程价款调整(包括索赔、现场签证)金额后计算暂列金额。

(4) 规费和税金应按国家或省级、行业建设主管部门的规定计算。规费中的工程排污费应按照工程所在地环境保护部门规定标准缴纳后按实计列。

在合同实施过程中，编制工程竣工结算时应直接计入由发、承包双方已经确认的工程计量结果和合同价款。

3. 结算内容

工程竣工结算的内容与投标报价的内容基本一致，具体包括：分部分项工程、措施项目、其他项目、规费、税金和安全生产费六部分，最终形成竣工结算计价文件。

工程竣工结算主要体现“量差”和“价差”两个方面的内容。所谓“量差”，是指原计价文件中所列工程量与实际完成工程量不一致而产生的差别；所谓“价差”，是指签订合同的计价或取费标准与实际情况不一致而产生的差别。

4. 编制方法

竣工结算的编制方法因发、承包合同类型的不同而不同。

采用总价合同类型时，应在合同价基础上对设计变更、工程洽商以及工程索赔等合同约定可以调整的内容进行调整；采用单价合同类型时，应对竣工图和施工图范围内的各分部分项工程量进行计算或核定，依据合同约定的方式确定分部分项工程项目的价格，并对设计变更、工程洽商、施工措施以及工程索赔等内容进行调整；采用成本加酬金合同类型时，应对各个分部分项工程以及设计变更、工程洽商、施工措施等内容构成的工程成本按合同约定的方法计算，同时计算酬金及有关税费。

若竣工结算过程中涉及单价调整，应依据以下原则进行：

(1) 合同中已有适用于变更工程、新增工程单价的，按已有的单价结算；

(2) 合同中有类似变更工程、新增工程单价的，可以参照类似单价作为依据；

(3) 合同中没有适用或类似变更工程、新增工程单价的，结算编制受托人可与发包方或承包方商洽并提出适当的价格，经发、承包双方确认后作为结算依据。

5. 编制步骤

(1) 收集并分析影响工程量差、价差和费用变化的原始凭证；

(2) 根据工程实际情况对合同价格的主要内容进行检查、核对；

(3) 根据合同以及收集的资料对结算进行分类汇总，计算量差、价差，并进行费用调整；

(4) 根据核查结果和结算依据，编制单位工程竣工结算计价书；

(5) 汇总各单位工程竣工结算书，编制单项工程结算计价书。

8.2.2　工程竣工结算的审核

工程竣工结算审核是指造价咨询机构以发包方提交的工程竣工资料为依据，对承包方编制的工程结算文件的真实性及合法性进行全面审查。工程竣工结算审核是核实工程造价的重要手段，对竣工结算工作有着现实意义。

1. 审核工作

(1) 建设工程采用国有资金投资时，发包方应当委托工程造价咨询机构对竣工结算文件进行审核，并在收到竣工结算文件后的约定期限内向承包方提出由工程造价咨询机构出具的竣工结算文件审核意见；逾期未答复的，按照合同约定处理，合同未约定的，竣工结算文件视为已被认可。

(2) 建设工程采用非国有资金投资时，发包方应当在收到竣工结算文件后的约定期限内予以答复，逾期未答复的，按照合同约定处理，合同未约定的，竣工结算文件视为已被认可；发包方对竣工结算文件有异议的，应当在答复期内向承包方提出，并可以在提出异议之日起的约定期限内与承包方协商；发包方在协商期内未与承包方协商或者经协商未能与承包方达成协议的，应当委托工程造价咨询机构进行竣工结算审核，并在协商期满后的约定期限内向承包方提出由工程造价咨询机构出具的竣工结算文件审核意见。

(3) 发包方委托工程造价咨询机构审核竣工结算的，工程造价咨询机构应在规定期限内核查完毕。核查结论与承包方竣工结算文件不一致的，应提交给承包方复核。承包方应在规定期限内将同意核查结论或不同意的说明提交工程造价咨询机构。工程造价咨询机构收到承包方提出的异议后，应再次复核，复核无异议的，发、承包双方应在规定期限内在竣工结算文件上签字确认，竣工结算办理完毕。

复核后仍有异议的，对于无异议部分先行办理不完全竣工结算；有异议部分由发、承包双方协商解决，协商未果的，按照合同约定的争议解决方式处理。

承包方逾期未提出书面异议的，视为承包方已经认可工程造价咨询机构核查的竣工结算文件。

(4) 承包方对发包方提出的由工程造价咨询机构出具的竣工结算审核意见有异议的，在接到该审核意见后一个月内，可向有关工程造价管理机构或者有关行业组织申请调解，调解未果的，可依法申请仲裁或者向人民法院提起诉讼。

2. 审核内容

经审核确定的工程竣工结算是核定建设工程造价的依据，也是建设工程验收后编制工程竣工决算文件和核定新增固定资产价值的依据。因此，发包方、工程造价管理机构均十分关注工程竣工结算的审核把关。工程竣工结算审核工作通常包括以下六个方面的内容。

(1) 对合同条款进行核对。首先，核实建设工程内容是否符合合同要求、建设工程是否经竣工验收且合格，只有按合同要求完成全部工程并验收合格后才能列入竣工结算；其次，按合同约定的结算方法，对工程竣工结算进行审核，若发现合同条款存在漏洞，应请发、承包双方协商研究，明确结算方法。

(2) 设计变更签证的落实。设计变更应由原设计单位出具设计变更通知单和修改后的图纸，设计、校审人员签字并加盖公章，经发包方和监理工程师审核同意签证后才能列入结算。

(3) 工程数量的核实。应依据国家统一规定的计算规则计算工程竣工结算工程量，根据竣工图纸，并按设计变更单和现场签证等进行核实。

(4) 严格按合同约定计价。工程竣工结算单价应按合同约定、招标文件规定的计价原则或投标报价执行。合同规定与现行非强制性“计价规范”或“计价定额”有矛盾时以合同为准，与强制性标准有矛盾时以强制性标准为准。

(5) 各项费用的取定。应按照合同要求或建设工程实施期间有关费用计取规定执行费用的取定，对各项费率、价格指数或换算系数进行审核，核实价格调整是否符合要求，对特殊费用和计算程序进行核查。需要特别注意的是，各项费用的取费基数是以人工费为准还是以直接费或定额基价为准。

(6) 防止计算误差。工程竣工结算项目多、篇幅大，应多次认真核查，避免出现计算误差，防止因计算误差产生的失真。

3. 审核要求

1) 搜集、整理好竣工资料

竣工资料包括竣工图、设计变更、各种签证、主材的合格证及单价等。

(1) 竣工图是工程交付使用时的实样图。实际工程与施工图出入不大时，可直接在施工图上标明变更内容，不用重新绘制；实际工程与施工图出入较大时，需要重新绘制竣工图。竣工图绘制完成后，施工单位和监理单位的相关人员必须在图签栏内签字，经加盖竣工图章后竣工图方才有效。竣工图是所有竣工资料的纲领性总图，一定要如实反映工程实体状况。

(2) 设计变更的通知单必须经原设计单位审核后下达，设计人员和设计单位必须在变更后的设计文件上签名和盖章。由现场监理人员发出，不影响结构安全和造型美观的室内外局部微小变动也属于变更之列，无需设计单位审核，但必须在征得设计人员的认可及签字后，由建设单位项目负责人签字生效。

(3) 各种签证资料。签证是结算的直接依据，其数据必须准确无误。合同签证决定着工程的承包形式与承包资格、方式、工期及质量奖罚等。现场签证即施工签证，包括设计变更联系单及实际施工确认签证。工程签证需要说明按工程量结算的项目实际工程量及一些预算外的用工、用料或因发包方原因导致的返工费等。特别是隐蔽工程及时签证尤为重要，最好在施工的同时计算实际金额。因为事后根本无法核对隐蔽工程的工程量，如果在施工的同时画好隐蔽图，并请设计单位、监理单位、建设单位等有关人员到场验收并签字，确保手续完整，工程量与竣工图一致，这样就能有效避免事后纠纷。对于列入暂估价的主要材料价格签证，由于设计图纸仅对一些材料指定规格与品种，而不能指定生产厂家，其最终价格必须要有建设单位签证。对于项目较多且工期较长的工程，价格涨跌幅度较大，可采用分期、多批对主要建材进行价格签证。

2) 深入工程现场，全面准确掌握实际工程量

对于编制工程竣工结算文件的工程造价人员，如果对工程了解不够，而竣工图又不可能面面俱到、逐一标明工程的各个细节，那么工程造价人员在工程量计算阶段必须通过深

入工程现场核对、丈量、记录，才能获得第一手资料。随着工程造价人员工作经验的积累，在编制工程竣工结算文件时，首先应会查阅相关资料，其次会粗略地计算工程量，最后在发现问题时要会深入工程现场逐一核实。优秀的工程造价人员不仅要深入工程现场掌握实地情况，还要深入市场掌握各种材料的品种及价格变化，做到胸有成竹，避免出现较大的计算误差。

3) 掌握专业知识，注重职业道德

工程造价人员要全面了解各类定额的组成才能熟练运用定额，同时还要掌握各种相关费用文件，以便进行必要的定额换算和增补。工程造价人员一定要掌握相关专业的施工规范与建筑构造方面的知识，同时注重职业道德。

4. 结算失真

工程竣工结算与发、承包双方的切身利益密切相关。因此，工程竣工结算在编审过程中需要工程造价人员认真负责，但由于工程造价人员所处的地位、立场和目的不同，以及工程造价人员的水平也存在差异，从而造成编审结果存在不同程度的偏差，这属于正常现象。但是偏差数额如果太大，就存在有意压低或高估造价的可能。

由于工程竣工结算文件都是由承包方编制，所以工程竣工结算中“多报”的现象较为常见。分析结算失真的原因，可总结为以下七个方面。

(1) 工程量计算方面存在“高估冒算”现象。工程量计算是工程竣工结算编制的基础，需要依据竣工图纸、设计变更和国家统一规定的计算规则来编制。工程量计算多会出现正误差，有时由于工作疏忽也可能出现负误差。例如：项目内容多次计算、计算单位不一致而造成工程量的小数点错位、该扣未扣等计算错误。

(2) 套用定额方面存在“错套重套”现象。在套用定额项目时，有意或无意间发生了错套、重套或漏套等现象。例如：对定额中的缺项套用项目或换算的理解有出入、忽略定额综合解释、没考虑系数的换算、有意高套定额等。

(3) 人工费、材料价格及机械、仪表台班费涨价等因素的影响。劳动力紧缺，人工单价就会不断地提高，因此，工程竣工结算时就必须追加部分人工费；施工图设计中未明确主材型号、材质等关键指标，就会导致实际选用材料时出现较大出入，除合同规定的材料价格外，大部分采用的是市场价，由于物价不断上涨，工程竣工结算的价格也会随之上涨；机械在使用过程中的燃料动力费的增加，也会使机械台班使用费有所提高。

(4) 费用计算方面的影响。费用计算时会出现未按取费基数计费或选错取费费率等。不按合同要求套用费用定额也会使部分费用超出预期。

(5) 工程造价人员业务水平不过关。由于工程造价人员业务水平不过关，在工程竣工结算过程中该计算的未计算，不该计算的却计算了，最终导致计算“失真”。

(6) 盲目签证，事后补签，签证表述不清、准确度不够及时间性不强。以目前我国采取的计量(监理)与评价(结算)相分离的工程监管模式来说，参与工程竣工结算审核工作的造价人员施工时一般不在现场，工程竣工结算审核时主要依据施工图和监理签证计算工程量。如果现场监理人员对造价管理和有关规定掌握不够，就为施工过程(特别是隐蔽工程)偷工减料提供了可能，也为盲目签证提供了机会。比如：承包方提交的签证未经认真核实就签字盖章，承包方通过巧立名目、弄虚作假、以少报多、蒙哄欺骗等方法骗取签证，不按时间要求提交签证，结算时再搞突击。另外，发包方在合同及现场签证中用词不严谨，也会导致工程竣工结算与实际工程造价出入。

(7) 承包方顾虑结算卡得太紧，有意虚报。发包方委托工程造价咨询机构进行工程竣工结算审核，而发包方支付给工程造价咨询机构的业务费多以工程造价核减额度作为基数，如果工程造价咨询机构核减额度太少或没有核减，则业务费可能极少或甚至无法得到。因此，工程造价咨询机构往往采取核减不核增的做法，这也从另一方面助长了承包方虚报多报的风气。

总而言之，工程造价的合理确定，必须抓好工程竣工结算审核工作，通过认真分析工程竣工结算文件编制过程中产生“失真”的原因以及影响工程竣工结算的现实因素，从根本上提升审核的严谨度，确保工程造价咨询机构把好质量审核关，降低审核风险。

8.2.3　工程竣工结算款支付

工程竣工结算文件经发、承包双方签字确认后，即可作为工程结算的依据，未经对方同意，另一方不得就已生效的工程竣工结算文件委托工程造价咨询机构重复审核。发包方应当按照工程竣工结算文件及时支付工程竣工结算款。

1. 承包方提交工程竣工结算款支付申请

承包方应根据生效的工程竣工结算文件，向发包方提交工程竣工结算款支付申请。工程竣工结算款支付申请应明确以下内容：

(1) 竣工结算合同价款总额；

(2) 累计已实际支付的合同价款；

(3) 应扣留的质量保证金；

(4) 实际应支付的竣工结算款金额。

2. 发包方签发工程竣工结算支付证书

发包方应在收到承包方提交工程竣工结算款支付申请后 7 日内予以核实，并向承包方签发竣工结算支付证书。发包方在收到承包方提交的竣工结算款支付申请后 7 日内不予核实，不向承包方签发竣工结算支付证书的，视为承包方的竣工结算款支付申请已被发包方认可。

3. 支付工程竣工结算款

发包方签发竣工结算支付证书后的 14 日内，按照竣工结算支付证书列明的金额向承包方支付结算款。

发包方在收到承包方提交的竣工结算款支付申请 7 天内不予核实、不向承包方签发竣工结算支付证书的，视为承包方的竣工结算支付申请已被告发包方认可；发包方应在收到承包方提交的竣工结算款支付申请 1 日后的 14 日内，按照承包方提交的竣工结算款支付申请列明的金额向承包方支付结算款。

发包方未按照规定的程序支付竣工结算款的，承包方可催告发包方支付，并有权获得延迟支付的利息。发包方在竣工结算支付证书签发后，或者在收到承包方提交的竣工结算款支付申请 7 日后的 56 日内仍未支付的，除法律另有规定外，承包方可与发包方协商将该工程折价，也可直接向人民法院申请将该工程依法拍卖。承包方就该工程折价或拍卖的价款优先受偿。

8.3 工程竣工决算

8.3.1 工程竣工决算概述

1. 工程竣工决算的概念

工程竣工决算是指所有项目竣工后，项目单位按照国家有关规定在项目竣工验收阶段编制的竣工决算报告。

工程竣工决算是竣工验收报告的重要组成部分，以实物数量和货币指标为计量单位，综合反映竣工项目从筹建开始到项目竣工交付使用为止的全部建设费用、建设成果和财务情况的总结性文件。

工程竣工决算是反映建设项目实际造价和投资效果的文件。依据工程竣工决算，可以准确核定新增固定资产的价值，考核分析投资效果，建立健全经济责任制。建设工程经济效益可以通过工程竣工决算得以全面反映，是项目法人核定各类新增资产价值并办理其交付使用的依据。

工程竣工决算是工程造价管理的重要组成部分，做好工程竣工决算是全面完成工程造价管理目标的关键性因素之一。通过工程竣工决算，既能够正确反映建设工程的实际造价和投资结果，又可以通过工程竣工决算与概算、预算的对比分析，考核投资控制的工作成效，为工程建设提供重要的技术经济方面的基础资料，提高未来工程建设的投资效益。

2. 工程竣工决算的作用

(1) 工程竣工决算是综合全面地反映竣工项目建设成果及财务情况的总结性文件，它采用货币指标、实物数量、建设工期和各种技术经济指标，综合、全面地反映建设项目自开始建设到竣工为止全部建设成果和财务状况。

(2) 工程竣工决算是办理交付使用资产的依据，也是竣工验收报告的重要组成部分。建设单位与使用单位在办理交付资产的验收交接手续时，通过工程竣工决算可以明确交付使用资产的全部价值，包括固定资产、流动资产、无形资产和其他资产的价值。编制竣工决算，可以正确核定固定资产的价值并及时办理交付使用，从而缩短工程建设周期，节约建设项目投资，准确考核和分析投资效果。

(3) 建设单位依据工程竣工决算确定新增固定资产价值。工程竣工决算详细计算了建设项目所有的建筑安装工程费、设备购置费、其他工程费等新增固定资产总额，可作为建设主管部门向使用单位移交财产的依据。

(4) 建设项目竣工决算是分析和检查设计概算的执行情况，考核建设项目管理水平和投资效果的依据。竣工决算反映了竣工项目计划、实际的建设规模、建设工期以及设计和实际的生产能力，反映了概算总投资和实际的建设成本，同时，也反映了所达成的主要技术经济指标。通过对这些指标计划数、概算数与实际数进行对比分析，不仅可以全面掌握建设项目计划和概算执行情况，而且可以考核建设项目投资效果，为后续拟制建设项目计划、降低建设成本、提高投资效果提供参考资料。

3. 工程竣工决算的内容

工程竣工决算应包括从项目筹划到竣工投产全过程的全部实际费用，即包括建筑工程费、安装工程费、设备工器具购置费及预备费等费用。根据财政部、国家发改委、住房和城乡建设部的有关文件规定，工程竣工决算是由竣工财务决算说明书、竣工财务决算报表、工程竣工图和工程竣工造价对比分析四部分组成。其中竣工财务决算说明书和竣工财务决算报表两部分又称为建设项目竣工财务决算，是工程竣工决算的核心内容。

1) 竣工财务决算说明书

竣工财务决算说明书主要反映竣工工程建设成果和经验，是对竣工决算报表进行分析和补充说明的文件，是全面考核分析工程投资与造价的书面总结，是竣工决算报告的重要组成部分，其内容主要包括以下几个方面。

(1) 项目基本建设概况。一般从进度、质量、安全和造价方面进行分析说明。在进度方面，说明开工和竣工时间，对比合理工期、要求工期与实际工期，分析提前或延期情况；在质量方面，说明竣工验收委员会或相当一级质量监督部门的验收评定等级、合格率和优良品率等情况；在安全方面，根据劳动工资和施工部门的记录，说明有无设备和人身事故等情况；在造价方面，参照概算造价，以金额和百分率的方式说明节约或超支情况。

(2) 会计账务的处理、财产物资清理及债权债务的清偿情况。

(3) 基建结余资金的处置情况。

(4) 主要技术经济指标的分析、计算情况。将实际投资完成额与概算进行对比，分析概算执行情况；分析新增生产能力的效益，说明交付使用财产占总投资额的比例、占支付使用财产的比例，不增加固定资产的造价占投资总额的比例，分析有机构成和成果。

(5) 基本建设项目管理及决算中存在的问题、建议。

(6) 决算与概算的差异及其原因分析。

(7) 其他需要说明的事项。

2) 竣工财务决算报表

建设项目竣工财务决算报表主要包括基本建设项目概况表、基本建设项目竣工财务决算表、基本建设项目交付使用资产总表、基本建设项目交付使用资产明细表等。

3) 建设工程竣工图

建设工程竣工图是真实记录各种地上、地下建筑物、构筑物等情况的技术文件，是工程进行交工验收、维护、改建和扩建的依据，是国家的重要技术档案。全国各建设、设计、施工单位和各主管部门都要认真做好竣工图的编制工作。国家规定：各项新建、扩建、改建的基本建设工程，特别是基础、地下建筑、管线、结构、井巷、桥梁、隧道、港口、水坝以及设备安装等隐蔽部位，都要编制竣工图。只有在施工过程中(特别强调不能在竣工后)及时做好隐蔽工程检查记录，整理好设计变更文件才能确保竣工图质量。竣工图的编制形式和深度，可根据不同情况区别对待，具体包括以下五个方面的要求。

(1) 按施工图竣工未发生变动的，由承包方(包括总承包方和分包方，下同)在原施工图上加盖“竣工图”章，即可作为竣工图。

(2) 在施工过程中，有一般性设计变更，但可在原施工图基础上加以修改补充后作为竣工图的，可不重新绘制竣工图，由承包方负责在原施工图(必须是新蓝图)上注明修改部分，同时附上设计变更通知单和施工说明，加盖“竣工图”章，即可作为竣工图。

(3) 结构形式、施工工艺、平面布置、项目内容等发生改变以及出现其他重大改变时，不可在原施工图上修改、补充，需要按实际情况重新绘制竣工图。若为原设计原因造成的，由设计单位重新绘制；若为施工原因造成的，由承包方负责重新绘制；对于由其他原因造成的，由建设单位自行或委托设计单位重新绘制，承包方负责在新图上加盖“竣工图”章，并附上有关记录和说明，方可作为竣工图。

(4) 应绘制反映竣工工程全部内容的工程设计平面示意图以满足竣工验收和竣工决算的需要。

(5) 重大的改建、扩建工程项目涉及原有工程项目变更时，应将相关项目的竣工图资料统一整理归档，并在原图案卷内增补必要的说明一起归档。

4) 工程造价对比分析

通过对控制工程造价所采取的措施、效果及其动态变化进行认真细致地对比，可以总结经验教训。考核建设工程造价的根本依据是经审核批准的设计概算。工程造价对比分析时，先对比整个项目的总概算，然后将建筑安装工程费、设备工器具费和其他工程费用逐一与竣工决算表中所提供的实际数据和相关资料及批准的概算指标、预算指标、实际的工程造价进行对比分析，以确定竣工项目总造价的节约或超支情况，找出节约或超支的具体内容及原因，并提出改进措施。在实际工作中，应重点核查下述内容。

(1) 主要实物工程量。对于实物工程量出入比较大的情况，必须查明原因。

(2) 主要材料消耗量。对比竣工决算表中所列明的主要材料实际消耗量与概算消耗量，查明超耗量较大的工程环节，并进一步查明超耗原因。

(3) 建设单位管理费、措施项目费和间接费的取费标准。建设单位管理费、措施项目费和间接费的取费标准应按照国家和各地的有关规定，根据竣工决算报表中所列的建设单位管理费与概(预)算所列的建设单位管理费数额进行对比，依据规定查明费用项目多列或少列情况，确定其超支或节约的数额，并查明原因。

8.3.2　工程竣工决算的编制

1. 编制依据

编制工程竣工决算的主要依据包括以下资料：

(1) 经批准的可行性研究报告、投资估算书、初步设计或扩大初步设计、总概算或修正总概算及其批复文件；

(2) 经批准的施工图设计及其施工图预算；

(3) 设计交底和图纸会审相关会议纪要；

(4) 设计变更记录、施工记录或施工签证单以及在施工中发生的与费用相关的其他记录；

(5) 招标控制价、承包合同以及工程结算等有关资料；

(6) 竣工图以及各种竣工验收资料；

(7) 历年基建计划、历年财务决算及批复文件；

(8) 设备、材料调价文件和调价记录；

(9) 有关财务核算制度、办法和其他有关资料。

2. 编制要求

所有新建、扩建和改建的建设项目竣工后，均应及时、完整、正确地编制工程竣工决算，以保证严格执行建设项目竣工验收制度，正确核定新增固定资产价值，考核分析投资效果，建立健全经济责任制。在编制工程竣工决算过程中，建设单位应做好以下三方面的工作。

(1) 按照规定组织竣工验收，保证竣工决算的及时性。所有建设项目(或单项工程)按照批准的设计文件所规定的内容建成后，具备投产和使用条件时，均应及时组织验收，全面考核建设工程。对于竣工验收中发现的问题，应及时查明原因，采取措施加以解决，以保证建设项目按时交付使用和及时编制竣工决算。

(2) 积累、整理竣工项目资料，保证竣工决算的完整性。积累、整理竣工项目资料是编制竣工决算的基础工作，它关系到竣工决算的完整性和质量优劣。工程建设过程中，建设单位应随时注意收集项目建设的各种资料；在竣工验收前，要对收集到的各种资料进行系统性地整理，分类立卷，为编制竣工决算提供完整的数据资料，为投产后的固定资产管理工作提供依据；工程竣工时，建设单位应将各种基础资料与竣工决算一并移交给生产单位或使用单位。

(3) 清理、核对各项账目，保证竣工决算的正确性。建设工程竣工后，建设单位应认真核实交付使用资产的建设成本；做好各项账务、物资以及债权的清理结余工作，做好及时偿还以及收回工作；对各类结余的材料、设备、施工机械工具等，应逐项清点核实，妥善保管，按照国家有关规定进行处理，不得任意侵占；对竣工后的结余资金，应按规定上交财政部门或上级主管部门。完成上述工作后，仔细核实各项数据并正确编制从年初到竣工月份为止的竣工年度财务决算，以便整理汇总历年的财务决算和竣工年度财务决算，编制建设工程竣工决算。

工程竣工决算应在建设工程办理竣工验收交付手续后一个月内完成编制，并上报主管部门。其中，有关财务成本部分，应送经办银行审查签证。主管部门和财政部门对报送的工程竣工决算审批后，建设单位方可办理决算调整并结束有关工作。

3. 编制步骤

(1) 收集、整理和分析相关依据资料。编制竣工决算文件前，首先应对所有技术资料、工料结算的经济文件、施工图纸和各种变更与签证资料进行系统的整理，然后分析上述材料的准确性。只有具备了完整、齐全的依据资料，才能迅速且准确地编制竣工决算。

(2) 清理各项财务、债务和结余物资。收集、整理和分析有关资料的过程中，需要特别留意建设工程从筹划到竣工投产或交付使用的全部费用的各项账务、债权和债务的清理，争取做到工程完毕时账目清晰。主要工作包括：核对账目，查点库存物资数量，做到账物相等、账账相符；逐项清点结余的各种材料、工器具和设备，核实完毕后应妥善管理，并按规定及时处理，收回资金；及时全面地清理各种往来款项，为编制工程竣工决算提供准确的数据和结论。

(3) 核实工程变动情况。将竣工资料与原设计图纸进行对比、核实，通过必要的实地测量，确认工程实际变更情况，重新核实各单位工程、单项工程造价；依据审定的承包方竣工结算等原始资料，按照有关规定对原概(预)算进行增减调整，重新核定工程造价。

(4) 编制建设工程竣工决算说明。按照建设工程竣工决算说明的内容要求，根据编制依据资料报表中的填报结果，编写工程竣工决算说明。

(5) 填写工程竣工决算报表。按照建设工程决算表格中的内容，根据编制依据资料进行统计、计算各个项目及其数量，并将结果填入相应表格的对应栏目内，完成所有工程竣工决算报表的填写。

(6) 对比、分析工程造价。

(7) 清理、装订竣工图。

(8) 上报主管部门审查存档。

建设工程竣工决算文件就是指将上述文字说明和表格经核对无误后装订成册。然后，将文件上报主管部门审查并抄送有关设计单位，同时将其财务成本部分送交开户银行签证。按照相关要求，大、中型建设工程的竣工决算文件还应抄送财政部、建设银行总行以及省、市、自治区的财政局与建设银行分行各一份。

思　考　题

1. 工程计量的具体方法是什么？
2. 工程价款的主要结算方式有哪些？
3. 工程竣工结算的编制依据有哪些？
4. 工程竣工结算审核的内容包括哪些方面？
5. 工程竣工决算的编制分为哪几个步骤？

第 9 章　工程概(预)算编制综合案例

9.1　通信设备安装工程预算编制案例

9.1.1　已知条件

本案例的已知条件如下：

(1) 本工程为××公司法院站传输设备安装单项工程一阶段设计，本工程法院站配置 SDH 155M 传输设备一台，包括 155M 光接口 2 个、2M 电接口 16 个。

(2) 本工程所在地为甘肃地区，施工地点在城区，施工企业基地距离施工现场 150 km。

(3) 已知条件所给定的费用价格均为除税价。本工程勘察设计费为 5400 元，工程监理费为 2600 元。

(4) 传输设备由甲方提供，设备运距 500 km，运杂费、运输保险费、采购及保管费按定额计列，采购代理服务费按设备原价的 0.5%计列。

(5) 国内主要材料由甲方提供，运距 300 km，运杂费、运输保险费、采购及保管费按定额计列，采购代理服务费按设备原价的 0.4%计列。

(6) 设备价格见表 9.1，主要材料价格见表 9.2。

(7) 本工程不计取“建设用地及综合赔补费”“可行性研究费”“环境影响评估费”“建设期利息”“研究试验费”“工程保险费”“工程招标代理费”“生产准备及开办费”“专利及专用技术使用费”“其他费用”。

(8) 本工程“项目建设管理费”按工程费 2%计取，“安全生产费”按工程费 1.5%计取。

(9) 本工程采用一般计税方式，相关费用增值税税率详见表 9.3。

表 9.1　设备价格表

序号	名　称	规格型号	单位	不含税单价/元
1	SDH 155M 光端机	Metro 1000	套	48520.00
2	有源综合柜(含 DDF、ODF)	600×600×2000	架	3000.00
3	综合网管授权	License	个	400.00

表 9.2　主要材料价格表

序号	名　称	规格型号	单位	不含税单价/元
1	加固角钢夹板组		组	55.00
2	光跳线-FC/PC-LC/PC-单模-10 m	SS-OP-LC-FC-S-10	条	49.00
3	中继电缆-75 ohm-4E1-2.2 mm	SS-DL-4E1-75	m	8.50
4	电源线	RVVZ 1 kV 1 × 16 mm	m	25.00
5	铜鼻子	DT-16	个	2.20
6	同轴电缆接头	L9	个	2.50

表 9.3　相关费用增值税税率表

序号	费用名称	增值税税率/(%)	备注
1	建筑安装工程费	9	一般计税方式
2	设备费	13	
3	材料费	13	
4	运杂费	9	
5	运输保险费	6	
6	采购及保管费	6	
7	采购代理服务费	6	
8	项目建设管理费	6	
9	勘察设计费	6	
10	工程监理费	6	
11	安全生产费	9	
12	预备费	13	

9.1.2　设计图纸及说明

1. 设计范围及分工

1) 设计范围

本工程××公司法院站传输设备安装单项工程和相关配套设备(ODF、DDF 等)的安装工程设计，光缆线路、机房空调的敷设和安装，不属于本设计范围。

2) 设计分工

(1) 与光缆线路专业的分工。

以光纤分配架(ODF)上的适配器为界，适配器以内的局内侧部分，即 ODF 至 SDH 设备的光连接线布放由本设计负责。

(2) 与电源专业的分工。

各新增节点内，开关电源至综合柜及柜内 SDH 设备的电源线、保护地线的布放均由本设计负责。

(3) 与无线专业的分工。

SDH 设备终端的 2 Mb/s 或 155 Mb/s 电路至 DDF 或 ODF 之间的布线由本设计负责。DDF 或 ODF 至无线设备的线缆由无线专业负责。

(4) 与设备厂家的分工。

SDH 设备的技术资料，以及设备安装资料由供货厂家提供，供货厂家同时负责设备安装的督导。

2. 图纸及说明

(1) 本工程通信系统主要为 SDH 传输设备及配套设备组成。本站在传输系统中的位置如图 9.1 网络结构图所示。

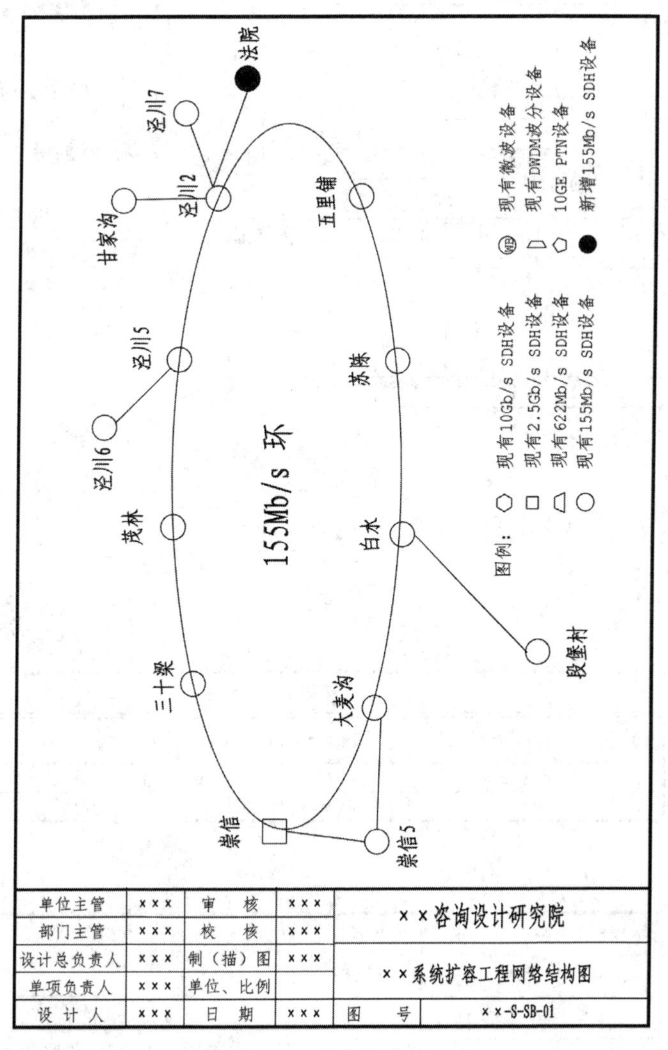

图 9.1　网络结构图

(2) SDH 传输设备安装于现有机房预留架位，新增设备由原有网管系统管理，机房设备走线利用原有桥架，机房平面布置及走线如图 9.2 所示。

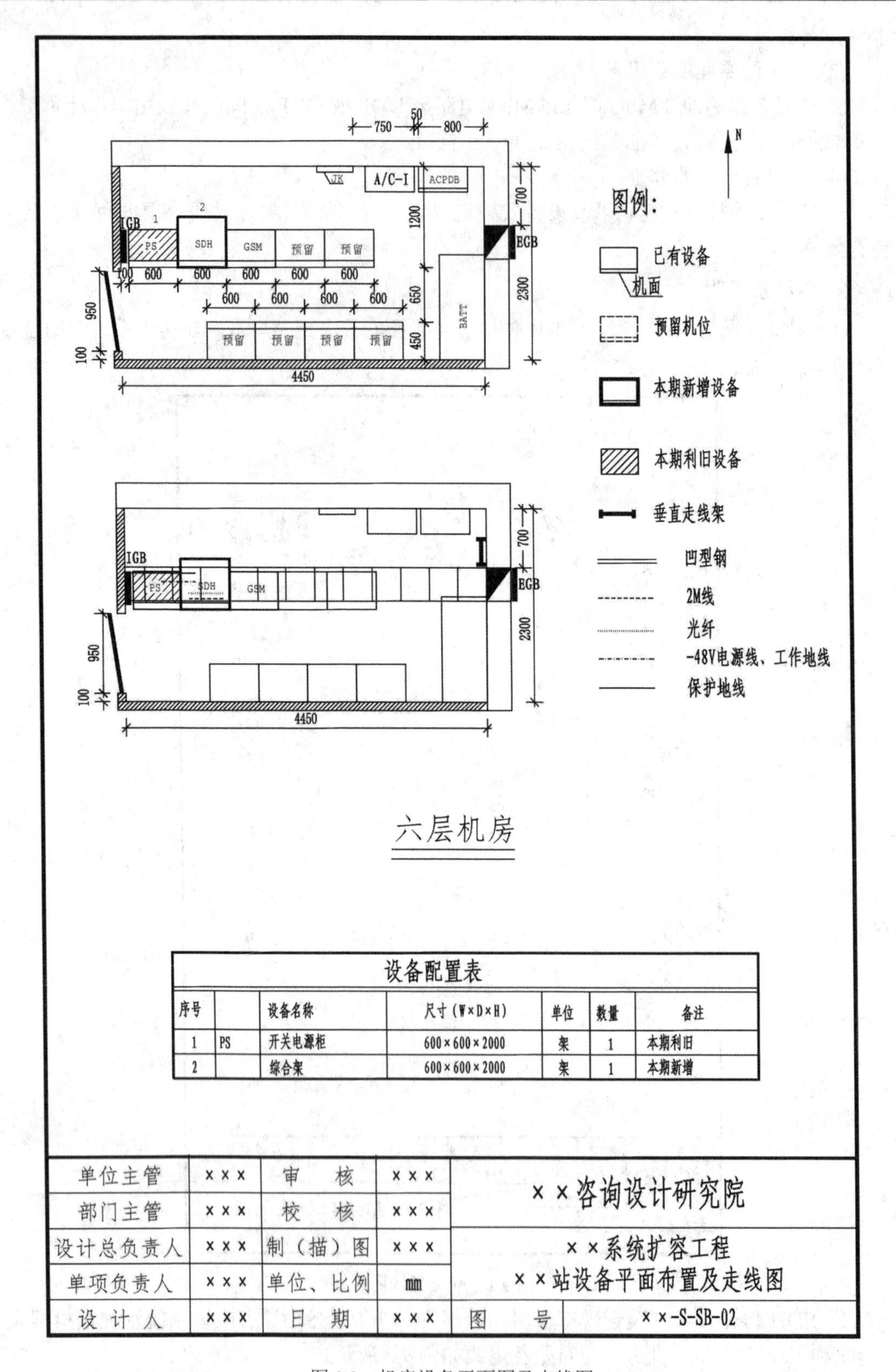

图 9.2　机房设备平面图及走线图

(3) 传输设备及配套综合架的内部组架如图 9.3 所示。

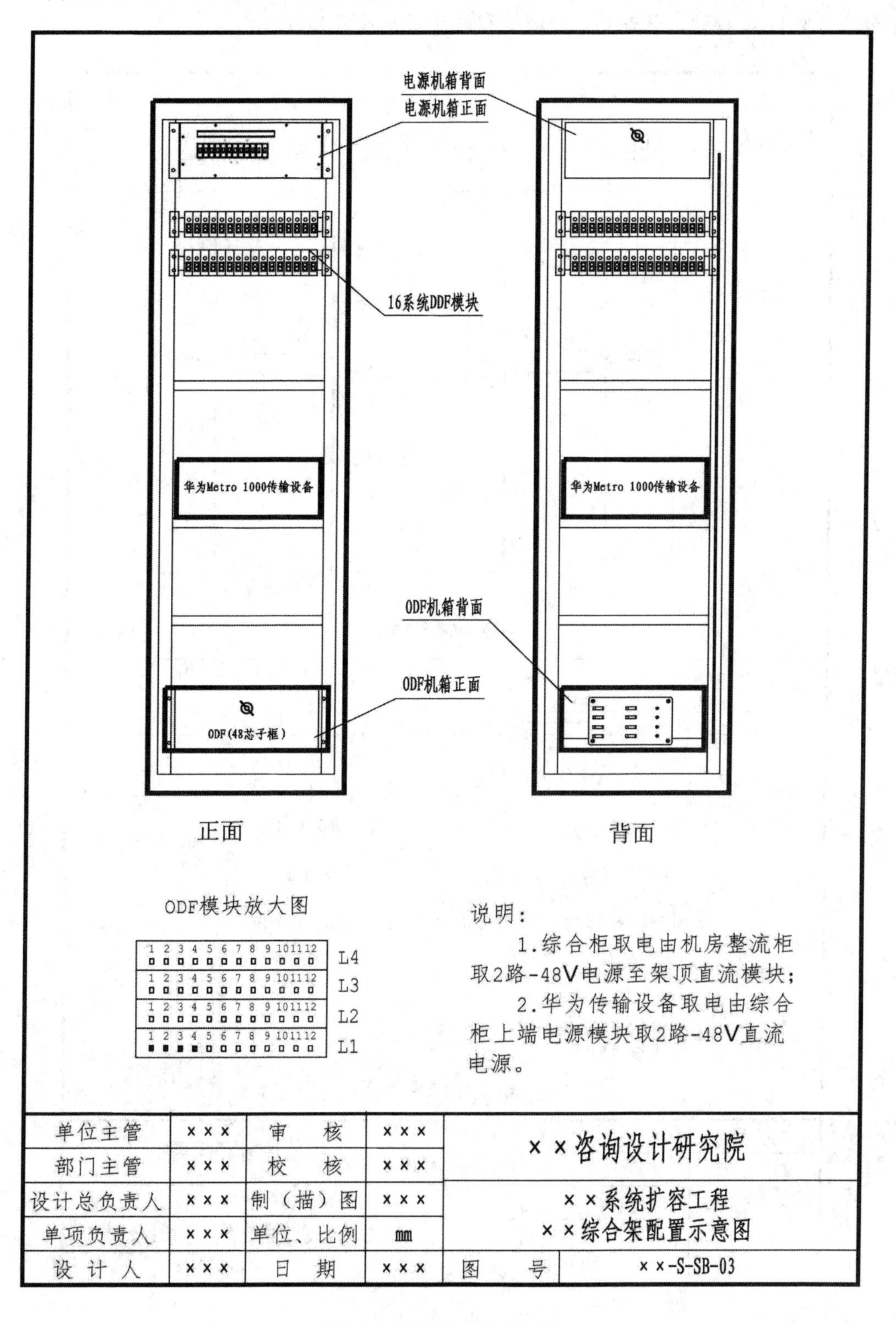

图 9.3　综合架配置示意图

(4) SDH 传输设备线路侧尾纤自综合架 ODF 模块引接至设备对应单盘，业务侧电缆引接至综合架 DDF 模块，传输系统及线缆布放计划表如图 9.4 所示。

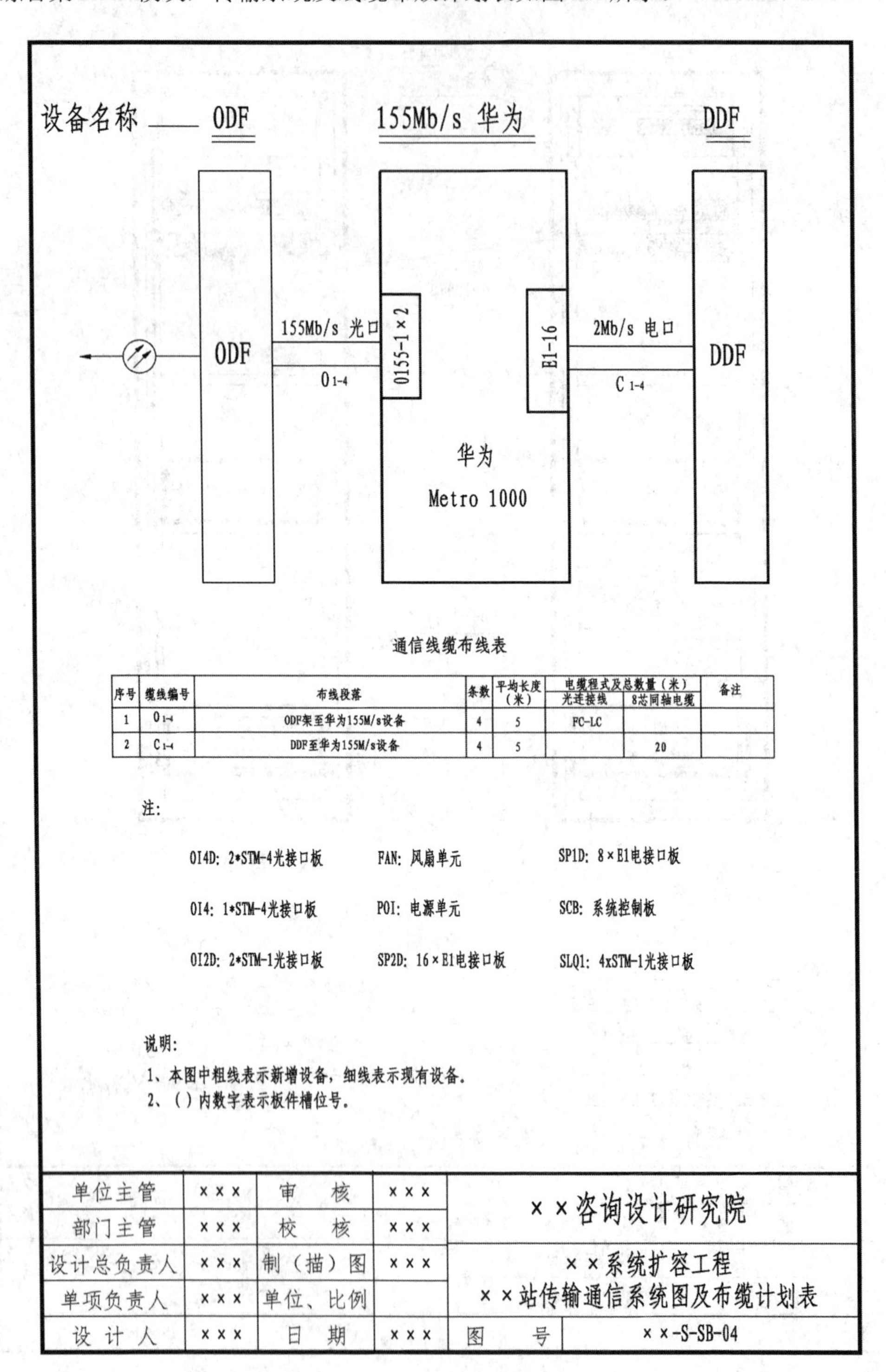

通信线缆布线表

序号	缆线编号	布线段落	条数	平均长度（米）	电缆程式及总数量（米）		备注
					光连接线	8芯同轴电缆	
1	O1-4	ODF架至华为155M/s设备	4	5	FC-LC		
2	C1-4	DDF至华为155M/s设备	4	5		20	

注:

OI4D: 2*STM-4光接口板　　FAN: 风扇单元　　SP1D: 8×E1电接口板

OI4: 1*STM-4光接口板　　POI: 电源单元　　SCB: 系统控制板

OI2D: 2*STM-1光接口板　　SP2D: 16×E1电接口板　　SLQ1: 4xSTM-1光接口板

说明:

1、本图中粗线表示新增设备，细线表示现有设备。

2、( ) 内数字表示板件槽位号。

单位主管	×××	审　核	×××	××咨询设计研究院	
部门主管	×××	校　核	×××		
设计总负责人	×××	制（描）图	×××	××系统扩容工程 ××站传输通信系统图及布缆计划表	
单项负责人	×××	单位、比例			
设 计 人	×××	日　期	×××	图　号	××-S-SB-04

图 9.4　传输通信系统图及布缆计划表

(5) 本工程 SDH 传输设备工作电源为直流 −48 V。综合柜由开关电源柜熔丝引 2 路 63 A 电源(1 主、1 备)，工作地线由开关电源柜工作地线排引接。保护地线由汇流排引接，如图 9.5 所示。

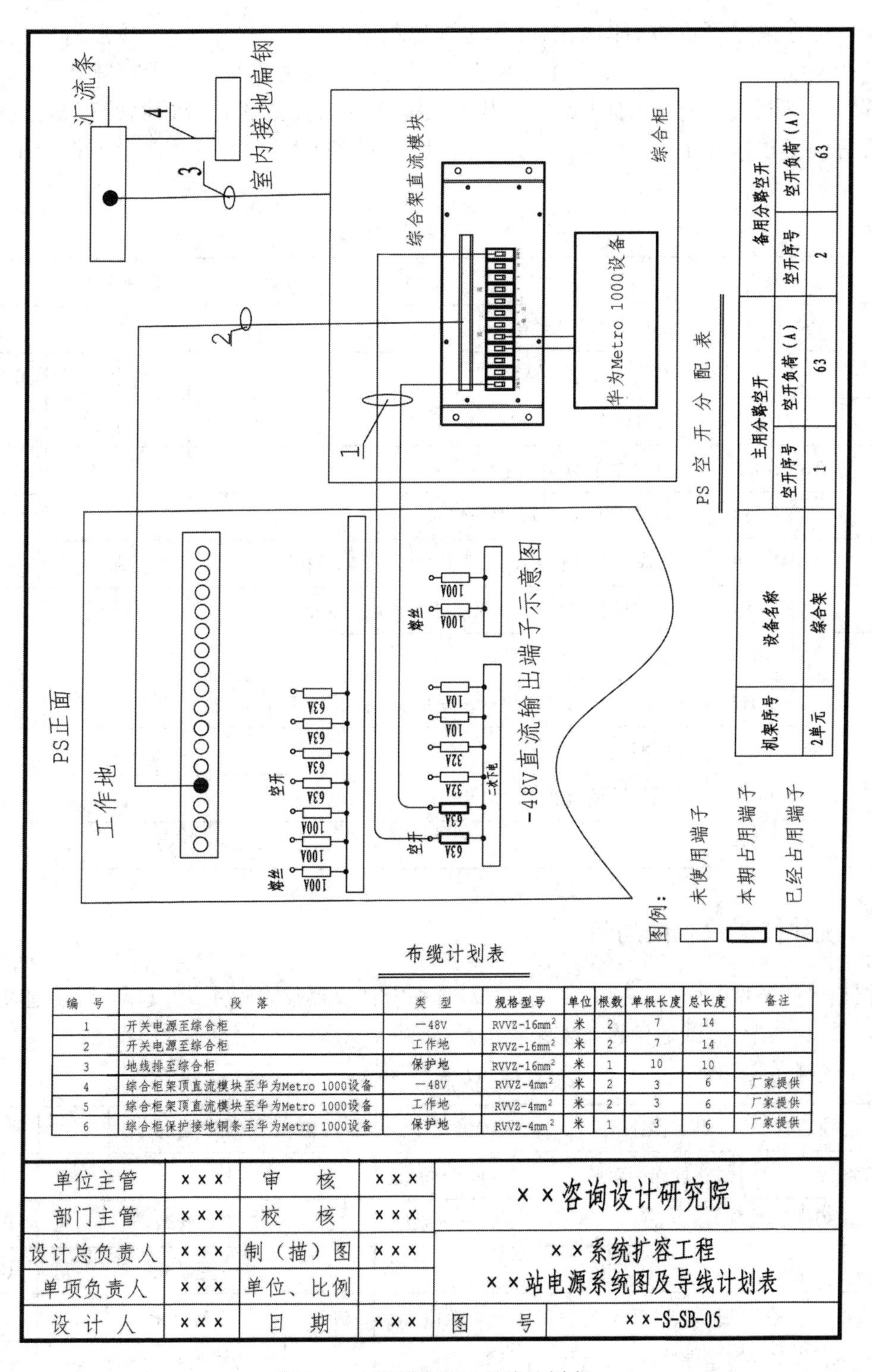

机架序号	设备名称	主用分路空开		备用分路空开	
		空开序号	空开负荷(A)	空开序号	空开负荷(A)
2单元	综合架	1	63	2	63

布缆计划表

编号	段落	类型	规格型号	单位	根数	单根长度	总长度	备注
1	开关电源至综合柜	−48V	RVVZ-16mm²	米	2	7	14	
2	开关电源至综合柜	工作地	RVVZ-16mm²	米	2	7	14	
3	地线排至综合柜	保护地	RVVZ-16mm²	米	1	10	10	
4	综合柜架顶直流模块至华为Metro 1000设备	−48V	RVVZ-4mm²	米	2	3	6	厂家提供
5	综合柜架顶直流模块至华为Metro 1000设备	工作地	RVVZ-4mm²	米	2	3	6	厂家提供
6	综合柜保护接地铜条至华为Metro 1000设备	保护地	RVVZ-4mm²	米	1	3	6	厂家提供

单位主管	×××	审　核	×××	××咨询设计研究院	
部门主管	×××	校　核	×××		
设计总负责人	×××	制（描）图	×××	××系统扩容工程 ××站电源系统图及导线计划表	
单项负责人	×××	单位、比例			
设 计 人	×××	日　期	×××	图　号	××-S-SB-05

图 9.5　电源系统图及导线计划表

9.1.3　统计工程量

统计工程量时可以按照图纸中设备的排列顺序，依次进行统计，通常为先统计设备后统计缆线，这样不易漏项。本示例首先根据图纸及说明统计出所有需要安装的设备工程量，然后再根据相关图纸统计出布放缆线的工程量和系统调测的工程量(使用《通信建设工程预算定额　第二册　有线通信设备安装工程》)。相关定额子目和工程量统计详见表 9.4。

表 9.4　工程量汇总表

序号	定额编号	项 目 名 称	定额单位	工程量
1	TSY1-005	安装室内有源综合架(落地式)	个	1
2	TSY1-028	安装数字分配架(子架)	个	1
3	TSY1-030	安装光分配架(子架)	个	1
4	TSY1-055	SYV 类射频同轴电缆(多芯)	百米条	0.200
5	TSY1-068	SYV 类射频同轴电缆(焊接)	芯条	32
6	TSY1-079	设备机架之间放、绑软光纤(15 m 以下)	条	4
7	TSY1-089	布放电力电缆(单芯相线截面积)(16 mm^2 以下)	十米条	5.600
8	TSY2-002	安装集成式小型设备	套	1
9	TSY2-057	安装、配合调测网管管理系统(纳入原有网管系统)	站	1
10	TSY2-059	线路段光端对测	方向·系统	1
11	TSY2-063	系统通道调测(TDM 电接口)	端口	16
12	TSY2-074	光通道保护	方向·系统	1

9.1.4　统计仪器仪表使用量

根据已知条件、相关定额子目及工程量分别统计仪器仪表使用量(使用《通信建设工程预算定额　第二册　有线通信设备安装工程》)详见表 9.5。

表 9.5　仪表使用量统计

定额编号	项目名称	定额单位	工程量	仪表名称	单位	使用量
TSY2-059	线路段光端对测	方向·系统	1	光功率计	台班	0.05
TSY2-059	线路段光端对测	方向·系统	1	稳定光源	台班	0.05
TSY2-059	线路段光端对测	方向·系统	1	光可变衰耗器	台班	0.10
TSY2-063	系统通道调测(TDM 电接口)	端口	16	数字传输分析仪	台班	1.60
TSY2-063	系统通道调测(TDM 电接口)	端口	16	误码测试仪	台班	18.4

续表

定额编号	项目名称	定额单位	工程量	仪表名称	单位	使用量
TSY2-074	光通道保护	方向·系统	1	光功率计	台班	0.10
TSY2-074	光通道保护	方向·系统	1	稳定光源	台班	0.10
TSY2-074	光通道保护	方向·系统	1	光可变衰耗器	台班	0.05
TSY2-074	光通道保护	方向·系统	1	光谱分析仪	台班	0.06
TSY2-074	光通道保护	方向·系统	1	数字传输分析仪	台班	0.05
TSY2-074	光通道保护	方向·系统	1	误码测试仪	台班	1.15

9.1.5 统计主材用量

根据已知条件、相关定额子目及工程量分别统计、汇总主要材料用量见表 9.6。

表 9.6　主要材料用量统计

定额编号	项目名称	定额单位	工程量	主材名称	规格程式	主材单位	主材用量
TSY1-005	安装室内有源综合架(落地式)	个	1	加固角钢夹板组		组	1
TSY1-055	SYV 类射频同轴电缆(多芯)	百米条	0.2	中继电缆-75 ohm -4E1-2.2 mm	SS-DL-4E1-75	m	20.40
TSY1-068	SYV 类射频同轴电缆(焊接)	芯条	32	同轴电缆接头	L9	个	33
TSY1-079	设备机架之间放、绑软光纤(15 m 以下)	条	4	光跳线-FC/PC-LC/PC-单模-10m	SS-OP-LC-FC-S-10	条	4
TSY1-089	布放电力电缆(单芯相线截面积)(16 mm^2 以下)	十米条	5.60	电源线	RVVZ 1 kV 1 × 16 mm	m	56.84
TSY1-089	布放电力电缆(单芯相线截面积)(16 mm^2 以下)	十米条	5.60	铜鼻子	DT-16	个	10.15

9.1.6 编制预算

1. 预算编制说明

1) 工程概况

本期工程新增 1 端华为 Optix 155/622H 设备(Metro1000)设备。新建设备用于解决 1 个 GSM 基站的传输接入。

2) 编制依据

(1) 中华人民共和国工业和信息化部《信息通信建设工程预算定额》及《信息通信建设工程概预算编制规程》，2017 年 5 月；

(2) 中华人民共和国工业和信息化部《信息通信建设工程预算定额　第二册　有线通信设备安装工程》，2017 年 5 月；

(3) 关于本工程的可行性研究报告及相关批复文件；

(4) 关于本工程的施工图；

(5) 建设单位和相关材料设备厂商提供的单价；

(6) 建设单位提供的其他有关数据。

3) 各项费率取费标准

(1) 施工队伍调遣里程按 150 km 计取；

(2) 勘察设计费按 5400 元计取，工程监理费按 2600 元计取，均为不含税价格；

(3) 传输设备运距按 500 km 计取，运杂费、运输保险费、采购及保管费按定额计列，采购代理服务费按设备原价的 0.5%计列；

(4) 主要材料运距按 300 km 计列，运杂费、运输保险费、采购及保管费按定额计列，采购代理服务费按设备原价的 0.4%计列；

(5) 项目建设管理费按工程费 2%计取，安全生产费按工程费 1.5%计取；

(6) 其他未特殊说明的费用均不计取。

4) 工程总投资及投资分析

本工程预算总额为 85 860.85 元(含税)。

各项主要费用及其所占比例见表 9.7 所示。

表 9.7　工程投资分析表

序号	费用名称	单位	价格	所占比例
1	需要安装设备费	元	60 295.32	70.22%
2	建筑安装工程费	元	12 129.75	14.13%
3	工程建设其他费	元	10 901.73	12.70%
4	预备费	元	2534.05	2.95%
5	总预算(含税价)	元	85 860.85	100%

2. 预算表格

(1) 《工程预算总表(表一)》，见表 9.8；

(2) 《建筑安装工程费用预算表(表二)》，见表 9.9；

(3) 《建筑安装工程量预算表(表三)甲》，见表 9.10；

(4) 《建筑安装工程仪器仪表使用费预算表(表三)丙》，见表 9.11；

(5) 《国内器材预算表(表四)甲》，见表 9.12；

(6) 《国内器材预算表(表四)甲》，见表 9.13；

(7) 《工程建设其他费预算表(表五)甲》，见表 9.14。

表 9.8　工程预算总表(表一)

建设项目名称：××系统扩容工程

工程名称：××站传输设备安装单项工程　　建设单位名称：××公司　　表格编号：TSY-1　　第1页 共7页

序号	表格编号	费用名称	小型建筑工程费(元)	需要安装的设备费(元)	不需要安装的设备、工器具费(元)	建筑安装工程费(元)	其他费用(元)	预备费(元)	总价值			
									除税价(元)	增值税(元)	含税价(元)	其中外币( )
I	II	III	IV	V	VI	VII	VIII	IX	X	XI	XII	XIII
1		工程费((1)至(2)项之和)		53 436.06		11 057.45			64 493.51	7931.56	72 425.07	
(1)	TSY-4 甲 B	需要安装的设备费		53 436.06					53 436.06	6859.26	60 295.32	
(2)	TSY-2	建筑安装工程费				11 057.45			11 057.45	1072.30	12 129.75	
2	TSY-05	工程建设其他费					10 257.27		10 257.27	644.46	10 901.73	
		合计(1 至 2 项之和)		53 436.06		11 057.45	10 257.27		74 750.78	8576.02	83 326.80	
3		预备费						22 42.52	2242.52	291.53	2534.05	
		总计(1 至 3 项之和)		53 436.06		11 057.45	10 257.27	22 42.52	76 993.31	8867.54	85 860.85	

设计负责人：×××　　审核：×××　　编制：×××　　编制日期：××年×月

表 9.9 建筑安装工程费用预算表(表二)

工程名称：××站传输设备安装单项工程　　建设单位名称：××公司　　表格编号：TSY-2　　第 2 页 共 7 页

序号	费用名称	依据和计算方法	合计(元)	序号	费用名称	依据和计算方法	合计(元)
I	II	III	IV	I	II	III	IV
	建筑安装工程费(含税价)	一＋二＋三＋四	12 129.75	7	夜间施工增加费	人工费 × 2.1%	42.70
	建筑安装工程费(除税价)	一＋二＋三	11 057.45	8	冬雨季施工增加费	不计取	
一	直接费	(一)＋(二)	9408.46	9	生产工具用具使用费	人工费 × 0.8%	16.27
(一)	直接工程费	1＋2＋3＋4	7320.72	10	施工用水电蒸汽费	按实计列	0.00
1	人工费	(1)＋(2)	2033.53	11	特殊地区施工增加费	(技工工日＋普工工日) × 0	0.00
(1)	技工费	技工工日 × 114.00 元/工日	2033.53	12	已完工程及设备保护费	室外部分人工费 × 1.8%	0.00
(2)	普工费	普工工日 × 61.00 元/工日	0.00	13	运土费	工程量 × 运费单价(按实计列)	0.00
2	材料费	(1)＋(2)	2076.71	14	施工队伍调遣费	单程调遣定额 × 调遣人数 × 2	1740.00
(1)	主要材料费	国内主要材料费	2016.22	15	大型施工机械调遣费	不计取	0.00
(2)	辅助材料费	主要材料费 × 3.0%	60.49	二	间接费	(一)＋(二)	1242.28
3	机械使用费	机械费合计	0.00	(一)	规费	1＋2＋3＋4	685.10
4	仪表使用费	仪表费合计	3210.48	1	工程排污费	按实计列	
(二)	措施项目费	1～15 之和	2087.73	2	社会保障费	人工费 × 28.5%	579.56
1	文明施工费	人工费 × 0.8%	16.27	3	住房公积金	人工费 × 4.19%	85.20
2	工地器材搬运费	人工费 × 1.1%	22.37	4	危险作业意外伤害保险费	人工费 × 1.0%	20.34
3	工程干扰费	不计取		(二)	企业管理费	人工费 × 27.4%	557.19
4	工程点交、场地清理费	人工费 × 2.5%	50.84	三	利润	人工费 × 20.0%	406.71
5	临时设施费	人工费 × 7.6%	154.55	四	销项税额	(建筑安装工程费 − 甲供主材) × 9.0% ＋ 甲供主材增值税	1072.30
6	工程车辆使用费	人工费 × 2.2%	44.74				

设计负责人：×××　　审核：×××　　编制：×××　　编制日期：××年×月

表 9.10　建筑安装工程量预算表(表三)甲

工程名称：××站传输设备安装单项工程　　建设单位名称：××公司　　表格编号：TSY-3 甲　　第 3 页 共 7 页

序号	定额编号	项 目 名 称	单 位	数 量	单位定额值(工日)		合计值(工日)	
					技 工	普 工	技 工	普 工
I	II	III	IV	V	VI	VII	VIII	IX
1	TSY1-005	安装室内有源综合架(柜)落地式	个	1.000	1.860		1.86	
2	TSY1-028	安装数字分配架子架	个	1.000	0.190		0.19	
3	TSY1-030	安装光分配架子架	个	1.000	0.190		0.19	
4	TSY1-055	放绑 SYV 类射频同轴电缆多芯	百米条	0.200	1.350		0.27	
5	TSY1-068	编扎、焊(绕、卡)接 SYV 类射频同轴电缆	芯条	32.000	0.080		2.56	
6	TSY1-079	放、绑软光纤设备机架之间放、绑软光纤 15 m 以下	条	4.000	0.290		1.16	
7	TSY1-089	布放 16 mm^2以下电力电缆单芯	十米条	5.600	0.180		1.01	
8	TSY2-002	安装集成式小型设备	套	1.000	0.850		0.85	
9	TSY2-057	安装、配合调测网络管理系统_纳入原有网管系统	站	1.000	3.500		3.50	
10	TSY2-059	线路段光端对测	方向·系统	1.000	0.950		0.95	
11	TSY2-063	系统通道调测_TDM 接口_电口	端口	16.000	0.300		4.80	
12	TSY2-074	光通道保护	方向·通道	1.000	0.500		0.50	
	合 计						17.84	

设计负责人：×××　　审核：×××　　编制：×××　　编制日期：××年×月

表 9.11　建筑安装工程仪器仪表使用费预算表(表三)丙

工程名称：××站传输设备安装单项工程　　建设单位名称：××公司　　表格编号：TSY-3 丙　　第 4 页　共 7 页

序号	定额编号	项目名称	单位	数量	仪表名称	单位定额值		合计值	
						消耗量(台班)	单价(元)	消耗量(台班)	合价(元)
I	II	III	IV	V	VI	VII	VIII	IX	X
1	TSY2-059	线路段光端对测	方向·系统	1.000	光功率计	0.05	116.00	0.05	5.80
2	TSY2-059	线路段光端对测	方向·系统	1.000	稳定光源	0.05	117.00	0.05	5.85
3	TSY2-059	线路段光端对测	方向·系统	1.000	光可变衰耗器	0.10	129.00	0.10	12.90
4	TSY2-063	系统通道调测_TDM 接口_电口	端口	16.000	数字传输分析仪	0.10	120.00	1.60	192.00
5	TSY2-063	系统通道调测_TDM 接口_电口	端口	16.000	误码测试仪	1.15	150.00	18.40	2760.00
6	TSY2-074	光通道保护	方向·通道	1.000	光功率计	0.10	116.00	0.10	11.60
7	TSY2-074	光通道保护	方向·通道	1.000	稳定光源	0.10	117.00	0.10	11.70
8	TSY2-074	光通道保护	方向·通道	1.000	光可变衰耗器	0.05	129.00	0.05	6.45
9	TSY2-074	光通道保护	方向·通道	1.000	光谱分析仪	0.06	428.00	0.06	25.68
10	TSY2-074	光通道保护	方向·通道	1.000	数字传输分析仪	0.05	120.00	0.05	6.00
11	TSY2-074	光通道保护	方向·通道	1.000	误码测试仪	1.15	150.00	1.15	172.50
	合　计								3210.48

设计负责人：×××　　审核：×××　　编制：×××　　编制日期：××年×月

表 9.12　国内器材预算表(表四)甲

(国内甲供主要材料表)

工程名称：××站传输设备安装单项工程　　建设单位名称：××公司　　表格编号：TSY-4 甲 A　　第 5 页 共 7 页

序号	名　称	规格程式	单位	数量	单价(元)	合计(元)			备注
						除税价	增值税	含税价	
Ⅰ	Ⅱ	Ⅲ	Ⅳ	Ⅴ	Ⅵ	Ⅶ	Ⅷ	Ⅸ	Ⅹ
1	中继电缆	SS-DL-4E1-75	m	20.400	8.50	173.40	22.54	195.94	
2	电源线	RVVZ 1 kV 1 × 16 mm	m	56.840	25.00	1421.00	184.73	1605.73	
	(1) 电缆类小计					1594.40	207.27	1801.67	
	(2) 运杂费(电缆类小计 × 1.3%)					20.73	1.87	22.59	
	(3) 运输保险费(电缆类小计 × 0.1%)					1.59	0.10	1.69	
	(4) 采购及保管费(电缆类小计 × 1.0%)					15.94	0.96	16.90	
	(5) 采购代理服务费(电缆类小计 × 0.4%)					6.38	0.38	6.76	
	(6)电缆类合计					1639.04	210.57	1849.62	
1	加固角钢夹板组	600 × 600	组	1.000	55.00	55.00	7.15	62.15	
2	同轴电缆接头	L9	个	33.000	2.50	82.50	10.73	93.23	
3	光跳线	SS-OP-LC-FC-S-10	条	4.000	49.00	196.00	25.48	221.48	
4	铜鼻子	DT-16	个	10.150	2.20	22.33	2.90	25.23	
	(1) 其他类小计					355.83	46.26	402.09	
	(2) 运杂费(其他类小计 × 4.5%)					16.01	1.44	17.45	
	(3) 运输保险费(其他类小计 × 0.1%)					0.36	0.02	0.38	
	(4) 采购及保管费(其他类小计 × 1.0%)					3.56	0.21	3.77	
	(5) 采购代理服务费(其他类小计 × 0.4%)					1.42	0.09	1.51	
	(6) 其他类合计					377.18	48.02	425.20	
	总　计					2016.22	258.59	2274.81	

设计负责人：×××　　审核：×××　　编制：×××　　编制日期：××年×月

表 9.13　国内器材预算表(表四)甲

(国内需要安装的设备表)

工程名称：××站传输设备安装单项工程　　建设单位名称：××公司　　表格编号：TSY-4 甲 B　　第 6 页　共 7 页

序号	名　称	规格程式	单位	数量	单价(元)	合计(元)			备　注
						除税价	增值税	含税价	
I	II	III	IV	V	VI	VII	VIII	IX	X
1	SDH 155M 光端机	Metro1000	套	1.000	48 520.00	48 520.00	6307.60	54 827.60	含主、备电源、保护地线
2	有源综合柜	600 × 600 × 2000	架	1.000	3000.00	3000.00	390.00	3390.00	含 DDF、ODF 模块
3	综合网管授权	License	个	1.000	400.00	400.00	52.00	452.00	
	(1) 小计					51 920.00	6749.60	58 669.60	
	(2) 运杂费(小计 × 1.2%)					623.04	56.07	679.11	
	(3) 运输保险费(小计 × 0.4%)					207.68	12.46	220.14	
	(4) 采购及保管费(小计 × 0.82%)					425.74	25.54	451.29	
	(5) 采购代理服务费(小计 × 0.5%)					259.60	15.58	275.18	
	合　计					53 436.06	6859.26	60 295.32	

设计负责人：×××　　审核：×××　　编制：×××　　编制日期：××年×月

表 9.14　工程建设其他费预算表(表五)

工程名称：××站传输设备安装单项工程　　建设单位名称：××公司　　表格编号：TSY-5　　第 7 页 共 7 页

序号	费 用 名 称	计算依据及方法	金　额(元)			备　注
			除税价	增值税	含税价	
Ⅰ	Ⅱ	Ⅲ	Ⅳ	Ⅴ	Ⅵ	Ⅶ
1	建设用地及综合赔补费					
2	项目建设管理费	工程费 × 2%	1289.87	77.39	1367.26	
3	可行性研究费					
4	研究试验费					
5	勘察设计费	按合同计取	5400.00	324.00	5724.00	
6	环境影响评价费					
7	建设工程监理费	按合同计取	2600.00	156.00	2756.00	
8	安全生产费	工程费 × 1.5%	967.40	87.07	1054.47	
9	引进技术及进口设备其他费					
10	工程保险费					
11	工程招标代理费					
12	专利及专利技术使用费					
13	其他费用					
	总　计		10 257.27	644.46	10 901.73	
	生产准备及开办费(运营费)					

设计负责人：×××　　审核：×××　　编制：×××　　编制日期：××年×月

9.2 通信线路工程预算编制案例

9.2.1 已知条件

(1) 本工程为××公司架空光缆线路单项工程一阶段设计；

(2) 本工程所在地为江苏地区，为非特殊地区施工，施工企业基地距离施工现场 165 km；

(3) 已知条件所给定的费用价格均为除税价。本工程勘察设计费为 3800 元，工程监理费为 1350 元，施工用水电蒸汽费为 1500 元；

(4) 本工程不计取“建设用地及综合赔补费”“项目建设管理费”“可行性研究费”“环境影响评估费”“建设期利息”“研究试验费”“工程保险费”“工程招标代理费”“生产准备及开办费”“其他费用”和“采购代理服务费”；

(5) 本工程主要材料运距均为 256 km，其单价详见表 9.15；

(6) 本工程采用一般计税方式，相关费用增值税税率详见表 9.16。

表 9.15 主材单价表

序号	主材名称	规格程式	单位	单价	供方	分类
1	光缆	GYTS-36D	m	7.00	甲供	光缆
2	水泥电杆	Φ150 × 8000	根	380.00	甲供	水泥及水泥构件
3	镀锌钢绞线	7/2.2	kg	9.50	甲供	其他
4	光缆接续器材		套	500.00	甲供	其他
5	保护软管		m	1.00	乙供	塑料及塑料制品
6	水泥	32.5	kg	0.50	乙供	水泥及水泥构件
7	水泥拉线盘		套	45.00	乙供	水泥及水泥构件
8	地锚铁柄		套	32.00	乙供	其他
9	电缆挂钩		只	0.30	乙供	其他
10	吊线箍		套	22.00	乙供	其他
11	镀锌穿钉	50mm	副	1.50	乙供	其他
12	镀锌穿钉	100mm	副	2.20	乙供	其他
13	镀锌铁线	Φ1.5	kg	8.80	乙供	其他
14	镀锌铁线	Φ3.0	kg	8.80	乙供	其他
15	镀锌铁线	Φ4.0	kg	8.80	乙供	其他

续表

序号	主材名称	规格程式	单位	单价	供方	分类
16	光缆标志牌		个	4.50	乙供	其他
17	拉线抱箍		套	19.50	乙供	其他
18	拉线衬环		个	1.25	乙供	其他
19	三眼单槽夹板		副	9.20	乙供	其他
20	三眼双槽夹板		副	10.50	乙供	其他
21	预留缆架		套	35.00	乙供	其他

表 9.16　相关费用增值税税率

序号	费用名称	增值税税率	备注
1	建筑安装工程费	9%	一般计税方式
2	国内主要材料费	13%	
3	运杂费	9%	
4	运输保险费	6%	
5	采购及保管费	6%	
6	采购代理服务费	6%	
7	勘察设计费	6%	
8	工程监理费	6%	
9	安全生产费	9%	
10	预备费	13%	

9.2.2　设计图纸及说明

(1) ××公司架空光缆线路工程杆路及光缆施工图详见图 9.6；

(2) 电杆均为 Φ150 × 8000 水泥电杆，在丘陵地区野外施工，土质取综合土；

(3) 架设 7/2.2 单股吊线，吊线材质为镀锌钢绞线，采用三眼双槽夹板做终结，吊线垂度增加部分忽略不计；

(4) 角杆和防风拉线均装设 7/2.2 单股拉线，拉线和吊线固定均采用夹板法，拉线下把采用地锚铁柄和水泥拉线盘固定；

(5) 挂钩法架设 GYTS-36D 光缆一条，每根电杆处光缆 U 型预留 0.5m，每根电杆需光缆标志牌 1 个，盘绕预留光缆需安装在预留缆架上；

(6) 架设光缆自然弯曲系数为 0.8%，施工前要进行单盘测试(单窗口，需要测试偏振模色散)；

(7) 中继段光缆测试按单窗口取定，要求测试偏振模色散，中继段长度为 45 km。

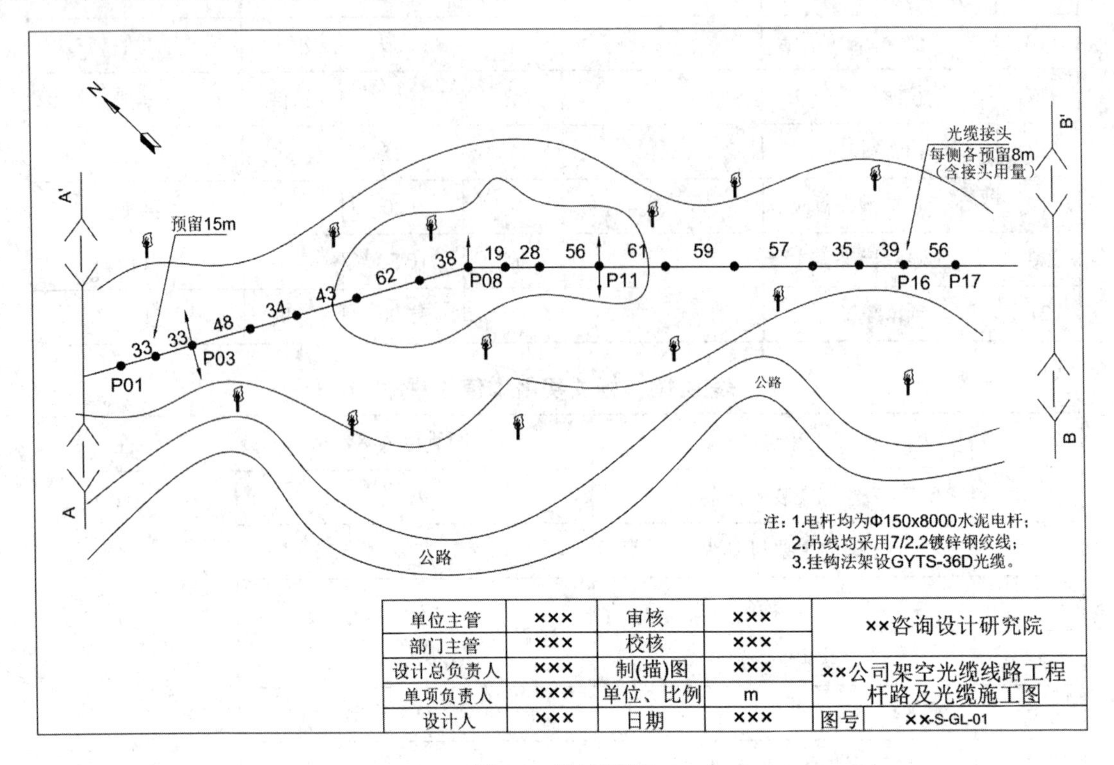

图 9.6　设计图纸

9.2.3　统计工程量

通信线路工程一般按施工工艺先后顺序进行工程量统计。本案例根据已知条件，按步骤逐项进行统计，避免漏项和重复。

1) 施工测量

(1) 定额子目：TXL1-002，光(电)缆工程施工测量(架空)；

(2) 工程量：$\dfrac{701}{100}=7.010$(百米)。

2) 单盘检验

(1) 定额子目：TXL1-006，单盘检验(光缆)；

(2) 工程量：36(芯盘)。

3) 立杆

(1) 定额子目：TXL3-001，立 9 m 以下水泥杆(丘陵、综合土)；

(2) 工程量：17(根)。

4) 安装拉线

(1) 定额子目：TXL3-051，水泥杆夹板法装 7/2.2 单股拉线(丘陵、综合土)；

(2) 工程量：5(条)。

5) 安装附属装置

(1) 定额子目：TXL3-149，安装预留缆架；

(2) 工程量：3(架)。

6) 架设吊线

(1) 定额子目：TXL3-169，水泥杆架设 7/2.2 吊线(丘陵)；

(2) 工程量：$\frac{701}{1000}=0.701$(千米条)。

7) 架设光(电)缆

(1) 定额子目：TXL3-192，挂钩法架设架空光缆(丘陵地区，36 芯以下)；

(2) 工程量：$\frac{701\times\left(1+0.8\%\right)+15+8\times2+0.5\times17}{1000}=0.746$(千米条)。

8) 光缆接续

(1) 定额子目：TXL6-010，光缆接续(36 芯以下)；

(2) 工程量：1(头)。

9) 光缆中继段测试

(1) 定额子目：TXL6-045，40 km 以上中继段光缆测试(36 芯以下)；

(2) 工程量：1(中继段)。

工程量汇总详见表 9.17。

表 9.17　工程量汇总表

序号	定额编号	项 目 名 称	定额单位	工程量
1	TXL1-002	光(电)缆工程施工测量(架空)	百米	7.010
2	TXL1-006	单盘检验(光缆)	芯盘	36
3	TXL3-001	立 9m 以下水泥杆(丘陵、综合土)	根	17
4	TXL3-051	水泥杆夹板法装 7/2.2 单股拉线(丘陵、综合土)	条	5
5	TXL3-149	安装预留缆架	架	3
6	TXL3-169	水泥杆架设 7/2.2 吊线(丘陵)	千米条	0.701
7	TXL3-192	挂钩法架设架空光缆(丘陵地区，36 芯以下)	千米条	0.746
8	TXL6-010	光缆接续(36 芯以下)	头	1
9	TXL6-045	40km 以上中继段光缆测试(36 芯以下)	中继段	1

9.2.4　统计主材用量

主要材料用量统计以及汇总情况详见表 9.18、表 9.19。

表 9.18　主要材料用量统计

定额编号	项目名称	定额单位	工程量	主材名称	规格程式	主材单位	主材用量统计
TXL3-001	立 9 m 以下水泥杆(丘陵，综合土)	根	17	水泥电杆	Φ150 × 8000	根	1.01 × 17
				水泥	32.5	kg	0.2 × 17
TXL3-051	水泥杆夹板法装 7/2.2 单股拉线(丘陵，综合土)	条	5	地锚铁柄		套	1.01 × 5
				拉线抱箍		套	1.01 × 5
				拉线衬环		个	2.02 × 5
				三眼双槽夹板		副	2.02 × 5
				水泥拉线盘		套	1.01 × 5
				镀锌钢绞线	7/2.2	kg	3.02 × 5
				镀锌铁线	Φ1.5	kg	0.02 × 5
				镀锌铁线	Φ3.0	kg	0.3 × 5
				镀锌铁线	Φ4.0	kg	0.22 × 5
TXL3-149	安装预留缆架	架	3	预留缆架		套	1 × 3
TXL3-169	水泥杆架设 7/2.2 吊线(丘陵)	千米条	0.701	吊线箍		套	23.23 × 0.701
				拉线抱箍		套	4.04 × 0.701
				拉线衬环		个	8.08 × 0.701
				三眼单槽夹板		副	23.23 × 0.701
				三眼双槽夹板		副	7.07 × 0.701
				镀锌钢绞线	7/2.2	kg	221.27 × 0.701
				镀锌穿钉	50 mm	副	23.23 × 0.701
				镀锌穿钉	100 mm	副	1.01 × 0.701
				镀锌铁线	Φ4.0	kg	2 × 0.701
				镀锌铁线	Φ3.0	kg	1.2 × 0.701
				镀锌铁线	Φ1.5	kg	0.1 × 0.701
TXL3-192	挂钩法架设架空光缆(丘陵，36 芯以下)	千米条	0.746	镀锌铁线	Φ1.5	kg	1.02 × 0.746
				光缆标识牌		个	17
				光缆	GYTS-36D	m	1007 × 0.746
				电缆挂钩		只	2060 × 0.746
				保护软管		m	25 × 0.746
TXL6-010	光缆接续(36 芯以下)	头	1	光缆接续器材		套	1.01 × 1

表 9.19　主要材料用量汇总

序号	主材名称	规格程式	主材单位	主材用量汇总	主材用量
1	水泥电杆	Φ150 × 8000	根	1.01 × 17	17
2	水泥	32.5	kg	0.2 × 17	3.40
3	地锚铁柄		套	1.01 × 5	5
4	拉线抱箍		套	1.01 × 5 + 4.04 × 0.701	8
5	拉线衬环		个	2.02 × 5 + 8.08 × 0.701	16
6	三眼双槽夹板		副	2.02 × 5 + 7.07 × 0.701	15
7	水泥拉线盘		套	1.01 × 5	5
8	镀锌钢绞线	7/2.2	kg	3.02 × 5 + 221.27 × 0.701	170.21
9	镀锌铁线	Φ1.5	kg	0.02 × 5 + 0.1 × 0.701 + 1.02 × 0.746	0.93
10	镀锌铁线	Φ3.0	kg	0.3×5+1.2×0.701	2.34
11	镀锌铁线	Φ4.0	kg	0.22 × 5 + 2 × 0.701	2.50
12	预留缆架		套	1 × 3	3
13	吊线箍		套	23.23 × 0.701	16
14	三眼单槽夹板		副	23.23 × 0.701	16
15	镀锌穿钉	50 mm	副	23.23 × 0.701	16
16	镀锌穿钉	100 mm	副	1.01 × 0.701	1
17	光缆标识牌		个	17	17
18	光缆	GYTS-36D	m	1007 × 0.746	751.22
19	电缆挂钩		只	2060 × 0.746	1537.00
20	保护软管		m	25 × 0.746	18.65
21	光缆接续器材		套	1.01 × 1	1

9.2.5　编制预算

1. 预算编制说明

1) 工程概况

××公司架空光缆线路单项工程，新立 8 m 水泥杆 17 根；架设 7/2.2 镀锌钢绞线

0.701 千米条；挂钩法架设架空光缆 0.746 千米条。本设计为一阶段施工图设计，总投资为 49 237.07 元(含税)。

2) 编制依据

(1) 施工图设计图纸及说明；

(2) 工信部通信[2016] 451 号《工业和信息化部关于印发信息通信建设工程预算定额、工程费用定额及工程概预算编制规程的通知》；

(3) 《××公司建设工程常用通信器材基础价格表》。

3) 有关费用与费率取定

(1) 本工程采用一阶段设计，总预算中计列预备费，费率为 4%；

(2) 主材运距为 256 km，主材不计采购代理服务费，相关费率见表 9.20；

表 9.20　相关费率

序号	费用名称	光缆/%	塑料及塑料制品/%	水泥及水泥构件/%	其他/%
1	运杂费	1.7	5.4	23.0	4.5
2	运输保险费	0.1	0.1	0.1	0.1
3	采购及保管费	1.1	1.1	1.1	1.1

(3) 已知条件不具备的相关费用不计取。

4) 工程技术经济指标分析

本单项工程总投资为 49 237.07 元(含税)，不含税投资为 44 747.05 元。其中建筑安装工程费为 41 223.17 元(含税)；工程建设其他费为 6069.12 元；预备费为 1944.78 元。

本工程在 0.701 km 的杆路上架设 36 芯光缆，平均每芯千米造价为 1951.06 元(含税)。

5) 其他需要说明的问题

(略)。

2. 预算表格

(1) 《工程预算总表(表一)》，见表 9.21；

(2) 《建筑安装工程费用预算表(表二)》，见表 9.22；

(3) 《建筑安装工程量预算表(表三)甲》，见表 9.23；

(4) 《建筑安装工程机械使用费预算表(表三)乙》，见表 9.24；

(5) 《建筑安装工程仪器仪表使用费预算表(表三)丙》，见表 9.25；

(6) 《国内器材预算表(表四)甲》，见表 9.26；

(7) 《国内器材预算表(表四)甲》，见表 9.27；

(8) 《工程建设其他费预算表(表五)甲》，见表 9.28。

表 9.21　工程预算总表(表一)

建设项目名称：××公司架空光缆线路单项工程

工程名称：××公司架空光缆线路单项工程　　建设单位名称：××公司　　表格编号：TXL-1　　第 1 页　共 9 页

序号	表格编号	费用名称	小型建筑工程费	需要安装的设备费	不需安装的设备、工器具费	建筑安装工程费	其他费用	预备费	总价值			
			(元)						除税价	增值税	含税价	其中外币( )
I	II	III	IV	V	VI	VII	VIII	IX	X	XI	XII	XIII
1	TXL-2	工程费				37 316.26			37 316.26	3906.90	41 223.17	
2	TXL-5	工程建设其他费					5709.74		5709.74	359.38	6069.12	
3		合计				37 316.26	5709.74		43 026.01	4266.28	47 292.29	
4		预备费(合计 × 4%)						1721.04	1721.04	223.74	1944.78	
5		总计				37 316.26	5709.74	1721.04	44 747.05	4490.02	49 237.07	

设计负责人：×××　　审核：×××　　编制：×××　　编制日期：××年×月

表 9.22　建筑安装工程费用预算表(表二)

工程名称：××公司架空光缆线路单项工程　　建设单位名称：××公司　　表格编号：TXL-2　　第 2 页　共 9 页

序号	费用名称	依据和计算方法	合计(元)	序号	费用名称	依据和计算方法	合计(元)
I	II	III	IV	I	II	III	IV
	建筑安装工程费(含税价)	一＋二＋三＋四	41 223.17	7	夜间施工增加费	人工费 × 2.5%	
	建筑安装工程费(除税价)	一＋二＋三	37 316.26	8	冬雨季施工增加费	人工费 × 1.8%	122.47
一	直接费	(一)＋(二)	31 799.00	9	生产工具用具使用费	人工费 × 1.5%	102.06
(一)	直接工程费	1＋2＋3＋4	26 960.10	10	施工用水电蒸汽费		1500.00
1	人工费	技工费＋普工费	6803.87	11	特殊地区施工增加费		
(1)	技工费	技工工日 × 114(元/日)	4997.42	12	已完成工程及设备保护费	人工费 × 2.0%	136.08
(2)	普工费	普工工日 × 61(元/日)	1806.45	13	运土费		
2	材料费	主要材料费＋辅助材料费	17 836.70	14	施工队伍调遣费	174(元/人) × 5(人) × 2	1740.00
(1)	主要材料费	国内主材表总计	17 783.35	15	大型施工机械调遣费		
(2)	辅助材料费	主材费 × 0.3%	53.35	二	间接费	(一)＋(二)	4156.49
3	机械使用费	机械使用费表总计	466.18	(一)	规费	1＋2＋3＋4	2292.22
4	仪表使用费	仪器仪表使用费表总计	1853.34	1	工程排污费		
(二)	措施项目费	1～15 项之和	4838.91	2	社会保障费	人工费 × 28.5%	1939.10
1	文明施工费	人工费 × 1.5%	102.06	3	住房公积金	人工费 × 4.19%	285.08
2	工地器材搬运费	人工费 × 3.4%	231.33	4	危险作业意外伤害保险费	人工费 × 1.00%	68.04
3	工程干扰费	人工费 × 6.0%		(二)	企业管理费	人工费 × 27.4%	1864.26
4	工程点交，场地清理费	人工费 × 3.3%	224.53	三	利润	人工费 × 20.0%	1360.77
5	临时设施费	人工费 × 5.0%	340.19	四	销项税额	(一＋二＋三－甲供) × 9%＋甲供主材增值税	3906.90
6	工程车辆使用费	人工费 × 5.0%	340.19				

设计负责人：×××　　审核：×××　　编制：×××　　编制日期：××年×月

表 9.23　建筑安装工程量预算表(表三)甲

工程名称：××公司架空光缆线路单项工程　　建设单位名称：××公司　　表格编号：TXL-3 甲　　第 3 页　共 9 页

序号	定额编号	项目名称	单位	数量	单位定额值(工日)		合计值(工日)	
					技工	普工	技工	普工
Ⅰ	Ⅱ	Ⅲ	Ⅳ	Ⅴ	Ⅵ	Ⅶ	Ⅷ	Ⅸ
1	TXL1-002	光(电)缆工程施工测量(架空)	百米	7.010	0.46	0.12	3.22	0.84
2	TXL1-006	单盘检验(光缆)	芯盘	36.000	0.02		0.72	
3	TXL3-001	立 9 m 以下水泥杆(丘陵、综合土)[人工 × 1.3]	根	17.000	0.68	0.73	11.56	12.41
4	TXL3-051	水泥杆夹板法装 7/2.2 单股拉线(丘陵、综合土)[人工 × 1.3]	条	5.000	1.01	0.78	5.05	3.90
5	TXL3-149	安装预留缆架	架	3.000	0.10	0.10	0.30	0.30
6	TXL3-169	水泥杆架设 7/2.2 吊线(丘陵)	千米条	0.701	4.25	4.54	2.98	3.18
7	TXL3-192	挂钩法架设架空光缆(丘陵、36 芯以下)	千米条	0.746	8.68	6.86	6.48	5.12
8	TXL6-010	光缆接续(36 芯以下)	头	1.000	3.42		3.42	
9	TXL6-045	40 km 以上中继段光缆测试(36 芯以下)	中继段	1.000	4.39		4.39	
		合计					38.12	25.75
		线路工程总工日 100 以下工日调整(合计 × 15%)					5.72	3.86
		总计					43.84	29.61

设计负责人：×××　　审核：×××　　编制：×××　　编制日期：××年×月

表 9.24　建筑安装工程施工机械使用费预算表(表三)乙

工程名称：××公司架空光缆线路单项工程　　建设单位名称：××公司　　表格编号：TXL-3 乙　　第 4 页　共 9 页

序号	定额编号	项 目 名 称	单位	数量	机械名称	单位定额值(工日)		合计值	
						消耗量(台班)	单价(元)	消耗量(台班)	合价(元)
I	II	III	IV	V	VI	VII	VIII	IX	X
1	TXL3-001	立 9 m 以下水泥杆(丘陵　综合土)	根	17.000	汽车起重机(5 t)	0.04	516.00	0.68	350.88
2	TXL6-010	光缆接续(36 芯)	头	1.000	汽油发电机(10 kw)	0.25	202.00	0.25	50.50
3	TXL6-010	光缆接续(36 芯)	头	1.000	光纤熔接机	0.45	144.00	0.45	64.80
		总计							466.18

设计负责人：×××　　审核：×××　　编制：×××　　编制日期：××年×月

表 9.25　建筑安装工程仪器仪表使用费预算表(表三)丙

工程名称：××公司架空光缆线路单项工程　　建设单位名称：××公司　　表格编号：TXL-3 丙　　第 5 页 共 9 页

序号	定额编号	项 目 名 称	单位	数量	仪表名称	单位定额值(工日)		合计值	
						消耗量(台班)	单价(元)	消耗量(台班)	合价(元)
I	II	III	IV	V	VI	VII	VIII	IX	X
1	TXL1-002	光(电)缆工程施工测量(架空)	百米	7.010	激光测距仪	0.05	119.00	0.35	41.71
2	TXL1-006	单盘检验	芯盘	36.000	光时域反射仪	0.05	153.00	1.80	275.40
3	TXL1-006	单盘检验	芯盘	36.000	偏振模色散测试仪	0.05	455.00	1.80	819.00
4	TXL6-010	光缆接续(36 芯以下)	头	1.000	光时域反射仪	0.95	153.00	0.95	145.35
5	TXL6-045	40 km 以上中继端光缆测试(36 芯以下)	中继段	1.000	光时域反射仪	0.68	153.00	0.68	104.04
6	TXL6-045	40 km 以上中继端光缆测试(36 芯以下)	中继段	1.000	稳定光源	0.68	117.00	0.68	79.56
7	TXL6-045	40 km 以上中继端光缆测试(36 芯以下)	中继段	1.000	光功率计	0.68	116.00	0.68	78.88
8	TXL6-045	40 km 以上中继端光缆测试(36 芯以下)	中继段	1.000	偏振模色散测试仪	0.68	455.00	0.68	309.40
		合计							1853.34

设计负责人：×××　　审核：×××　　编制：×××　　编制日期：××年×月

表 9.26　国内器材预算表(表四)甲

(国内甲供材料表)

工程名称：××公司架空光缆线路单项工程　　建设单位名称：××公司　　表格编号：TXL-4 甲 A 甲　　第 6 页　共 9 页

序号	名　称	规格程式	单位	数量	单价(元)	合计(元)			备注
					除税价	除税价	增值税	含税价	
I	II	III	IV	V	VI	VII	VIII	IX	X
1	光缆	GYTS-36D	m	751.22	7.00	5258.55	683.61	5942.17	税率 13%
	甲供光缆小计					152.50	11.83	164.33	
	运杂费					89.40	8.05	97.44	运输业税率 9%
	运输保险费					5.26	0.32	5.57	服务业税率 6%
	采购及保管费					57.84	3.47	61.31	服务业税率 6%
	甲供光缆合计					5411.05	695.44	6106.50	
2	水泥电杆	Φ150 × 8000	根	17.00	380.00	6460.00	839.80	7299.80	
	甲供水泥及水泥构件小计					1563.32	138.37	1701.69	
	运杂费					1485.80	133.72	1619.52	
	运输保险费					6.46	0.39	6.85	
	采购及保管费					71.06	4.26	75.32	
	甲供水泥及水泥构件合计					8023.32	978.17	9001.49	
3	镀锌钢绞线	7/2.2	kg	170.21	9.50	1617.00	210.21	1827.21	
4	光缆接续器材		套	1.00	500.00	500.00	65.00	565.00	
	甲供其他材料小计					2117.00	275.21	2392.21	
	运杂费					95.26	8.57	103.84	
	运输保险费					2.12	0.13	2.24	
	采购及保管费					23.29	1.40	24.68	
	甲供其他材料合计					2237.67	285.31	2522.97	
	总计					15 672.04	1958.92	17 630.96	

设计负责人：×××　　审核：×××　　编制：×××　　编制日期：××年×月

表 9.27　国内器材预算表(表四)甲

(国内乙供材料表)

工程名称：××公司架空光缆线路单项工程　　建设单位名称：××公司　　表格编号：TXL-4 甲 A 乙　　第 7 页　共 9 页

序号	名　称	规格程式	单位	数量	单价(元)	合计(元)			备注
					除税价	除税价	增值税	含税价	
I	II	III	IV	V	VI	VII	VIII	IX	X
1	水泥	32.5	kg	3.40	0.50	1.70			
2	水泥拉线盘		套	5.00	45.00	225.00			
	乙供水泥及水泥构件小计					226.70			
	运杂费					52.14			
	运输保险费					0.23			
	采购及保管费					2.49			
	乙供水泥及水泥构件合计					281.56			
3	保护软管		m	18.65	1.00	18.65			
	乙供塑料及塑料制品小计					18.65			
	运杂费					1.01			
	运输保险费					0.02			
	采购及保管费					0.21			
	乙供塑料及塑料制品合计					19.88			
4	镀锌铁线	Φ1.5	kg	0.93	8.80	8.18			
5	镀锌铁线	Φ3.0	kg	2.34	8.8	20.59			
6	镀锌铁线	Φ4.0	kg	2.50	8.80	22.00			
7	地锚铁饼		套	5.00	32.00	160.00			
8	三眼双槽夹板		副	15.00	10.50	157.50			

设计负责人：×××　　审核：×××　　编制：×××　　编制日期：××年×月

表 9.27　国内器材预算表(表四)甲(续)

(国内乙供材料表)

工程名称：××公司架空光缆线路单项工程　　建设单位名称：××公司　　表格编号：TXL-4 甲 A 乙　　第 8 页　共 9 页

序号	名　称	规格程式	单位	数量	单价(元)	合计(元)			备注
					除税价	除税价	增值税	含税价	
I	II	III	IV	V	VI	VII	VIII	IX	X
9	拉线衬环		个	16.00	1.25	20.00			
10	拉线抱箍		套	8.00	19.50	156.00			
11	镀锌穿钉	50 mm	副	16.00	1.50	24.00			
12	镀锌穿钉	100 mm	副	1.00	2.20	2.20			
13	吊线箍		套	16.00	22.00	352.00			
14	三眼单槽夹板		副	16.00	9.20	147.20			
15	电缆挂钩		只	1537.00	0.30	461.10			
16	光缆标识牌		个	17.00	4.50	76.50			
17	预留缆架		套	3.00	35.00	105.00			
	乙供其他材料小计					1712.28			
	运杂费					77.05			
	运输保险费					1.71			
	采购及保管费					18.84			
	乙供其他材料合计					1809.88			
	总计					2111.32			

设计负责人：×××　　审核：×××　　编制：×××　　编制日期：××年×月

表 9.28 工程建设其他费预算表(表五)

工程名称：××公司架空光缆线路单项工程　　建设单位名称：××公司　　表格编号：TXL-5　　第 9 页 共 9 页

序号	费 用 名 称	依据和计算方法	金额(元)			备注
			除税价	增值税	含税价	
Ⅰ	Ⅱ	Ⅲ	Ⅳ	Ⅴ	Ⅵ	Ⅶ
1	建设用地及综合赔补费					不计
2	项目建设管理费					不计
3	可行性研究费					不计
4	研究试验费					不计
5	勘察设计费		3800.00	228.00	4028.00	税率 6%
6	环境影响评价费					不计
7	建设工程监理费		1350.00	81.00	1431.00	税率 6%
8	安全生产费	建安费 × 1.5%	559.74	50.38	610.12	税率 9%
9	引进技术及进口设备其他费					不计
10	工程保险费					不计
11	工程招标代理费					不计
12	专利及专用技术使用费					不计
13	其他费用					不计
	总计		5709.74	359.38	6069.12	
14	生产准备及开办费(运营费)					不计

设计负责人：×××　　审核：×××　　编制：×××　　编制日期：××年×月

9.3　通信管道工程预算编制案例

9.3.1　已知条件

(1) 本工程为F01—F02单位通信管道单项工程二阶段设计的施工图设计，本工程新建一孔管道1253 m，包括PVC管道1247 m、钢管管道6 m，全程布放5孔PE子管，新建手井19个；

(2) 本工程所在地为广东地区，施工地点在城区，施工企业基地距离施工现场300 km；

(3) 已知条件所给定的费用价格均为除税价。本工程勘察设计费为4200元，工程监理费为2000元；

(4) 国内主要材料由甲方提供，运距200 km，运杂费、运输保险费、采购及保管费按定额计列，采购代理服务费不计取；

(5) 主要材料价格见表9.29；

(6) 本工程“施工用水电蒸汽费”为3000元，“运土费”为2400元。

(7) 本工程不计取“可行性研究费”“环境影响评估费”“建设期利息”“研究试验费”“工程保险费”“工程招标代理费”“生产准备及开办费”“专利及专用技术使用费”“其他费用”；

(8) 本工程“建设用地及综合赔补费”按5000元/km计取，“项目建设管理费”按工程费2.5%计取，“安全生产费”按工程费1.5%计取。

(9) 本工程采用一般计税方式，相关费用增值税税率详见表9.30。

表9.29　主要材料价格表

序号	名　称	规格型号	单位	不含税单价/元
1	镀锌对缝钢管	Φ110	m	77.00
2	手孔口圈带井盖	方形、双页	套	380.00
3	电缆托架	60 cm	根	31.60
4	积水罐	带盖	套	50.00
5	电缆托架穿钉	M16	副	5.20
6	拉力环		个	16.00
7	机械式管口堵头		个	1.76
8	钢筋	Φ14	kg	7.20
9	钢筋	Φ12	kg	7.20
10	钢筋	Φ10	kg	7.20
11	PVC塑料管(含连接件)	Φ110	m	9.80

续表

序号	名　称	规格型号	单位	不含税单价/元
12	HDPE 高密度塑料管	Φ32	m	7.00
13	板方材	III 等	m^3	1650.00
14	普通硅酸盐水泥	325#	t	422.30
15	机制红砖	240×115×53	千块	340.50
16	粗砂		t	114.00
17	碎石	5～32	t	111.40

表 9.30　相关费用增值税税率表

序号	费用名称	增值税税率/%	备注
1	建筑安装工程费	9	一般计税方式
2	设备费	13	
3	材料费	13	
4	运杂费	9	
5	运输保险费	6	
6	采购及保管费	6	
7	建设用地及综合赔补费	9	
8	项目建设管理费	6	
9	勘察设计费	6	
10	工程监理费	6	
11	安全生产费	9	

9.3.2　设计图纸及说明

1. 设计范围

本工程是 F 单位通信管道工程中的 F01—F02 通信管道单项工程的施工图设计，设计包括了管道中布放 5 孔子管的施工内容。

2. 图纸及说明

(1) 本工程通信管道路由信息、建设内容、管道断面结构及主要工作量如图 9.7、图 9.8 所示。

(2) 本工程通信管道新建手孔规模、施工工艺及主要工作量如图 9.9 所示。

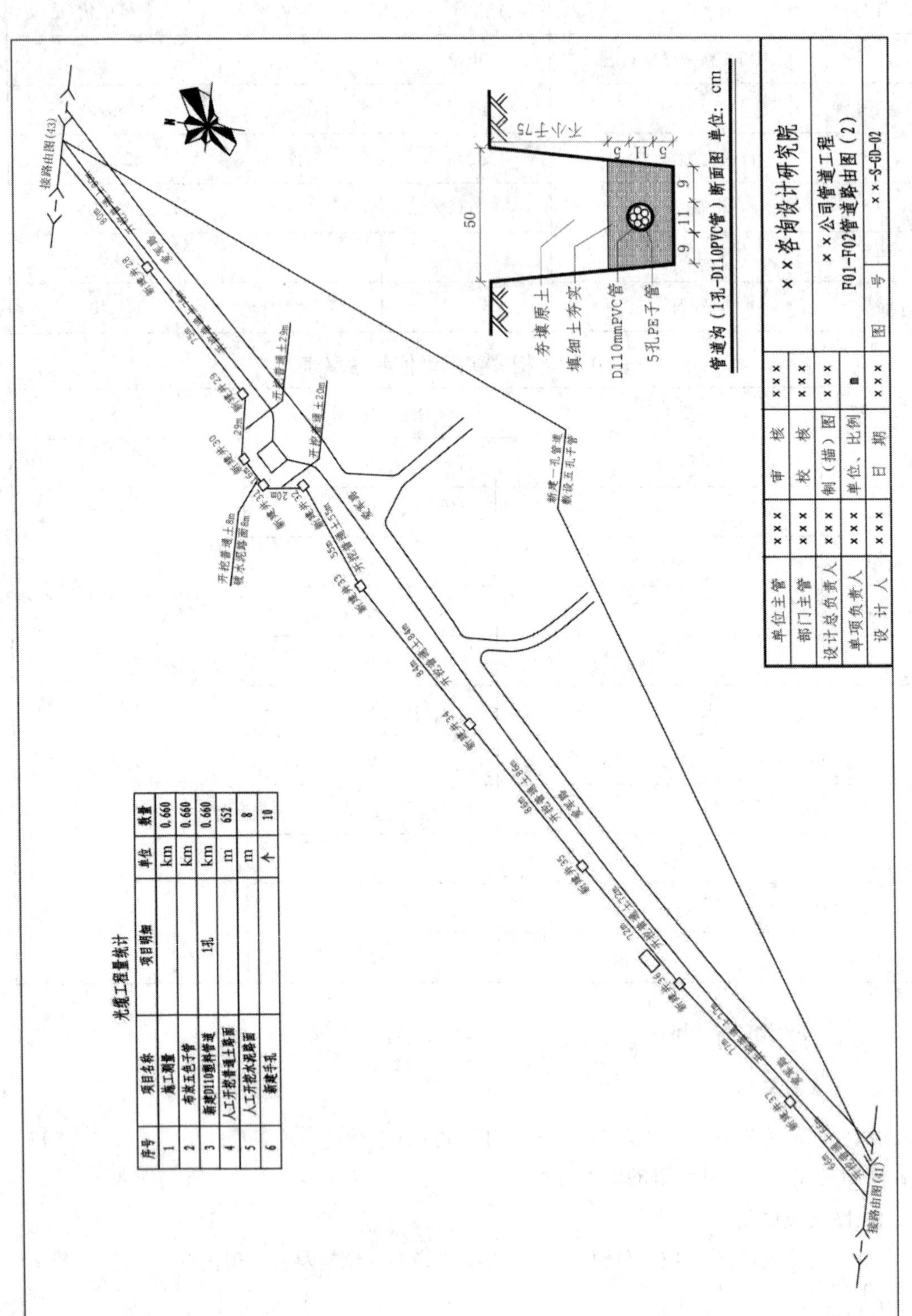

光缆工程量统计
序号 项目名称 项目明细 单位 数量
1 施工测量 km 0.660
2 布放五孔子管 km 0.660
3 新建D110塑料管道 1孔 km 0.660
4 人工开挖普通土路面 m 652
5 人工开挖水泥路面 m 8
6 新建手孔 个 10
接路由图(43)
接路由图(41)
N
夯填原土
填细土夯实
D110mmPVC管
5孔PE子管
50
75
管道沟（1孔-D110PVC管）断面图 单位：cm
单位主管 ×××
部门主管 ×××
设计总负责人 ×××
单项负责人 ×××
设计人 ×××
审核 ×××
校核 ×××
制（描）图 ×××
单位、比例 m
日期 ×××
××咨询设计研究院
××公司管道工程
F01-F02管道路由图（2）
图号 ××-S-GD-02

图 9.7　管道路由图(1)

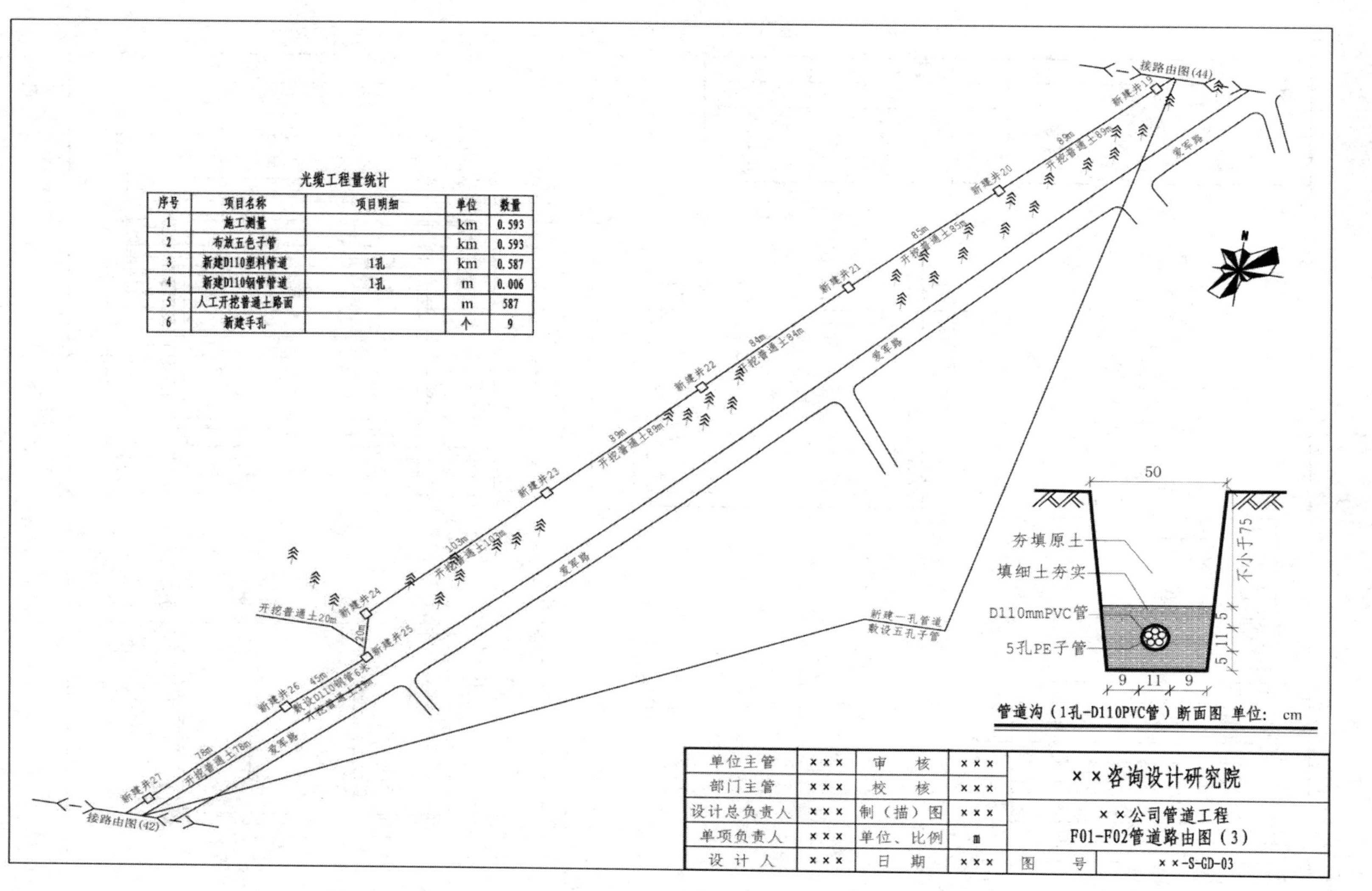

光缆工程量统计

序号	项目名称	项目明细	单位	数量
1	施工测量		km	0.593
2	布放五色子管		km	0.593
3	新建D110塑料管道	1孔	km	0.587
4	新建D110钢管管道	1孔	m	0.006
5	人工开挖普通土路面		m	587
6	新建手孔		个	9

图 9.8　管道路由图(2)

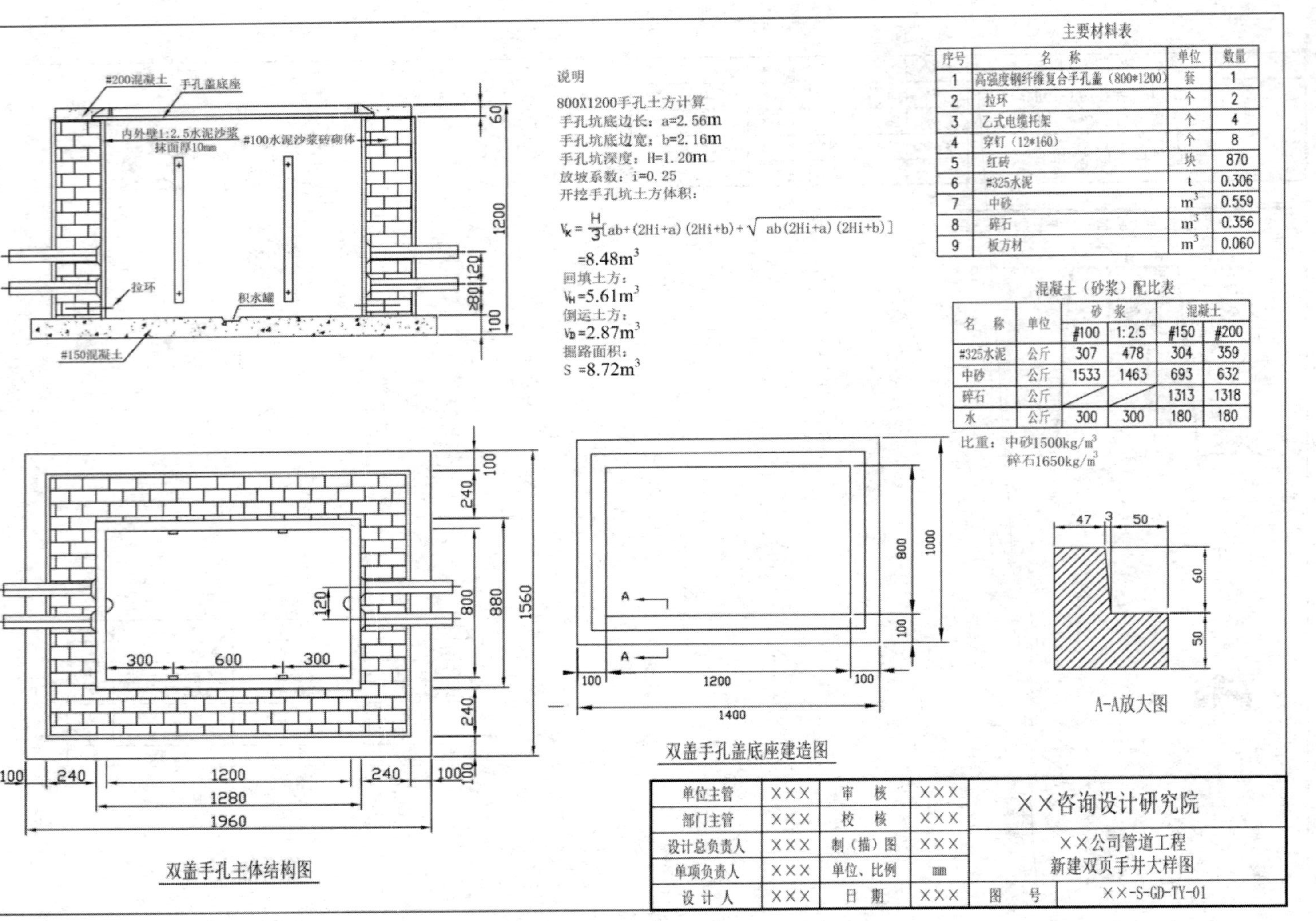

主要材料表

序号	名 称	单位	数量
1	高强度钢纤维复合手孔盖（800*1200）	套	1
2	拉环	个	2
3	乙式电缆托架	个	4
4	穿钉（12*160）	个	8
5	红砖	块	870
6	#325水泥	t	0.306
7	中砂	m^3	0.559
8	碎石	m^3	0.356
9	板方材	m^3	0.060

混凝土（砂浆）配比表

名 称	单位	砂 浆		混凝土	
		#100	1:2.5	#150	#200
#325水泥	公斤	307	478	304	359
中砂	公斤	1533	1463	693	632
碎石	公斤			1313	1318
水	公斤	300	300	180	180

图 9.9 手孔施工图

9.3.3　统计工程量

统计工程量时可以按照施工图纸中的排列顺序依次进行统计。本示例首先根据图纸及说明统计出施工测量工程量，然后再根据相关图纸及定额计算出其他工程量(使用《通信建设工程预算定额　第五册　通信管道工程》)。相关定额子目和工程量统计详见表 9.31。

表 9.31　工程量汇总表

序号	定额编号	项 目 名 称	定额单位	工程量
1	TGD1-001	施工测量	百米	12.53
2	TGD1-002	人工开挖路面(混凝土 100 以下)	百平方米	0.04
3	TGD1-017	人工开挖管道沟及人(手孔坑)	百立方米	4.75 + 1.61
4	TGD1-028	回填土石方(夯填原土)	百立方米	4.75 + 1.07
5	TGD1-034	手推车倒运土方	百立方米	0.55
6	TGD1-036	挡土板(管道沟)	百米	12.53
7	TGD1-044	手孔坑抽水(弱水流)	个	19
8	TGD2-085	铺设塑料管道(1 孔)	百米	12.47
9	TGD2-103	铺设镀锌钢管管道(1 孔)	百米	0.06
10	TGD3-026	砖砌手孔(现场浇筑上覆)(90× 120)	个	19
11	TGD4-012	砂浆抹面(1：2.5)	m^2	62.46
12	TXL4-008	人工敷设塑料子管(5 孔子管)	km	1.253

9.3.4　统计机械、仪器仪表使用量

根据已知条件、相关定额子目及工程量分别统计机械使用量和仪器仪表使用量(使用《通信建设工程预算定额 第五册 通信管道工程》)详见表 9.32，表 9.33。

表 9.32　机械使用量统计

定额编号	项 目 名 称	定额单位	工程量	机械名称	单位	使用量
TGD1-002	人工开挖路面(混凝土 100 以下)	百平方米	0.04	燃油式路面切割机	台班	0.02
TGD1-002	人工开挖路面(混凝土 100 以下)	百平方米	0.04	燃油式空气压缩机	台班	0.03
TGD1-044	手孔坑抽水(弱水流)	个	19	污水泵	台班	32.3

表 9.33　仪器仪表使用量统计

定额编号	项目名称	定额单位	工程量	仪表名称	单位	使用量
TGD1-001	施工测量	百米	12.53	激光测距仪	台班	2.51
TGD1-001	施工测量	百米	12.53	地下管线探测仪	台班	2.51

9.3.5　统计主材用量

根据已知条件、相关定额子目及工程量分别统计、汇总主要材料用量见表 9.34。

表 9.34　主要材料用量统计

定额编号	项目名称	定额单位	工程量	主材名称	规格程式	主材单位	主材用量
TGD2-085	铺设塑料管道(1 孔)	百米	12.47	塑料管	Φ110	m	1259.47
TGD2-103	铺设镀锌钢管管道(1 孔)	百米	0.06	镀锌钢管	Φ110	m	6.00
TGD3-026	砖砌手孔(现场浇筑上覆)(90× 120)	个	19	普通硅酸盐水泥	325#	t	10.07
TGD3-026	砖砌手孔(现场浇筑上覆)(90× 120)	个	19	粗砂		t	26.22
TGD3-026	砖砌手孔(现场浇筑上覆)(90× 120)	个	19	碎石	5～32	t	13.68
TGD3-026	砖砌手孔(现场浇筑上覆)(90× 120)	个	19	机制红砖	240*115*53	千块	15.77
TGD3-026	砖砌手孔(现场浇筑上覆)(90× 120)	个	19	钢筋	Φ10	kg	33.44
TGD3-026	砖砌手孔(现场浇筑上覆)(90× 120)	个	19	钢筋	Φ12	kg	254.79
TGD3-026	砖砌手孔(现场浇筑上覆)(90× 120)	个	19	钢筋	Φ14	kg	262.58
TGD3-026	砖砌手孔(现场浇筑上覆)(90× 120)	个	19	板方材	III等	m^3	0.19
TGD3-026	砖砌手孔(现场浇筑上覆)(90× 120)	个	19	手孔口圈带井盖	方形、双页	套	19.19
TGD3-026	砖砌手孔(现场浇筑上覆)(90× 120)	个	19	电缆托架	60 cm	根	76.76
TGD3-026	砖砌手孔(现场浇筑上覆)(90× 120)	个	19	电缆托架穿钉	M16	副	153.52
TGD3-026	砖砌手孔(现场浇筑上覆)(90× 120)	个	19	积水罐	带盖	套	19.19
TGD3-026	砖砌手孔(现场浇筑上覆)(90× 120)	个	19	拉力环		个	38.38
TGD4-012	砂浆抹面(1：2.5)	m^2	62.46	普通硅酸盐水泥	325#	kg	895.68
TGD4-012	砂浆抹面(1：2.5)	m^2	62.46	粗砂		kg	2748.24
TXL4-008	人工敷设塑料子管(5 孔子管)	km	1.253	HDPE 高密度塑料管	Φ32	m	6390.3
TXL4-008	人工敷设塑料子管(5 孔子管)	km	1.253	机械式管口堵头		个	30.45

9.3.6 编制预算

1. 预算编制说明

1) 工程概况

本工程是 F 单位为解决 F01 至 F02 单位通信线路基础设施而新建的 1 孔通信管道，全长共计 1253 m，新建手孔 19 个，管道内穿放 5 孔子管。

2) 编制依据

(1) 中华人民共和国工业和信息化部发布的《信息通信建设工程预算定额》和《信息通信建设工程概预算编制规程》2017 年 5 月。

(2) 中华人民共和国工业和信息化部《信息通信建设工程预算定额 第五册 通信管道工程》2017 年 5 月。

(3) 关于本工程的可行性研究报告及相关批复文件。

(4) 关于本工程的施工图。

(5) 建设单位和相关材料厂商提供的单价。

(6) 建设单位提供的其他有关数据。

3) 各项费率取费标准

(1) 施工队伍调遣里程按 300 km 计取；

(2) 勘察设计费按 4200 元计取，工程监理费按为 2000 元计取，均为不含税价格；

(3) 主要材料运距按 200 km 计列，运杂费、运输保险费、采购及保管费按定额计列，采购代理服务费不计列。

(4) 建设用地及综合赔补费按 5000 元/km 计取，项目建设管理费按工程费 2.5%计取，安全生产费按工程费 1.5%计取。

(5) 其他未特殊说明的费用均不计取。

4) 工程总投资及投资分析

本工程预算总额为 258577.70 元(含税)。

各项主要费用及其所点比例见表 9.35 所示。

表 9.35　工程投资分析表

序号	费用名称	单位	价格	所占比例
1	建筑安装工程费	元	236 034	91.28%
2	工程建设其他费	元	22 543	8.72%
3	总预算(含税价)	元	258 578	100%

2. 预算表格

(1) 《工程预算总表(表一)》，见表 9.36；

(2) 《建筑安装工程费用预算表(表二)》，见表 9.37；

(3) 《建筑安装工程量预算表(表三)甲》，见表 9.38；

(4) 《建筑安装工程机械使用费预算表(表三)乙》，见表 9.39；

(5) 《建筑安装工程仪器仪表使用费预算表(表三)丙》，见表 9.40；

(6) 《国内器材预算表(表四)甲》，见表 9.41；

(7) 《工程建设其他费预算表(表五)甲》，见表 9.42。

表 9.36　预算总表(表一)

建设项目名称：××公司通信管道工程

工程名称：××-××段通信管道单项工程　　建设单位名称：××公司　　表格编号：TGD-1　　第 1 页　共 7 页

序号	表格编号	费用名称	小型建筑工程费(元)	需要安装的设备费(元)	不需要安装的设备、工器具费(元)	建筑安装工程费(元)	其他费用(元)	预备费(元)	总价值			
									除税价(元)	增值税(元)	含税价(元)	其中外币( )
I	II	III	IV	V	VI	VII	VIII	IX	X	XI	XII	XIII
1		工程费((1)至(3)项之和)				213 363.96			213 363.96	22 670.24	236 034.20	
(1)		需要安装的设备费										
(2)		不需要安装的设备费										
(3)	TGD-2	建筑安装工程费				213 363.96			213 363.96	22 670.24	236 034.20	
2	TGD-5	工程建设其他费					20 999.56		20 999.56	1543.94	22 543.50	
3		小型建筑工程费										
		合计(1 至 3 项之和)				213 363.96	20 999.56		234 363.52	24 214.18	258 577.70	
4		预备费										
5		建设期利息										
		总计(1 至 5 项之和)				213 363.96	20 999.56		234 363.52	24 214.18	258 577.70	

设计负责人：×××　　审核：×××　　编制：×××　　编制日期：××年×月

表 9.37　建筑安装工程费用预算表(表二)

工程名称：××-××段通信管道单项工程　　建设单位名称：××公司　　表格编号：TGD-2　　第 2 页　共 7 页

序号	费用名称	依据和计算方法	合计(元)	序号	费用名称	依据和计算方法	合计(元)
Ⅰ	Ⅱ	Ⅲ	Ⅳ	Ⅰ	Ⅱ	Ⅲ	Ⅳ
	建筑安装工程费(含税价)	一＋二＋三＋四	236 034.20	7	夜间施工增加费	人工费 × 2.5%	1193.94
	建筑安装工程费(除税价)	一＋二＋三	213 363.96	8	冬雨季施工增加费	人工费 × 2.5%	1193.94
一	直接费	(一)＋(二)	174 637.33	9	生产工具用具使用费	人工费 × 1.5%	716.36
(一)	直接工程费	1＋2＋3＋4	149 049.70	10	施工用水电蒸汽费	按实计列	3000.00
1	人工费	(1)＋(2)	47 757.58	11	特殊地区施工增加费	(技工工日＋普工工日) × 0	0.00
(1)	技工费	技工工日 × 114.00 元/工日	17 304.61	12	已完工程及设备保护费	人工费 × 1.8%	859.64
(2)	普工费	普工工日 × 61.00 元/工日	30 452.98	13	运土费	工程量 × 运费单价(按实计列)	2400.00
2	材料费	(1)＋(2)	96 772.21	14	施工队伍调遣费	单程调遣定额 × 调遣人数 × 2	2400.00
(1)	主要材料费	国内主要材料费	96 290.75	15	大型施工机械调遣费	调遣用车运价 × 调遣运距 × 2	4320.00
(2)	辅助材料费	主要材料费 × 0.5%	481.45	二	间接费	(一)＋(二)	29 175.11
3	机械使用费	机械费合计	3828.25	(一)	规费	1＋2＋3＋4	16 089.53
4	仪表使用费	仪表费合计	691.66	1	工程排污费	按实计列	
(二)	措施项目费	1～15 之和	25 587.64	2	社会保障费	人工费 × 28.5%	13 610.91
1	文明施工费	人工费 × 1.5%	716.36	3	住房公积金	人工费 × 4.19%	2001.04
2	工地器材搬运费	人工费 × 1.2%	573.09	4	危险作业意外伤害保险费	人工费 × 1.0%	477.58
3	工程干扰费	干扰地区人工费 × 6.0%	2865.45	(二)	企业管理费	人工费 × 27.4%	13 085.58
4	工程点交、场地清理费	人工费 × 1.4%	668.61	三	利润	人工费 × 20.0%	9551.52
5	临时设施费	人工费 × 7.6%	3629.58	四	销项税额	(建筑安装工程费(除税价) − 甲供主材费) × 9.0% + 甲供主材增值税	22 670.24
6	工程车辆使用费	人工费 × 2.2%	1050.67				

设计负责人：×××　　审核：×××　　编制：×××　　编制日期：××年×月

表 9.38　建筑安装工程量预算表(表三)甲

工程名称：××-××段通信管道单项工程　　建设单位名称：××公司　　表格编号：TGD-3 甲　　第 3 页　共 7 页

序号	定额编号	项 目 名 称	单 位	数 量	单位定额值(工日)		合计值(工日)	
					技 工	普 工	技 工	普 工
I	II	III	IV	V	VI	VII	VIII	IX
1	TGD1-001	施工测量	百米	12.530	0.88	0.22	11.03	2.76
2	TGD1-002	人工开挖路面_混凝土_100 以下	百平方米	0.040	3.33	24.25	0.13	0.97
3	TGD1-017	人工开挖管道沟及人(手)孔坑_普通土	百立方米	6.360	0.00	26.25	0.00	166.95
4	TGD1-028	回填土石方_夯填原土	百立方米	5.820	0.00	21.25	0.00	123.68
5	TGD1-034	手推车倒运土方	百立方米	0.550	0.00	12.00	0.00	6.60
6	TGD1-036	挡土板_管道沟	百米	12.530	3.00	5.00	37.59	62.65
7	TGD1-044	手孔坑抽水_弱水流	个	19.000	0.50	1.00	9.50	19.00
8	TGD2-085	铺设塑料管道_1 孔	百米	12.470	0.47	0.73	5.86	9.10
9	TGD2-103	铺设镀锌钢管管道_1 孔	百米	0.060	0.65	0.78	0.04	0.05
10	TGD3-026	砖砌手孔(现场浇筑上覆)_90 × 120	个	19.000	3.75	4.15	71.25	78.85
11	TGD4-012	砂浆抹面(1∶2.5)	m^2	62.460	0.10	0.15	6.25	9.37
12	TXL4-008	人工敷设塑料子管_5 孔子管	km	1.253	8.10	15.37	10.15	19.26
	合 计						151.79	499.23

设计负责人：×××　　审核：×××　　编制：×××　　编制日期：××年×月

表 9.39　建筑安装工程机械使用费预算表(表三)乙

工程名称：××-××段通信管道单项工程　　建设单位名称：××公司　　表格编号：TGD-3 乙　　第 4 页　共 7 页

序号	定额编号	项目名称	单位	数量	机械名称	单位定额值		合计值	
						消耗量(台班)	单价(元)	消耗量(台班)	合价(元)
I	II	III	IV	V	VI	VII	VIII	IX	X
1	TGD1-002	人工开挖路面_混凝土_100 以下	百平方米	0.040	燃油式路面切割机	0.50	210.00	0.02	4.20
2	TGD1-002	人工开挖路面_混凝土_100 以下	百平方米	0.040	燃油式空气压缩机(含风镐)(6 m^3/min)	0.85	372.00	0.03	12.65
3	TGD1-044	手孔坑抽水_弱水流	个	19.000	污水泵	1.70	118.00	32.30	3811.40
	合　计								3828.25

设计负责人：×××　　审核：×××　　编制：×××　　编制日期：××年×月

表 9.40 建筑安装工程仪器仪表使用费预算表(表三)丙

工程名称：××-××段通信管道单项工程　　建设单位名称：××公司　　表格编号：TGD-3 丙　　第 5 页 共 7 页

序号	定额编号	项 目 名 称	单 位	数 量	仪表名称	单位定额值		合计值	
						消耗量(台班)	单价(元)	消耗量(台班)	合价(元)
I	II	III	IV	V	VI	VII	VIII	IX	X
1	TGD1-001	施工测量	百米	12.530	激光测距仪	0.20	119.00	2.51	298.21
2	TGD1-001	施工测量	百米	12.530	地下管线探测仪	0.20	157.00	2.51	393.44
	合 计								691.66

设计负责人：×××　　审核：×××　　编制：×××　　编制日期：××年×月

表 9.41　国内器材预算表(表四)甲

(国内甲供主要材料表)

工程名称：××-××段通信管道单项工程　　建设单位名称：××公司　　表格编号：TGD-4 甲 A　　第 6 页 共 7 页

序号	名　称	规格程式	单位	数量	单价(元)	合计(元)			备　注
						除税价	增值税	含税价	
I	II	III	IV	V	VI	VII	VIII	IX	X
1	板方材III等		m^3	0.19	1650.00	313.50	40.76	354.26	
	(1) 木材类小计					313.50	40.76	354.26	
	(2) 运杂费(木材类小计 × 9.4%)					29.47	1.77	31.24	
	(3) 运输保险费(木材类小计 × 0.1%)					0.31	0.02	0.33	
	(4) 采购及保管费(木材类小计 × 3.0%)					9.41	0.56	9.97	
	(5) 采购代理服务费(木材类)								
	(6) 木材类合计					352.69	43.11	395.79	
1	水泥 32.5		t	10.07	422.30	4252.56	552.83	4805.39	
2	水泥 32.5		kg	895.68	0.42	376.18	48.90	425.09	
	(1) 水泥类小计					4628.75	601.74	5230.48	
	(2) 运杂费(水泥类小计 × 20.0%)					925.75	83.32	1009.07	
	(3) 运输保险费(水泥类小计 × 0.1%)					4.63	0.28	4.91	
	(4) 采购及保管费(水泥类小计 × 3.0%)					138.86	8.33	147.19	
	(5) 采购代理服务费(水泥类)								
	(6) 水泥类合计					5697.99	693.66	6391.65	
1	镀锌钢管(80～114 mm)		m	6.00	77.00	462.00	60.06	522.06	
2	粗砂		t	26.22	114.00	2989.08	388.58	3377.66	
3	碎石 5～32		t	13.68	111.40	1523.95	198.11	1722.07	
4	机制砖		千块	15.77	340.50	5369.69	698.06	6067.74	
5	钢筋 Φ10		kg	33.44	7.20	240.77	31.30	272.07	
6	钢筋 Φ12		kg	254.79	7.20	1834.49	238.48	2072.97	

续表

序号	名　称	规格程式	单位	数量	单价(元)	合计(元)			备　注
						除税价	增值税	含税价	
I	II	III	IV	V	VI	VII	VIII	IX	X
7	钢筋 Φ14		kg	262.58	7.20	1890.58	245.77	2136.35	
8	人孔口圈(车行道)		套	19.19	380.00	7292.20	947.99	8240.19	
9	电缆托架 60 cm		根	76.76	31.60	2425.62	315.33	2740.95	
10	电缆托架穿钉 M16		副	153.52	5.20	798.30	103.78	902.08	
11	积水罐		套	19.19	50.00	959.50	124.74	1084.24	
12	拉力环		个	38.38	16.00	614.08	79.83	693.91	
13	粗砂		kg	2748.24	0.11	302.31	39.30	341.61	
	(1) 其他类小计					26 702.56	3471.33	30 173.89	
	(2) 运杂费(其他类小计 × 4.0%)					1068.10	96.13	1164.23	
	(3) 运输保险费(其他类小计 × 0.1%)					26.70	1.60	28.30	
	(4) 采购及保管费(其他类小计 × 3.0%)					801.08	48.06	849.14	
	(5) 采购代理服务费(其他类)								
	(6) 其他类合计					28 598.44	3617.13	32 215.56	
1	塑料管(含连接件)		m	1259.47	9.80	12 342.81	1604.56	13 947.37	
2	HDPE 高密度塑料管		m	6390.30	7.00	44 732.10	5815.17	50 547.27	
3	机械式管口堵头		个	30.45	1.76	53.59	6.97	60.55	
	(1) 塑料类小计					57 128.49	7426.70	64 555.20	
	(2) 运杂费(塑料类小计 × 4.8%)					2742.17	246.80	2988.96	
	(3) 运输保险费(塑料类小计 × 0.1%)					57.13	3.43	60.56	
	(4) 采购及保管费(塑料类小计 × 3.0%)					1713.85	102.83	1816.69	
	(5) 塑料类合计					61 641.65	7779.76	69 421.40	
	总　计					96 290.75	12 133.66	108 424.41	

设计负责人：×××　　审核：×××　　编制：×××　　编制日期：××年×月

表 9.42　工程建设其他费预算表(表五)

工程名称：××-××段通信管道单项工程　　建设单位名称：××公司　　表格编号：TGD-5　　第 7 页　共 7 页

序号	费用名称	计算依据及方法	金额(元)			备注
			除税价	增值税	含税价	
I	II	III	IV	V	VI	VII
1	建设用地及综合赔补费	5000 元/km	6265.00	563.85	6828.85	
2	项目建设管理费	工程费 × 2.5%	5334.10	320.05	5654.14	
3	可行性研究费					
4	研究试验费					
5	勘察设计费	按合同计取	4200.00	252.00	4452.00	
6	环境影响评价费					
7	建设工程监理费	按合同计取	2000.00	120.00	2120.00	
8	安全生产费	工程费 × 1.5%	3200.46	288.04	3488.50	
9	引进技术及进口设备其他费					
10	工程保险费					
11	工程招标代理费					
12	专利及专利技术使用费					
13	其他费用					
	总计		20 999.56	1543.94	22 543.50	
	生产准备及开办费(运营费)					

设计负责人：×××　　审核：×××　　编制：×××　　编制日期：××年×月

参 考 文 献

[1] 中国通信企业协会通信工程建设分会. 信息通信建设工程项目费用编审人员培训教材[M]. 北京：人民邮电出版社，2017.

[2] 中华人民共和国工业和信息化部. 信息通信建设工程费用定额 信息通信建设工程概预算编制规程[S]. 北京：人民邮电出版社，2016.

[3] 中华人民共和国工业和信息化部. 信息通信建设工程预算定额　第一册　通信电源设备安装工程[S]. 北京：人民邮电出版社，2016.

[4] 中华人民共和国工业和信息化部. 信息通信建设工程预算定额　第二册　有线通信设备安装工程[S]. 北京：人民邮电出版社，2016.

[5] 中华人民共和国工业和信息化部. 信息通信建设工程预算定额　第三册　无线通信设备安装工程[S]. 北京：人民邮电出版社，2016.

[6] 中华人民共和国工业和信息化部. 信息通信建设工程预算定额　第四册　通信线路工程[S]. 北京：人民邮电出版社，2016.

[7] 中华人民共和国工业和信息化部. 信息通信建设工程预算定额　第五册　通信管道工程[S]. 北京：人民邮电出版社，2016.

[8] 国家发展改革委，建设部. 建设项目经济评价方法与参数[M]. 3 版. 北京：中国计划出版社，2006.

[9] 施扬，沈平林，赵继勇. 通信工程设计[M]. 2 版. 北京：电子工业出版社，2016.

[10] 全国一级建造师执业资格考试用书编写委员会. 建设工程经济[M]. 北京：中国建筑工业出版社，2019.